天津市科协资助出版

新型弦支穹顶结构分析与设计

刘红波　闫翔宇　陈志华　于敬海　著

科学出版社

北　京

内 容 简 介

弦支穹顶结构是基于张拉整体概念产生的一种预应力空间结构，综合了单层网壳结构与张拉整体结构的优点，具有力流合理、造价经济和效果美观等特点。本书从弦支穹顶结构的概念与发展历程入手，对新型弦支穹顶结构的选型方法、分析与设计方法、力学性能、相关的试验研究成果以及在实际工程中的应用进行了论述。本书的主要特色是：依托新型弦支穹顶结构的工程实例，系统阐述了弦支穹顶结构的设计流程。

本书可供土木工程相关领域的设计和研究人员，以及高等学校的教师、研究生、高年级本科生参考使用。

图书在版编目(CIP)数据

新型弦支穹顶结构分析与设计 / 刘红波等著. —北京：科学出版社，2021.1

(天津市科协资助出版)

ISBN 978-7-03-064260-8

Ⅰ. ①新… Ⅱ. ①刘… Ⅲ. ①拱-工程结构-研究 Ⅳ. ①TU340.4

中国版本图书馆CIP数据核字(2020)第017818号

责任编辑：裴 育 乔丽维 / 责任校对：王萌萌
责任印制：吴兆东 / 封面设计：蓝 正

科 学 出 版 社 出版
北京东黄城根北街 16 号
邮政编码：100717
http://www.sciencep.com
北京中石油彩色印刷有限责任公司 印刷
科学出版社发行 各地新华书店经销
*
2021 年 1 月第 一 版 开本：720×1000 1/16
2021 年 1 月第二次印刷 印张：21 1/4
字数：428 000
定价：149.00 元
(如有印装质量问题，我社负责调换)

前　言

弦支穹顶结构凭借其合理高效的传力机制、美观简洁的建筑效果和良好的技术经济效益，已经得到我国科研、教学、设计、施工等领域专家和学者的高度认可。弦支穹顶在我国实际工程中的应用，无论在数量还是跨度上，都已成为世界之最。目前国内已经建成30余座大型弦支穹顶结构，如天津保税区国际商务交流中心大堂弦支穹顶结构(国内第一座中大跨度弦支穹顶结构)、济南奥体中心体育馆(世界最大跨度球面弦支穹顶结构)和大连体育馆(世界最大跨度弦支穹顶结构)。本书主要以作者十余年来负责完成的新型弦支穹顶工程为背景，论述每种弦支穹顶的创新体系、分析方法、设计技术和科研成果。

全书共9章：第1章系统介绍弦支穹顶结构的提出背景和应用发展现状，并介绍关键构件拉索的基本信息；第2章给出弦支穹顶结构各个组成部分的选型和设计要点；第3章和第4章详细介绍滚动式索节点弦支穹顶结构的构造、基于连续索单元的结构性能分析方法，并基于数值模拟和缩尺模型试验，分析结构的基本力学性能；第5章结合天津东亚运动会团泊体育基地自行车馆工程(2013年东亚运动会场馆)，详细介绍向心关节轴承节点弦支穹顶结构分析与设计方法；第6章结合天津宝坻体育馆项目(2017年第十三届全运会场馆)，详细介绍扁平椭球形弦支穹顶结构分析与设计方法；第7章结合河北北方学院体育馆项目(2022年冬奥会场馆)，详细介绍非圆建筑球面弦支穹顶结构分析与设计方法；第8章结合天津中医药大学体育馆项目(2017年第十三届全运会场馆)，详细介绍不连续支承的椭球面弦支穹顶结构分析与设计方法；第9章介绍偶然断索下弦支穹顶结构的动力响应。

本书的出版得到了天津市科协的资助，在此表示感谢。撰写过程中，张玉轩、张起舞、赵昱、马景、刘琦、巩昊等研究生参与了有关章节的素材收集、文字整理和插图绘制工作，谨在此表示感谢。对本书中参考文献和引用资料的相关单位与作者，特别是给予本书作者无私指导的空间结构领域的各位前辈和同行专家，以及对作者大力支持的各位同事、家人、朋友和学生，一并表示衷心的感谢。

由于作者水平有限，书中难免存在不足之处，恳请读者批评指正。

作　者

2020年9月

目　　录

第1章 弦支穹顶结构发展与应用

1.1 张弦结构概念与分类

张弦结构体系是预应力钢结构的一个分支，在传统刚性结构的基础上引入柔性拉索，并施加一定的预应力，从而改变了结构的内力分布和变形特征，优化了结构的性能，使结构能够跨越更大的跨度。与传统的刚性梁结构和网壳结构等相比，张弦结构的受力更加合理；与柔性的索网、索膜结构和索穹顶等结构相比，张弦结构施工更为便捷。因此，张弦结构体系已在体育场馆、会展中心、交通枢纽站房等国家重要基础设施建设中得到了广泛的应用。

按照受力本质进行分类，张弦结构体系分为平面张弦结构、以平面张弦结构为单元组合形成的可分解型空间张弦结构和不可分解型空间张弦结构。其中，平面张弦结构包括张弦梁、张弦桁架和弦支刚架结构；可分解型空间张弦结构包括双向张弦结构、多向张弦结构和辐射式张弦结构；不可分解型空间张弦结构包括弦支穹顶、弦支筒壳和弦支混凝土屋盖结构等。

1.1.1 平面张弦结构

由上部刚性构件和下部柔性拉索通过撑杆相连而形成的且具有平面受力特性的结构形式即为平面张弦结构，此类结构受力以平面内受弯为主。按照上部刚性构件的种类，将平面张弦结构分为张弦梁结构、张弦桁架结构和弦支刚架结构，如图 1-1 所示。

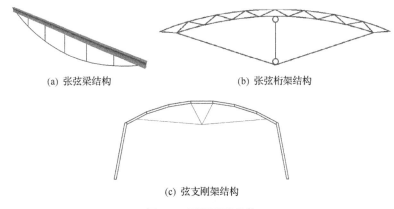

(a) 张弦梁结构　　　　　　　　　(b) 张弦桁架结构

(c) 弦支刚架结构

图 1-1　平面张弦结构

1.1.2　可分解型空间张弦结构

可分解型空间张弦结构是由平面张弦结构组合形成的一种空间张弦结构，因此又称为平面组合型张弦结构。由于该结构具有空间受力的特性，不但提高了结构的承载力，而且解决了平面张弦结构的平面外稳定问题。按照自身结构布置形式，可分解型空间张弦结构可分为双向张弦结构、多向张弦结构和辐射式张弦结构，如图 1-2 所示。

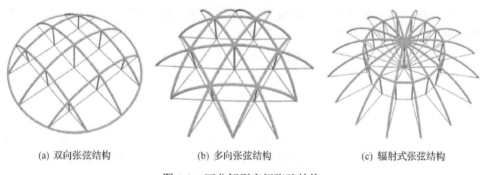

(a) 双向张弦结构　　　　　　(b) 多向张弦结构　　　　　　(c) 辐射式张弦结构

图 1-2　可分解型空间张弦结构

1.1.3　不可分解型空间张弦结构

不可分解型空间张弦结构不能分解为单榀平面张弦结构，撑杆和上部结构通过斜向索和环向索相连成为整体，结构空间受力，刚度大、力流合理。其中，典型的不可分解型空间张弦结构即人们熟知的弦支穹顶结构。随着相关学者的不断研究和开创，弦支筒壳结构、弦支拱壳结构、弦支混凝土屋盖结构(弦支钢丝网架混凝土夹芯板)、弦支网架结构等多种新型结构体系不断涌现，如图 1-3 所示。

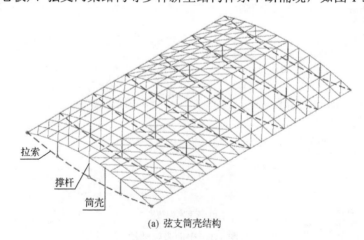

(a) 弦支筒壳结构

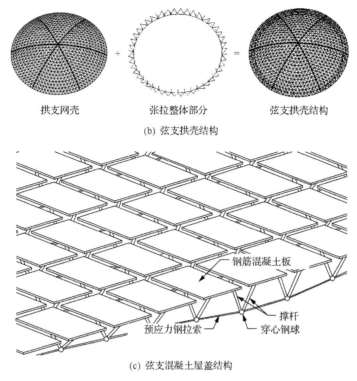

拱支网壳　　　　张拉整体部分　　　　弦支拱壳结构

(b) 弦支拱壳结构

钢筋混凝土板

撑杆

预应力钢拉索　　穿心钢球

(c) 弦支混凝土屋盖结构

图 1-3　不可分解型空间张弦结构

1.2　弦支穹顶结构概念与应用

　　弦支穹顶结构是近二十多年快速流行起来的一种新型复合空间结构，它由日本法政大学川口卫(M. Kawagucki)教授于 1993 年首次提出。弦支穹顶结构体系属于张弦结构体系，而张弦结构体系是空间结构中预应力钢结构的一个分支。弦支穹顶主要解决了传统空间结构的两大问题：一是增加了结构的整体刚度，保证了结构的整体稳定性；二是由于弦支穹顶的上部网壳有一定的初始刚度，具有施工方便的优点。此外，研究表明，弦支穹顶结构与其他张弦结构一样可减小支座的水平推力，减轻了下部结构的负担。

　　据不完全统计，弦支穹顶结构目前已在近三十项工程中得到应用。其中，天津保税区国际商务交流中心是弦支穹顶结构在国内的首次工程应用，跨度 35.4m，施工中采用了顶升撑杆的方法；目前已建成的跨度最大的球面弦支穹顶结构是济南奥体中心体育馆，其跨度达 122m，撑杆下节点采用环向拉索连续的铸钢节点，撑杆上节点采用插板式铸钢节点。

1.2.1　弦支穹顶结构的概念

弦支穹顶结构是典型的不可分解型空间张弦结构，由上部网壳、撑杆、径向拉杆和环向拉索组成，如图 1-4 所示。各环撑杆的上端与网壳对应的各环节点采用铰接形式连接，撑杆下端用径向拉杆与单层网壳的下一环节点连接，同一环的撑杆下端由环向拉索连接成封闭的环，使整个结构形成一个完整的结构体系，结构传力路径比较明确。在外荷载作用下，荷载通过上部的单层网壳传递到下部撑杆上，再通过撑杆传递给索，索受力后，产生对支座的反向拉力，使整个结构对下端约束环梁的推力大为减小。同时，由于撑杆的弹性支承作用，上部单层网壳各环节点的竖向位移明显减小。

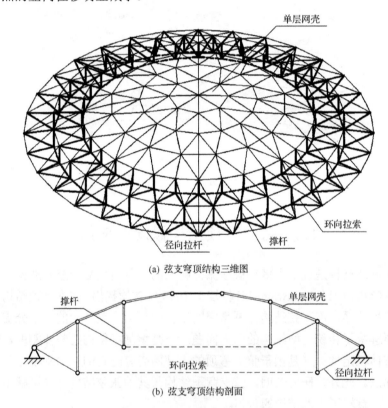

(a) 弦支穹顶结构三维图

(b) 弦支穹顶结构剖面

图 1-4　弦支穹顶结构体系简图

1.2.2　弦支穹顶结构的工程应用

弦支穹顶结构凭借其独特的结构概念、高效的传力机制和优美的外形，在理论分析、结构模型试验和施工技术等多方面大量研究成果的指导下，已在国内外多项工程中得到了应用。

1）日本的光丘穹顶和聚会穹顶

弦支穹顶在 20 世纪 90 年代一经提出就得以在工程中应用。图 1-5 为日本东京于 1994 年 3 月建成的光丘穹顶，跨度为 35m，屋顶最大高度为 14m，上部网壳由 H 型钢梁组成。由于是首次使用弦支穹顶结构体系，光丘穹顶只在单层网壳的最外圈下部设置了张拉整体结构，而且采用的预应力设定方法为试算法，试算原则为使整个屋盖对周边环梁的水平作用力为零。下部索撑体系的撑杆所用钢管规格为 Φ114.3×4.5[①]，环向拉索规格为 2-1×37（Φ28）[②]，环梁下端与 V 型钢柱相连，钢柱的柱头和柱脚采用铰接形式连接，从而使屋顶在温度荷载作用下沿径向可以自由变形；屋面采用压型钢板覆盖。

继光丘穹顶之后，1997 年 3 月日本长野又建成了聚会穹顶，如图 1-6 所示。

图 1-5　光丘穹顶实景图　　　　　　　图 1-6　聚会穹顶外景图

2）天津保税区国际商务交流中心

天津保税区国际商务交流中心大堂弦支穹顶建于 2001 年，是国内第一个中大跨度的弦支穹顶结构工程，跨度 35.4m，周边支承于沿圆周布置的 15 根钢筋混凝土柱及柱顶圈梁上。弦支穹顶结构上部单层网壳部分采用联方型网格，沿径向划分为 5 个网格，外圈环向划分为 32 个网格，到中心缩减为 8 个。单层网壳的杆件全部采用 Φ133×6 的钢管，撑杆采用 Φ89×4 的钢管，径向拉索采用钢丝绳 6×19Φ18.5[③]，环向拉索共 5 道，由外及里前两道采用钢丝绳 6×19Φ24.5，后三道采用钢丝绳 6×19Φ21.5。该弦支穹顶由天津大学设计、天津市凯博空间结构工程技术有限公司负责施工，建成后的实景图如图 1-7 所示。

---

　　① 钢管规格 Φ114.3×4.5 中，Φ114.3 表示钢管外径为 114.3mm；4.5 表示壁厚为 4.5mm。如无特殊说明，本书中钢管规格均按此表示。

　　② 拉索规格 2-1×37（Φ28）中，2 表示拉索根数；1×37 表示拉索结构，其中 1 表示股数，37 表示每股中钢丝根数；Φ28 表示拉索的横截面直径为 28mm。如无特殊说明，本书中拉索规格均按此表示。

　　③ 钢丝绳规格 6×19Φ18.5 中，6×19 表示钢丝绳结构，其中 6 表示股数，19 表示每股中钢丝根数；Φ18.5 表示钢丝绳直径为 18.5mm。如无特殊说明，本书中钢丝绳规格均按此表示。

(a) 外景图

(b) 内景图

图 1-7　天津保税区国际商务交流中心

3) 昆明柏联弦支穹顶结构

由北京工业大学设计完成的昆明柏联广场商厦中厅为直径 15m 的圆形采光顶，由于结构矢跨比仅为 0.0392，最终采用弦支穹顶结构，如图 1-8 所示，上部网壳为肋环型，纬向 6 环，径向 16 条肋，施工时采用钢管相贯焊接而成。上部单层网壳的边环采用槽钢作为刚性边梁，规格为 20a 槽钢，中间纬向杆件采用 Φ76×8 的钢管，内环环向杆件以及所有的径向杆件采用 Φ89×8 的钢管。下部设置五圈环向索，采用张拉环向索的方式施加预应力，为保证环向索顺利张拉，下弦节点设计了滑轮，环向索通过滑轮与下弦节点相连，如图 1-9 所示。斜向索定长制作，设计了夹紧式夹具，撑杆与上弦节点设计成铰。施工时先焊好上弦网壳，挂好斜向索和竖杆，再逐环张拉环向索。一次张拉后持荷 2h，再进行二次张拉以克服索中应力松弛。施工过程中进行位移检测，最后安装玻璃。

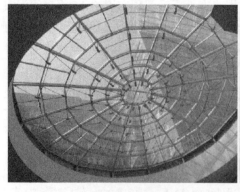
图 1-8　昆明柏联弦支穹顶整体图

图 1-9　下弦节点图

4) 天津自然博物馆贵宾厅

天津自然博物馆(原天津博物馆)的设计思想基于仿生原理，外形取自展翅飞

翔的天鹅造型,如图 1-10 所示,其中贵宾厅屋盖跨度 18.5m,矢高约 1.3m,选用
弦支穹顶作为屋盖结构,如图 1-11 所示。上部球面单层网壳网格划分形式采用凯
威特-联方型,杆件采用 Φ76×3.7 的钢管。下部张拉整体结构为三圈,出于防火和
安全考虑,最终采用刚性弦支穹顶,拉索全部采用钢管代替,其中最外圈径向拉杆
和所有的环向拉索采用 Φ48×3.5 的钢管,次外圈和内圈径向拉索采用 Φ60×3.5
的钢管,结构采用焊接球节点。

图 1-10　天津自然博物馆外景图　　　　图 1-11　弦支穹顶实景图

5)鞍山奥体中心综合训练馆

鞍山奥体中心综合训练馆于 2003 年完工,该工程按多功能训练场馆设计,建
筑面积 2592m²,平时按训练馆使用时,活动看台收至固定看台下面,运动场地面
积可达 1472m²。正式比赛时,活动看台就位,全场可有 1000 个观众坐席。

鞍山奥体中心综合训练馆屋盖为 60m×40m 的椭球形弦支穹顶结构,该结构
由受压环梁、刚性杆件及柔性拉索组成。

6)武汉体育中心体育馆

武汉体育中心(二期工程)体育馆是 2007 年第六届全国城市运动会主要赛场之
一,其下部主体为钢筋混凝土结构,上部屋盖外形为椭圆抛物面,采用弦支穹顶
结构。该弦支穹顶结构由武汉市建筑设计院设计,南京东大现代预应力工程有限
责任公司负责预应力施工,建成后的体育馆如图 1-12 所示。与以往建造的弦支穹
顶单层网壳采用球形网壳不同,该馆网壳结构为椭球形,这是弦支穹顶的概念首
次在大跨度椭球形网壳中应用。该椭球形网壳为双层椭球壳,厚度 3m,长轴方向
长 130m,短轴方向长 110m。弦支穹顶下部设置了三圈张拉整体体系:撑杆采用
Φ299×7.5 的钢管;环向索采用了 1670MPa 级 Φ5.3 镀锌钢丝双层扭绞型拉索,
内层 PE(聚乙烯)为黑色耐老化高密度聚乙烯,外层为白色 PE 保护套;径向索索
头为热铸锚,环向索索头为冷铸锚,环向索采用了双索体系,由连接钢棒相连。
撑杆下节点采用了铸钢节点,采用顶升撑杆方法施加预应力。

图 1-12　武汉体育中心体育馆

7) 常州体育馆

常州体育会展中心工程由体育馆、会展中心、体育场、游泳馆及火炬塔等组成，总建筑面积 16.12 万 m^2。体育馆为椭球形建筑，体育馆和会展中心建筑面积近 8.54 万 m^2，体育馆可容纳观众近 6000 人，其内景图如图 1-13 所示。

(a)　　　　　　　　　　　　　　　　　　(b)

图 1-13　常州体育馆内景图

体育馆钢屋盖采用弦支穹顶，由中国建筑西南设计研究院有限公司设计，钢结构由长江精工钢结构(集团)股份有限公司总承包，南京东大现代预应力工程有限责任公司负责预应力张拉施工。钢屋盖投影的椭圆长轴 119.9m，短轴 79.9m，结构矢高 21.45m，弦支穹顶上部单层网壳中心部位的网格形式为凯威特型(K8)、外围部位的网格形式为联方型。上部的单层网壳中杆件均为钢管，其规格为 $\Phi245\times8$、$\Phi245\times10$、$\Phi245\times12$、$\Phi351\times10$、$\Phi351\times12$，网壳节点均采用铸钢节点。预应力拉索索系为 Levy 索系，由环向索和径向索构成，共设 6 环。撑杆采用 $\Phi121\times8$ 的钢管，撑杆与索系之间采用铸钢节点连接，撑杆与网壳采用万向铰节点连接，撑杆上节点三维模型如图 1-14 所示。整个结构通过 24 个支座固定于下部混凝土环梁上。

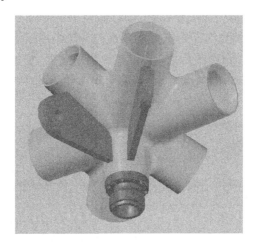

图 1-14　撑杆上节点三维模型

8) 2008 年北京奥运会羽毛球馆

2008 年北京奥运会羽毛球馆位于北京工业大学校园内,是第 29 届奥运会羽毛球及艺术体操比赛用场馆。羽毛球馆屋面形似扁平的羽毛球,建筑形体轻盈优美,屋盖采用弦支穹顶结构,弦支穹顶结构的 5 道环向钢索和每环 56 根径向拉杆象征着我国 56 个民族牵手奥运五环,结构如图 1-15 所示。该馆由中国航空规划设计研究总院有限公司设计,钢结构由浙江东南网架股份有限公司总承包,北京市建筑工程研究院有限责任公司负责预应力张拉施工。

(a) 整体效果图　　　　　　　　　　　　　　　(b) 内景图

图 1-15　2008 年北京奥运会羽毛球馆

羽毛球馆平面投影呈椭圆形,长轴方向最大尺寸为 141m,短轴方向最大尺寸为 105m;立面为球冠造型,最高点高度为 26.550m,最低点高度为 5.020m。

上部单层网壳由 12 圈环向杆和 56 组径向杆组成,第 1~4 环和第 5~12 环为葵花型网壳,第 4、5 环间为过渡形式。单层网壳杆件均采用无缝钢管,材质为 Q345B,网壳节点主要采用焊接球节点,与撑杆连接的部位采用铸钢球节点(图 1-16(a)),

该节点也是万向可调撑杆节点，此节点可允许撑杆绕铸钢节点所有方向转动，较好地实现了撑杆与上部单层网壳铰接的设计假定。

该工程预应力施加方法采用张拉环向索的方法，撑杆下节点如图 1-16(b)所示。下部环向索采用高强度钢丝束，极限抗拉强度大于 1670MPa，钢丝束外包 PE 防腐护层，径向拉杆采用高强度钢棒，极限抗拉强度为 835MPa，钢棒直径为 40～60mm。

(a) 撑杆上节点　　　　　　　　　　　　(b) 撑杆下节点

图 1-16　2008 年北京奥运会羽毛球馆撑杆节点图

弦支穹顶结构首先支承在周边环向布置的空间桁架上，空间桁架支承在 36 根平面分布呈圆形的混凝土柱上。钢结构的安装工作于 2006 年 3 月开始，先安装混凝土柱顶的钢结构支座，2006 年 9 月开始安装钢结构，2007 年 1 月钢网壳结构合拢，2007 年 2 月索杆预应力张拉完成，2007 年 4 月钢结构安装工作全部结束，2007 年 6 月屋面及管线设备安装结束。

9)山东茌平体育文化中心体育馆

茌平体育馆位于茌平区"三馆一场"的体育文化中心西北部，其实景图如图 1-17 所示。

图 1-17　茌平体育馆实景图

　　根据建筑造型,茌平体育馆钢结构屋盖的球壳部分采用弦支穹顶结构,弦支穹顶结构部分与上部空间曲线拱通过撑杆连接在一起,形成一种新型的空间结构体系,即弦支穹顶叠合拱结构,空间曲线拱及其附属撑杆完全暴露在室外。两道主拱中间部分为 $\Phi1000\times24$ 的钢管,两边部分为 $\Phi1500\times24$ 的钢管,主拱附属撑杆规格从两边到中间依次为 $\Phi426\times10$、$\Phi377\times10$、$\Phi325\times8$,主拱两端嵌固在地面上。弦支穹顶结构的构件为 $\Phi203\times6$、$\Phi219\times7$、$\Phi245\times7$、$\Phi273\times8$、$\Phi299\times8$ 的钢管。弦支穹顶共布置 7 道预应力环向拉索及径向拉杆,撑杆下节点采用可滑动式撑杆下节点(滚动式张拉索节点),如图 1-18 所示。在 $1.0\times$恒荷载+$0.5\times$活荷载作用下,7 道环向预应力索的平均索力从外到内依次为 127kN、420kN、390kN、530kN、810kN、1242kN、2060kN。弦支穹顶周边设置两道橡胶支座,第一道设置在倒数第五道环向杆上,第二道设置在最后一道环向杆上,支座均采用径向释放,环向弹簧约束,竖向完全约束。体育馆屋面结构由轻型屋面和玻璃屋面组成,拱撑杆下方为玻璃屋面,其余为轻型屋面。

图 1-18　可滑动式撑杆下节点(滚动式张拉索节点)

10)大连体育中心体育馆

　　大连体育中心体育馆屋盖结构采用弦支穹顶结构,建筑效果图如图 1-19 所示。该工程弦支穹顶结构与其他弦支穹顶结构工程不同,其他大部分弦支穹顶结构上

图 1-19　大连体育中心体育馆效果图

部均为单层网壳，而该工程上部为辐射式桁架结构，此工程的出现丰富了弦支穹顶结构的形式。

该弦支穹顶结构的平面投影尺寸为 145.4m×116.4m。上部辐射式桁架结构采用倒三角形桁架，初步设计时桁架杆件包含 10 种规格，分别为 Φ89×4、Φ114×4、Φ133×4、Φ159×6、Φ180×8、Φ219×10、Φ299×12、Φ377×14、Φ377×24、Φ500×24。下部张拉整体结构布置了三圈，其中撑杆均采用 Φ377×14 的钢管，内环向索采用单索，单索直径为 95mm；中环向索采用双索，单索直径为 95mm；外环向索采用双索，单索直径为 105mm；内径向索和中径向索采用单索，单索直径为 80mm；外径向索采用单索，单索直径为 105mm。

11）东亚运动会自行车馆

东亚运动会自行车馆为团泊新城兴建的天津健康产业园区体育基地一期工程，建筑面积约 28000m²。自行车馆平面为 126m×100m 的椭圆形，下部结构为钢筋混凝土框架结构，上部屋盖为弦支双层网壳，屋盖周圈支承在 24 个圆截面混凝土柱上，屋盖周圈悬挑。整体效果图如图 1-20 所示，图 1-21 为施工过程中的自行车馆。

图 1-20　东亚运动会自行车馆效果图　　　　图 1-21　施工过程中的自行车馆

上部双层网壳的内层为标准椭圆形网壳，长轴 126m，短轴 100m，矢高 18m，矢跨比约为 1/7（长轴）和 1/5.5（短轴），外层为非规则近似椭圆形网壳。弦支结构的下部是在内圈标准椭圆形网壳内布置一圈索撑体系。

该工程采用新型的向心关节轴承撑杆上节点（图 1-22（a）），这种节点可以轻易实现撑杆径向可转动、环向可微动的性能要求；同时，该工程采用了不可滑动的撑杆下节点（图 1-22（b）），在张拉环向索的过程中拉索与撑杆下节点相对固定。自行车馆撑杆节点体系的特殊性，决定了其预应力施加机理与传统环向索张拉机理不同。以往张拉环向索均是通过环向索在撑杆下节点索道中的滑动施加预应力，但这种方式会产生较大的摩擦预应力损失；自行车馆采用了不可滑动的撑杆下节点，通过向心关节轴承撑杆上节点的环向摆动，利用下节点位移施加预应力，避免了摩擦预应力损失的问题。

(a) 向心关节轴承撑杆上节点   (b) 不可滑动的撑杆下节点

图 1-22 东亚运动会自行车馆弦支穹顶撑杆节点

12) 天津宝坻体育馆

天津宝坻体育馆的主馆设在中央，左右两侧为东西副馆。其中，主馆为下部钢筋混凝土框架支承的弦支穹顶结构，平面投影为椭球形，长轴 118m，短轴 94m；屋盖中间部分采用弦支穹顶结构体系，该部分长轴 103m，短轴 79m，弦支体系采用 Levy 体系，共布置 5 圈环向索；长轴方向矢跨比为 1/12.9，短轴方向矢跨比为 1/9.9；在弦支穹顶周边悬挑近 8m 的单层网壳结构，屋盖支承在 40 根钢筋混凝土柱上。主馆建筑效果如图 1-23 所示，结构计算模型如图 1-24 所示。

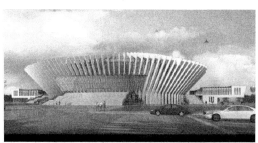

(a) 鸟瞰图   (b) 透视图

图 1-23 天津宝坻体育馆主馆效果图

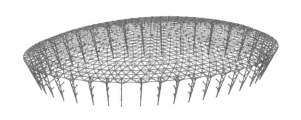
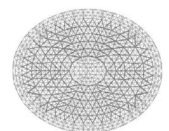

(a) 轴测图   (b) 平面图

图 1-24 天津宝坻体育馆模型图

13) 其他弦支穹顶结构工程应用

此外，国内的弦支穹顶工程还有济南奥体中心体育馆(图 1-25)、安徽大学体育馆(图 1-26)、连云港市体育中心体育馆(图 1-27)、辽宁营口奥体中心体育馆(图 1-28)、三亚市体育中心体育馆(图 1-29)、渝北体育馆(图 1-30)、深圳坪山体育中心体育馆(图 1-31)、南沙体育馆(图 1-32)、葫芦岛体育中心体育馆(图 1-33)、常熟市体育中心体育馆、绍兴体育中心体育馆、乐清新体育中心体育馆、兰州奥体中心综合馆等。

图 1-25　济南奥体中心体育馆

图 1-26　安徽大学体育馆

图 1-27　连云港市体育中心体育馆

图 1-28　辽宁营口奥体中心体育馆

图 1-29　三亚市体育中心体育馆

图 1-30　渝北体育馆

图 1-31　深圳坪山体育中心体育馆　　　　　　　图 1-32　南沙体育馆

图 1-33　葫芦岛体育中心体育馆

1.3　索材类型与特点

拉索是结构中的受拉构件，是悬索结构、张拉整体结构、索穹顶结构、张弦结构等预应力结构的重要组成部分。狭义的拉索是指由高强钢丝捻制而成的受拉构件，本书也称为钢丝类拉索。根据不同的捻制方式，钢丝类拉索可分为钢绞线、钢丝束和钢丝绳。广义的拉索指任何只能受拉的构件，包括由高强钢丝组成的拉索（钢丝类拉索）、钢拉杆、仅用于受拉的型钢等。

随着人们对拉索性能（如抗拉强度、防腐蚀性能等）的要求不断提高，拉索的种类也日益丰富，能基本满足不同条件下的要求。由于拉索种类繁多，目前国内已有多部规范和标准对其进行分类，但各规范和标准对拉索的定义和分类并没有达成统一的意见，因此目前拉索的分类并不十分明确和清晰。为了能够合理地对拉索进行分类，并能适应将来可能不断涌现的新式拉索，本书结合国外相关标准（ASTM 标准和欧洲标准）和国内目前普遍的分类，提出一种可供参考的分类方法。

1.3.1 索体的基本材料

1. 高强钢丝

钢丝类拉索的索体可分为钢丝束索体、钢绞线索体和钢丝绳索体。高强钢丝是组成这些索体的基本材料，它是由经过退火处理的优质碳钢盘条经过多次连续冷拔而成。退火处理能够释放热轧钢材中的残余应力，提高钢材的抗拉强度，并能细化钢材内部晶体结构，提高钢材的力学性能。经过多次冷拔，钢材的内部结构更加紧密，从而进一步提高钢材的抗拉强度。我国目前拉索钢丝的公称抗拉强度包括 1470MPa、1570MPa、1670MPa、1770MPa、1870MPa、1960MPa 和 2160MPa 等。

1) 钢丝截面形状

索体中的高强钢丝一般采用圆形截面，但随着密封钢丝绳的应用，高强钢丝也出现了异形截面，如 Z 型、H 型等，如图 1-34 所示。

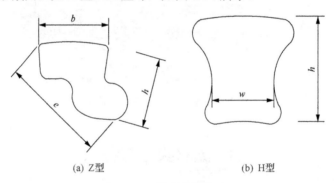

(a) Z型　　　　　　　　　　(b) H型

图 1-34　异形钢丝截面

2) 钢丝镀层

高强钢丝必须进行腐蚀防护处理，最常用的防腐蚀处理措施是热镀锌法，即把高强钢丝浸入熔化的锌水中，浸泡时间由机器自动控制以避免过度加热。钢丝一般在拉拔成型之后就立即进行上述热镀锌操作，有些情况也会在镀锌前后各进行一次拉拔才能最后成型。此外，平行钢丝束和半平行钢丝束的聚乙烯套管也能起到一定的保护作用。

近年来，随着新兴的高钒合金镀层拉索的应用，高钒合金镀层有逐步替代锌镀层的趋势。高钒合金镀层的化学成分为 95%锌、5%铝和少量混合稀土，学名为锌-5%铝-混合稀土合金。与普通的锌镀层相比，高钒合金镀层具有更优越的防腐蚀性能，是普通镀锌层的 2～3 倍，无论在室内、户外、潮湿环境还是海洋环境，均表现出比热镀锌、电镀锌更优越的防腐蚀性能。因此，高钒合金镀层索体不需要如聚乙烯外套、涂料保护等的防腐蚀保护。这点相对 PE 拉索（通常指平行或半平行钢丝束拉索）来说优越性非常明显。PE 拉索端部与锚头连接处，由于聚乙烯外套破损，拉索很容易发生腐蚀。此外，高钒合金镀层的延展性和可变形能力更强，能够经受强力变形工艺条件下缠绕、弯曲而不会龟裂或脱落。然而，我国由于制造工艺的限制，近两年才开始有高钒合金镀层拉索的应用。

3) 不锈钢丝

不锈钢丝可分为奥氏体、铁素体和马氏体三种。虽然不锈钢丝的防腐蚀性能优于镀锌钢丝，但不锈钢丝的抗拉强度略低于普通镀锌钢丝，且不锈钢丝索造价较昂贵，因此在普通建筑结构中作为受力主构件并不常见，通常用于玻璃幕墙结构的拉索中。

2. 高强钢筋

高强钢筋作为拉索的材料仅用于平行钢筋索中，但这种拉索在 20 世纪 80 年代以后就很少被采用。平行钢筋索中的高强钢筋相互平行地排列在金属管内，通过聚乙烯孔板定位并彼此分隔。单独张拉其中某根钢筋时，该钢筋可以沿纵向滑动。安装完成后向管内注入水泥浆将空隙填满，对钢筋进行防护，并保证钢套管能与其中的高强钢筋共同工作。

平行钢筋拉索必须在现场架设，操作过程繁杂。盘条式运输只适用于直径较小的拉索，对于大直径拉索一般用长度为 15～20m 的直杆形式运输。此外，两根拉索连接时钢筋必定存在接头，这样会显著降低拉索的疲劳强度。因此，以高强钢筋为基本材料的平行钢筋拉索如今已基本不再采用。

1.3.2　拉索的基本索体

拉索的索体是拉索分类的重要依据。在广义的拉索中，相比于钢丝类拉索，其他拉索的索体都很明确，如钢拉杆的索体是钢质杆体，用于只受拉的型钢类拉索的索体是型钢。因此，本节主要对钢丝类拉索的索体进行阐述，如无特别指明，本节中的拉索均指钢丝类拉索。

钢丝类拉索的索体由一个或多个索股组成，即索股既可以单独作为拉索索体，也可以作为索体的组成单元。索股由多根高强钢丝按照一定排列方式组成，根据索股组成方式和排列方式的不同，索体可分为钢绞线索体、钢丝束索体和钢丝绳索体三个基本类型。由这三种基本索体可以衍生出其他新的索体，如平行钢绞线拉索的索体。

1. 由单个索股组成的基本索体

这类索体包括钢绞线索体和钢丝束索体。钢绞线索体(下面简称钢绞线)是由一层或多层钢丝绕一根中心钢丝螺旋捻制而成。根据钢丝层数的不同，钢绞线规格通常有 1×3[①]、1×7、1×19、1×37 等。大直径的钢绞线规格有 1×61、1×91、1×127、1×169、1×217、1×271 等。

钢丝束索体中高强钢丝平行放置(平行钢丝束)或有轻度的扭绞(半平行钢丝束)，每股钢丝束的高强钢丝的数量通常为 19、37、61 等。

具体地，根据高强钢丝的种类、扭绞方式的不同，通常可以分为螺旋钢绞线、密封钢绞线、平行钢丝束和半平行钢丝束四类。

1) 螺旋钢绞线

螺旋钢绞线是由圆形钢丝螺旋捻制而成，每层的捻制方向相反，以抵消钢丝张拉时的扭矩，如图 1-35 所示。预应力钢结构和预应力混凝土结构中通常采用七丝钢绞线(1×7)，即由 6 根钢丝紧密螺旋缠绕在 1 根中心钢丝上组成，这类钢绞线在目前钢结构建筑中应用最广。

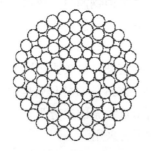

图 1-35　螺旋钢绞线

2) 密封钢绞线

密封钢绞线也是由多层高强钢丝螺旋捻制而成，其相邻层的捻制方向相反。但与螺旋钢绞线不同的是，密封钢绞线只有内部几圈为圆形钢丝，靠近外部为异形截面钢丝以达到"密封"的效果，如图 1-36 所示。通常，密封钢丝绳最外几层的异形钢丝通常为 Z 型，往内可以有梯形钢丝，核心部分则由多层圆形钢丝组成。外层的 Z 型钢丝彼此紧扣形成密封状态，相互间基本是面接触，可以有效地阻止外部水分进入内层钢丝中。这类密封钢丝绳也称为全密封钢绞线，具有很好的防腐蚀性能。

---

① 钢绞线规格 1×3 中，1 表示股数；3 表示每股中钢丝根数。如无特殊说明，本书中钢绞线规格均按此表示。

图 1-36　密封钢绞线

当索体的最外层由 H 型钢丝和圆形钢丝组成时，相互间基本为线接触，从而形成半密封钢绞线。

由于我国制造水平的限制，目前密封钢丝索在国内尚未普及，但这种拉索在国外已经比较成熟。例如，1955 年建成的瑞典 Stromsund 桥（第一座现代斜拉桥）即采用密封钢绞线作为斜拉索，1967 年建成的德国波恩北桥采用直径为 124mm 的密封钢绞线，泰国曼谷的湄南河桥也采用直径为 167mm 的密封钢绞线。

3) 平行钢丝束

平行钢丝束中的高强钢丝为圆形截面，但与螺旋钢绞线不同的是，平行钢丝束中每根高强钢丝平行排列，顺直而无扭转，如图 1-37 和图 1-38 所示。由于钢丝未经扭转捻制，平行钢丝束的抗拉强度和弹性模量与单根钢丝十分接近，抗疲劳性能也较好。平行钢丝束索股为正六角形截面，每股的钢丝根数为 19、37、61 等。相关经验表明，正六角形截面是钢丝束最紧密的一种形式，并能保证索股中每根钢丝所受的力相同。

4) 半平行钢丝束

如果将平行钢丝束作轻度扭绞（3°±0.5°），扎紧后最外层热挤 PE 套管作防护，就成为半平行钢丝束，如图 1-39 所示。相关试验表明，当扭角小于 4°时，拉索的弹性模量和疲劳性能不会削减。同时，半平行钢丝束由于有轻度扭绞，其弯曲性能增强，因而可以盘绕在卷筒上，具备长途运输的条件，能够在工厂实现机械化生产。鉴于以上优势，目前工程中半平行钢丝束的应用比平行钢丝束更加普遍。

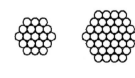  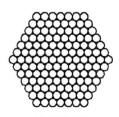

(a) PWS-19　　　(b) PWS-37　　　(c) PWS-61　　　(d) PWS-91　　　(e) PWS-127

图 1-37　不同尺寸的平行钢丝束

 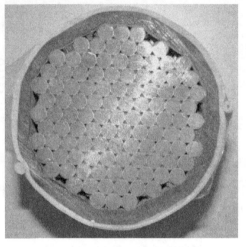

图 1-38　PWS-127 平行钢丝束截面　　　　图 1-39　半平行钢丝束截面

2. 由多个索股组成的基本索体

　　这类索体是指钢丝绳索体，下面简称钢丝绳。钢丝绳是由多个索股(此处也可称为绳股)围绕一个绳芯螺旋捻制而成的，如图 1-40 和图 1-41 所示。钢丝绳索体的索股中各层钢丝为同向捻制，区别于前面提到的单个索股组成的索体。绳芯可以是纤维芯、钢芯或固态聚合物芯，钢芯可以是一个绳股，也可以是另一个独立的钢丝绳。

　　与由单个索股组成的钢绞线和钢丝束相比，钢丝绳具有更强的弯曲能力。钢绞线和钢丝束的弹性模量比钢丝绳高，且相同尺寸的钢绞线和钢丝束的抗拉强度比钢丝绳高。此外，相同尺寸的钢绞线和钢丝束中的高强钢丝比钢丝绳中的钢丝

图 1-40　钢丝绳实物图

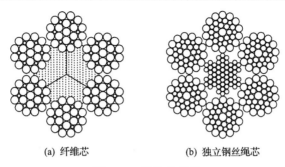

(a) 纤维芯　　　　　　　　　　(b) 独立钢丝绳芯

图 1-41　钢丝绳截面

粗。因此，考虑到粗钢丝上的镀层往往更厚，同种锌镀层在钢绞线或钢丝束表面通常具有更好的防腐蚀性能。

值得注意的是，在《钢丝绳　术语、标记和分类》(GB/T 8706—2017)中将钢丝绳分为单股钢丝绳和多股钢丝绳。其中，单股钢丝绳定义为由至少两层钢丝围绕一中心钢丝或索股螺旋捻制而成，且至少有一层钢丝沿相反方向捻制。本书通过整理总结国内外相关资料，认为从结构组成上看，单股钢丝绳实质上属于钢绞线索体。因此，为了使拉索分类更加清晰、符合工程使用情况，在本书的分类中钢丝绳仅指由多个索股构成(即 GB/T 8706—2017 标准中的多股钢丝绳)，单股钢丝绳不再单独列出，将其归为钢绞线索体。

表 1-1 列出了美国 ASTM 标准、欧洲标准、英国标准等相关标准对拉索术语的定义以及各组成部分的关系。同时本书根据国内外相关标准，结合国内普遍说法，提出了适合国内使用情况的拉索术语和组成关系。

表 1-1　三种构成方法的对比

ASTM	ISO、BS EN、GB	本书
钢丝 ↓ 索股 ↓ 钢丝绳 ↓ 索	钢丝 ↓ 索股 ↓ 多股钢丝绳　　单股钢丝绳 ↓ 索	钢丝 ↓ 索股 ----→ 钢绞线、钢丝束 ↓ (多股)钢丝绳 ↓ 索
(1)索股由多层钢丝组成； (2)钢丝绳由多个绳股(索股)螺旋捻制而成； (3)无单股钢丝绳定义，组成较简单，定义较笼统	(1)索股由多层钢丝同向捻制而成(平行钢丝束除外)； (2)钢丝绳分为多股钢丝绳(多个绳股螺旋捻制)和单股钢丝绳(多层钢丝存在反向捻制)； (3)组成分类较清晰，但不太符合工程实际使用中的说法	(1)索股由多层钢丝组成，没有规定捻制方向； (2)存在反向捻制钢丝层的索股可单独成索，称为钢绞线； (3)钢丝绳仅指由多个绳股螺旋捻制而成； (4)对国外标准中的构成定义做了协调，同时符合国内习惯说法

1.3.3　拉索的种类与应用

根据前文提出的基本索体类型，可以对拉索进行分类。在桥梁和建筑结构中，根据拉索的组成方式不同，可以分为以下几类。

1. 钢丝类拉索

钢丝类拉索可以由一个或多个钢丝绳索体、钢绞线索体或钢丝束索体等构成。

1) 索体为单个索股的拉索

当拉索的索体由单个索股组成时，其性质与单个索股相同，可以直接用索体的名称来代表拉索，如 (螺旋) 钢绞线、密封钢绞线、平行钢丝束和半平行钢丝束。其性质和应用在 1.3.2 节已有说明，此处不再赘述。

2) 索体为多个索股的拉索

（1）钢丝绳。

同索体为单个索股的拉索，此类拉索可直接用钢丝绳索体的名称来代表，简称钢丝绳。其基本性质也已在 1.3.2 节说明，此处不再赘述。

（2）平行钢绞线索。

图 1-42　平行钢绞线索截面

平行钢绞线索一般用于桥梁结构中，它是由多个钢绞线组成，索内的钢绞线采用与平行钢丝束中高强钢丝相同的排列方法，即钢绞线平行排列，通常布置成正六角形截面，如图 1-42 所示。

平行钢绞线索可在工地组装，可单根穿束、单根张拉，因此相比平行钢丝束，其施工更加方便灵活。此外，平行钢绞线索可以在不影响桥梁正常使用的前提下，在桥梁使用期限内的任何时间对拉索的无黏结钢绞线进行应力检测，必要时可进行单根钢绞线换索。当钢绞线集束后轻度扭绞，则形成半平行钢绞线索。

平行钢绞线索在斜拉桥中有广泛应用，如我国的润扬长江公路大桥斜拉桥部分的拉索就采用了平行钢绞线索。

3) 高钒合金镀层拉索

高强钢丝通常采用镀锌钢丝，但近年来高钒合金镀层在国外得到广泛应用，国内也逐渐开始采用高钒合金镀层拉索，通常简称高钒索。国内的鄂尔多斯伊金霍洛旗体育馆索穹顶、绍兴体育中心、盘锦体育中心、徐州体育场等工程均采用了高钒索。

关于高钒索的分类，本书认为由于高钒索只是将锌镀层改为高钒合金镀层，拉索的基本组成和构成并未发生改变，故将其视为一种新型拉索有所不妥。本书建议可根据高钒索具体的索体对其进行归类，如高钒合金镀层钢绞线(图 1-43)、高钒合金镀层钢丝束等。

图 1-43　高钒合金镀层钢绞线

2. 钢拉杆

钢拉杆(steel tie rod)是由钢质杆体和连接件等组件组装的受拉构件，它在预应力结构中广泛使用，如弦支穹顶结构和索穹顶。钢拉杆根据接头类型(U 型和 O 型)和转动能力(单向铰、双向铰等)可进一步分类，钢拉杆的分类在工程上比较统一，具体分类可参照《钢拉杆》(GB/T 20934—2016)，此处不再赘述。

3. 型钢

型钢作为建筑结构中传统的构件，可用来承受拉力、压力和弯矩作用。但当结构中型钢的长度远远大于其截面尺寸时，可将其视为拉索应用到结构中，作为只受拉构件。1964 年东京奥运会代代木国立综合体育馆就创造性地将型钢作为拉索应用到大跨结构中，对建筑结构设计产生了广泛影响。该体育馆屋面结构采用柔性的悬索结构，在两个塔柱中间的主悬索采用了型钢，并在承受拉力最大的两个斜坡的交界处将两根拉索分开，减小了拉索承受的拉力。

4. 拉索分类方法

基于上文的论述，图 1-44 给出了钢丝类拉索基本索体分类。图 1-45 给出了本书提出的拉索分类方法。基于拉索索体的分类方法具有较好的包容性和开放性，既能清晰明确地对目前工程中应用的拉索进行分类，满足现有拉索的分类，也能很方便地根据今后出现的新型拉索进行调整和扩充，满足将来涌现的各种新式拉索的分类需求。

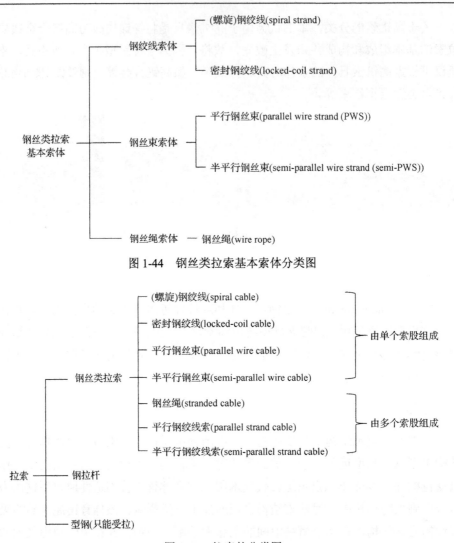

图 1-44　钢丝类拉索基本索体分类图

图 1-45　拉索的分类图

第2章　弦支穹顶结构选型与设计

2.1　弦支穹顶结构选型

2.1.1　上部网壳选型

弦支穹顶结构中上部网壳多为单层网壳，其形状由最初的球面逐渐拓展为椭球面、剖切球面、折板形等，对应的弦支穹顶可分为球面弦支穹顶、椭球面弦支穹顶、剖切球面弦支穹顶、折板形弦支穹顶等。此外，上部网壳平面投影的几何形状还可以为圆形、椭圆形、正六边形、四边形、三角形等。根据上部单层网壳网格形式的不同，弦支穹顶可分为肋环型弦支穹顶、施威德勒型弦支穹顶、凯威特型弦支穹顶、联方型弦支穹顶、三向网格型弦支穹顶、短程线型弦支穹顶。

1) 肋环型弦支穹顶

在由径肋和环杆组成的肋环型单层网壳的基础上，在下部设置撑杆及斜向、环向拉索，便形成肋环型弦支穹顶，如图2-1所示，主要用于中、小跨度工程中。

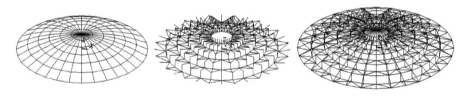

图 2-1　肋环型弦支穹顶

2) 施威德勒型弦支穹顶

施威德勒型弦支穹顶是以施威德勒型网壳为基础形成的。施威德勒型网壳是肋环型单层网壳的改进形式，由径向杆、纬向杆和斜杆组成，斜杆有左单斜杆、右单斜杆、双斜杆及无纬向杆的双斜杆等形式，可以增强网壳刚度并能承受较大的非对称荷载。由于下部张拉整体的斜向拉索具有对称性，常采用双斜杆单层网壳形成双斜杆施威德勒型弦支穹顶，如图2-2所示。

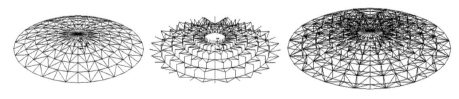

图 2-2　施威德勒型弦支穹顶

3) 凯威特型弦支穹顶

凯威特型弦支穹顶是以凯威特网壳为基础形成的。凯威特网壳是由 $n(n=6$, $8, 12, \cdots)$ 根通长的径向杆把球面分为 n 个对称的扇形曲面，然后在每个扇形曲面内利用纬向杆和斜杆将此曲面划分为大小比较均匀的三角形网格而形成。该种形式网格大小和内力分布都相对均匀，常用于大、中跨度结构。典型的凯威特型弦支穹顶如图 2-3 所示。

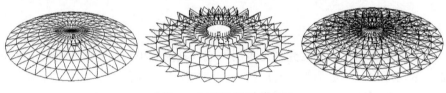

图 2-3　凯威特型弦支穹顶

4) 联方型弦支穹顶

联方型弦支穹顶是以联方型网壳为基础形成的。典型的联方型单层网壳由左斜杆和右斜杆形成菱形网格，两斜杆的交角为 30°~50°。为了增强这种网壳的刚度和稳定性，一般都加设纬向杆件组成三角形网格。在较大的风载和地震作用下结构仍具有良好的受力性能，可用于较大跨度的工程。

典型的联方型弦支穹顶如图 2-4 所示，可以看出，当结构跨度较大、网格划分密集时，联方型网壳会出现内外圈网格尺寸差异很大的情况(前述的肋环型、施威德勒型弦支穹顶也存在此问题)，势必会造成杆件受力不均、规格偏多及施工不便等问题。因此，工程中常采用一种复合的联方-凯威特型单层网壳，以使网格尺寸相对均匀，受力更加合理，同时便于施工(肋环型、施威德勒型弦支穹顶也可以采用相应的方式进行改进)。对于复合的联方-凯威特型弦支穹顶，一般上部网壳在中间部分采用凯威特型，外圈部分采用联方型，如图 2-5 所示。

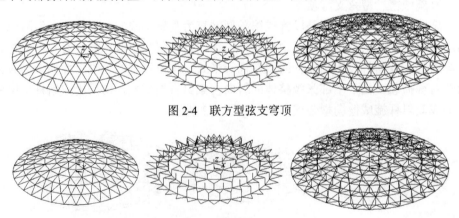

图 2-4　联方型弦支穹顶

图 2-5　联方-凯威特型弦支穹顶

5)三向网格型弦支穹顶

三向网格型弦支穹顶是以三向网格型网壳为基础形成的，主要用于球面弦支穹顶。三向网格型网壳的每一杆件都是与球面有相同曲率中心的圆弧的一部分，其结构形式优美，受力性能较好。三向网格型弦支穹顶由于特殊的网格划分方式，其拉索布置与前几种有一定的不同。典型的三向网格型弦支穹顶如图 2-6 所示。

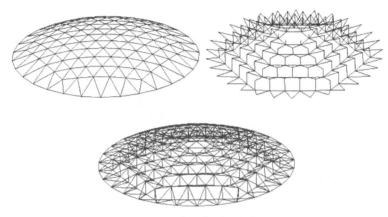

图 2-6　三向网格型弦支穹顶

6)短程线型弦支穹顶

短程线型弦支穹顶是以短程线型网壳为基础形成的。短程线型网壳网格均匀，造型美观，是一种较为常用的球面网壳。完整球面可以划分为 20 个完全相同的球面三角形(等二十面体)，短程线型网壳的网格就是以这种等二十面体的球面划分为基础形成的，常见的形式有四分之一球面(包含五个球面三角形)、四分之三球面(包含十五个球面三角形)和整球三种类型。一般屋盖中最常用的短程线型网壳大都属于四分之一球面，或者基本上由五个大球面三角形组成。

对于短程线型弦支穹顶，由于上面提到的划分特点，单层网壳每圈节点的高度及距网壳中心点的距离都有所差别，这将给下部张拉整体的布置带来不便，一般可采取两种布置方式。第一种布置方式与前面几种常用的弦支穹顶一样，采用相同的撑杆长度，这种布置方式的好处在于，撑杆杆件种类较少，制造施工方便；且径向拉索的倾斜角度一致，径向拉索对上部单层网壳的约束加强作用比较均匀；弦支穹顶的厚度也相应均匀一些。这种布置方式的不利之处在于，环向拉索不能处于同一水平面，且倾斜角度变化，其受力状况将直接影响到撑杆的工作及径向拉索拉力的分布，这将使下部张拉整体的受力情况较为复杂。第二种布置方式则是采用不同的撑杆长度，旨在保证每圈撑杆下节点的高度一致，刚好与第一种布置方式相反。环向拉索的高度一致，其受力比第一种布置方式更加均匀；而撑杆高度及径向拉索的倾斜角度有不同程度的调整，径向拉索及撑杆对上部单层网壳的约束加强作用不均匀；整个结构的厚度也不是很均匀。这两种布置的弦支穹顶如图 2-7 所示。具体哪种布置方式较优以及是否还存在其他更有效的布置方式，还有待进一步探索并给予理论上的证明。

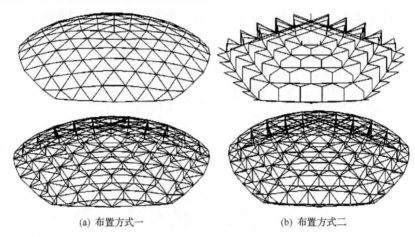

(a) 布置方式一　　　　　　　　　　　(b) 布置方式二

图 2-7　短程线型弦支穹顶

　　由于易于布置拉索和撑杆且上弦网格均匀，联方型和凯威特型单层球面网壳均适于构成弦支穹顶结构，且作为完全轴对称结构，更便于拉索布置和预应力分析，是较为有效的弦支穹顶结构形式，而且由于网格均匀、结构对称，因此杆件种类较少，设计和施工比较简便。本着工程应用方便的原则，推荐采用联方型、凯威特型及凯威特-联方型弦支穹顶结构形式。国内第一个弦支穹顶结构——天津保税区国际商务交流中心大堂屋顶就是采用凯威特-联方型弦支穹顶结构形式。

　　相比凯威特型弦支穹顶，三向网格型弦支穹顶和短程线型弦支穹顶下部环向拉索布置呈现多折线特征。如果要张拉环向拉索施加预应力，只能分段张拉，给预应力张拉的控制和监测带来不便。

　　弦支穹顶的上部网壳也可以采用双层网壳、多层网壳和局部双层网壳等结构形式。上部采用双层网壳的弦支穹顶一般应用于跨度较大的结构中，且由于双层网壳本身具有较好的整体稳定性，可适当减少下部索撑体系的布置数量，如可以仅在外圈布置拉索以减小支座的水平推力。

2.1.2　索杆体系选型

　　根据下层拉索材料，可将弦支穹顶结构分为柔性索弦支穹顶结构、刚性杆弦支穹顶结构和局部刚性弦支穹顶结构三种形式。

1) 柔性索弦支穹顶结构

柔性索弦支穹顶结构的下层拉索全部采用柔性索，只能受拉而不能受压，可以采用钢绞线、半平行钢丝束、高钒索、密闭钢丝绳等。目前为止，无论在理论研究上还是实际工程应用中，大部分弦支穹顶均为柔性索弦支穹顶。

2) 刚性杆弦支穹顶结构

采用可以承受拉压的钢管或其他刚性杆件来替代全部下层拉索，就形成了刚性杆弦支穹顶结构，其最显著特点是所有的下层拉索具有一定刚度，可以承受压力，从而可以避免随着荷载的增加，内圈环向拉索可能松弛而退出工作的问题。特别是对防火要求严格但又不进行性能化设计的弦支穹顶结构，拉索的防火保护难以实施，用刚性杆代替拉索具有显著的优势。天津自然博物馆贵宾厅的最终结构就采用了这种弦支穹顶形式。

3) 局部刚性弦支穹顶结构

局部刚性弦支穹顶结构指环向或径向拉索部分采用刚性杆，部分采用柔性索的结构形式。在实际的弦支穹顶结构设计中，由于内圈环向拉索的拉力较小，可以采用刚性杆（如钢管）来代替柔性索，而外圈拉力很大的环向拉索仍然采用柔性索，进而形成了局部刚性弦支穹顶结构，可以在满足受力要求的同时更好地节省材料。

2.1.3　支承体系选型

弦支穹顶支承体系的主要功能是阻止结构的刚体位移，增强结构的整体稳定性。对于弦支穹顶，由于下部索撑体系的引入，可有效抵消结构支座的径向反力。弦支穹顶结构的支座设置通常有两种方式：一种是首先在周圈框架柱上设置一圈加强环桁架结构，然后将弦支穹顶结构支承在环桁架上；另一种是直接支承在周边框架柱上。目前工程中应用比较多的为第二种。

第一种支座形式与传统空间结构基本一致，因此目前大跨度建筑结构中使用的支承节点构造均可作为弦支穹顶结构的第一类支座，如平板压力或拉力支座、单面弧形压力支座、双面弧形压力支座、板式橡胶支座、球铰压力支座等。

对于第二种弦支穹顶结构的支座形式，由于与径向拉杆相连接，其与传统的大跨度建筑结构的支座节点有所不同。对于这类支座，必须考虑与径向拉杆的连接构造，如常州体育馆弦支穹顶结构（图 2-8）、济南奥体中心体育馆弦支穹顶结构（图 2-9）等；有时在进行弦支穹顶结构的支座设计时，为释放温度应力，可将支座设计成径向可滑动的形式，如茌平体育馆弦支穹顶结构（图 2-10）等。

图 2-8　常州体育馆弦支穹顶支座　　　图 2-9　济南奥体中心体育馆弦支穹顶支座节点

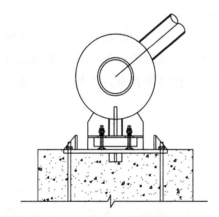

图 2-10　茌平体育馆弦支穹顶可滑动支座节点

2.2　弦支穹顶结构设计

2.2.1　荷载与作用

1. 荷载类型

弦支穹顶结构的荷载主要包括永久荷载、可变荷载、偶然荷载。对于永久荷载，应采用标准值作为代表值；对于可变荷载，应根据设计要求采用标准值、组合值、频遇值或准永久值作为代表值；对于偶然荷载，应按建筑结构使用的特点确定其代表值。

1) 永久荷载

永久荷载是指在结构使用期间，其值不随时间变化，或其变化值与平均值相比可以忽略不计，或其变化是单调的并能趋于限值的荷载。永久荷载中结构自重的标准值，可按结构构件的设计尺寸与材料单位体积的自重计算确定。对于自重变异较大的材料和构件(如现场制作的保温材料、混凝土薄壁构件等)，其自重的标准值应根据对结构的不利状态，取上限值或下限值。作用在弦支穹顶结构上的永久荷载有以下几类：

(1)杆件和节点自重。可通过软件自动计算，钢材重力密度取 $\gamma=78.5\text{kN/m}^3$，铝材重力密度取 $\gamma=27.0\text{kN/m}^3$。

(2)屋面围护系统自重。需要按照建筑屋面做法，根据实际材料按《建筑结构荷载规范》(GB 50009—2012)进行详细计算，并应充分考虑屋面檩条或龙骨的重量。特别对于复合屋面做法，应考虑双层龙骨的重量。

(3)吊顶自重。包括吊顶材料及龙骨等，应根据装修吊顶做法进行计算。

(4)设备自重。需要与水、暖、电等专业密切配合，根据各设备专业实际布置进行计算。对于大型体育场馆，还要特别考虑相关体育工艺需求而增加的荷载。

上述荷载中，前两项必须考虑，后两项根据工程情况确定。

2)可变荷载

可变荷载是指在结构使用期间，其值随时间变化，且变化值与平均值相比不可忽略的荷载。作用在弦支穹顶结构上的可变荷载有以下几种：

(1)屋面活荷载。按《建筑结构荷载规范》(GB 50009—2012)取值，不上人屋面活荷载标准值为 0.5kN/m^2。

(2)雪荷载。按《建筑结构荷载规范》(GB 50009—2012)根据工程所在地查询和计算。雪荷载与屋面活荷载一般不必同时考虑，全跨均布时取两者的较大值。对雪荷载敏感的结构，基本雪压应适当提高，并应参照有关规范选取。

在进行雪荷载计算时，应特别注意积雪的不均匀分布，对于屋面造型比较复杂或者存在凹凸变化的情况，应按《建筑结构荷载规范》(GB 50009—2012)选取适当的积雪分布系数；同时还应考虑雪荷载的半跨分布，有时不同形式的半跨雪荷载分布可能对结构部分杆件受力产生更为不利的影响。

(3)风荷载。按《建筑结构荷载规范》(GB 50009—2012)根据工程所在地查询和计算。

在计算风荷载标准值时，对于造型特别复杂的屋盖，应考虑通过风洞试验或数值模拟分析结果确定其体型系数；对于大跨度弦支穹顶结构，应考虑风振系数，其数值可根据风洞试验或数值模拟分析结果按随机振动理论计算确定，也可根据类似工程经验选取。在方案设计、初步设计阶段或缺少工程经验资料时，可根据结构自振特性取 1.5～2.0。

3) 偶然荷载

(1) 温度作用。

温度作用应考虑气温变化、太阳辐射及使用热源等因素，作用在结构或构件上的温度作用应采用温度的变化值来表示。计算结构或构件的温度作用效应时，应采用材料的线膨胀系数 α_T。钢材线膨胀系数可取 $12 \times 10^{-6} \text{℃}^{-1}$，其余材料的线膨胀系数可按《建筑结构荷载规范》(GB 50009—2012)查询选取。温度作用的组合值系数、频遇值系数和准永久值系数可分别取 0.6、0.5 和 0.4。

基本气温可根据建筑所处城市采用《建筑结构荷载规范》(GB 50009—2012)规定的方法确定的 50 年重现期的月平均最高气温 T_{max} 和月平均最低气温 T_{min}，或根据当地气温资料确定，或根据附近地区规定的基本气温，通过气象和地形条件的对比分析等方法确定。

均匀温度作用的标准值应按下列规定确定：

对结构最大温升的工况，均匀温度作用标准值按式(2-1)计算：

$$\Delta T_k = T_{s,max} - T_{0,min} \tag{2-1}$$

式中，ΔT_k 为均匀温度作用标准值(℃)；$T_{s,max}$ 为结构最高平均温度(℃)；$T_{0,min}$ 为结构最低初始平均温度(℃)，可取合拢温度的下限。

对结构最大温降的工况，均匀温度作用标准值按式(2-2)计算：

$$\Delta T_k = T_{s,min} - T_{0,max} \tag{2-2}$$

式中，$T_{s,min}$ 为结构最低平均温度(℃)；$T_{0,max}$ 为结构最高初始平均温度(℃)，可取合拢温度的上限。

结构最高平均温度 $T_{s,max}$ 和最低平均温度 $T_{s,min}$ 宜分别根据基本气温 T_{max} 和 T_{min} 按热工学的原理确定。对于有围护的室内结构，结构平均温度应考虑室内外温差的影响；对于暴露于室外的结构或施工期间的结构，宜依据结构的朝向和表面吸热性质考虑太阳辐射的影响。

结构的最高初始平均温度 $T_{0,max}$ 和最低初始平均温度 $T_{0,min}$ 应根据结构的合拢或形成约束的时间确定，或根据施工时结构可能出现的温度按不利情况确定。

(2) 地震作用。

弦支穹顶结构在进行地震作用计算时应确定合理的抗震设防类别，并结合建筑物所在地选取合理的抗震设防烈度、设计基本地震加速度、场地类别、特征周期和地震分组，一般均应进行双向水平地震作用计算，必要时应按规范要求进行竖向地震作用计算。

2. 荷载效应组合

作用在弦支穹顶上的荷载类型很多，应根据使用过程和施工过程中可能出现的最不利荷载进行组合，一般可按《建筑结构荷载规范》(GB 50009—2012)确定。

2.2.2 弦支穹顶结构设计要点

(1) 设计弦支穹顶结构时，其结构布置及支承结构应符合下列各项要求：

① 应能将屋盖的地震作用有效地传递到下部支承结构。

② 应具有合理的刚度和承载力分布，屋盖及其支承的布置宜均匀对称。

③ 宜优先采用两个水平方向刚度均衡的空间传力体系。

④ 结构布置宜避免因局部削弱或突变形成薄弱部位，产生过大的内力、变形集中。对于可能出现的薄弱部位，应采取措施提高其抗震能力。

⑤ 宜采用轻型屋面系统。

⑥ 下部支承结构应合理布置，避免使屋盖产生过大的地震扭转效应。

(2) 弦支穹顶结构的计算模型应符合下列要求：

① 应合理确定计算模型，屋盖与主要支承部位的连接假定应与构造相符。

② 计算模型应计入屋盖结构与下部结构的协同作用。

③ 单向传力体系支承构件的地震作用宜按屋盖结构整体模型计算。

④ 宜计入几何刚度的影响。

⑤ 上部网壳应采用刚接节点。

(3) 弦支穹顶结构和下部支承结构进行地震作用的协同分析时，阻尼比应符合下列规定：

① 当下部支承结构为钢结构或屋盖直接支承在基础顶面时，阻尼比可取 0.02。

② 当下部支承结构为混凝土结构时，阻尼比可取 0.025～0.035。

(4) 当屋盖分区域采用不同的结构形式时，交界区域的杆件和节点应加强；也可设置防震缝，缝宽不宜小于 150mm。

(5) 屋面围护系统、吊顶及悬吊物等非结构构件应与结构可靠连接，其抗震措施应符合《建筑抗震设计规范(2016 年版)》(GB 50011—2010)的规定。

(6) 弦支穹顶结构地震作用下的内力计算应按《空间网格结构技术规程》(JGJ 7—2010)的规定执行。

2.2.3 分析与设计软件

1. MIDAS/Gen

1989 年由韩国浦项集团成立的 CAD/CAE 研发机构开始开发 MIDAS，1996 年 11 月发布 Windows 系列版本，MIDAS Information Technology (MIDAS IT)

公司于 2000 年 9 月 1 日正式成立，2000 年 12 月开始进入国际市场，2002 年进入中国。

进入中国以后，MIDAS/Gen 以其方便快捷的建模方法、直观的编辑功能及较好地输出设计所需结果，得到了快速推广应用。在 2008 年北京奥运会多个体育场馆工程中及国内的许多大型、复杂结构和超高层建筑中有广泛的应用。

MIDAS/Gen 具有项目信息功能，树形菜单功能，方便的节点及单元复制、移动等功能，扩展单元功能，拖放编辑功能，激活钝化功能等，可以方便快捷地进行前处理建模。根据工程的需要，软件中提供有限元计算常用的梁单元、桁架单元、索单元、板单元、墙单元、只受拉单元等，不仅满足工程中的各种建模要求，还给建模带来极大的方便。

除了软件本身提供的强大的直接建模功能外，还有多种建模的方式，提供和多种常用软件的数据接口，可以极大地减少建模的时间，从而提高分析设计的效率。

作为通用有限元软件，MIDAS/Gen 具有特征值分析、反应谱分析、重力二阶效应分析、屈曲分析、静力弹塑性分析、动力弹塑性分析、施工阶段分析等强大的分析功能，能满足钢筋混凝土结构、钢结构、钢骨混凝土结构的分析计算和设计要求，也能很好地完成对钢-混凝土组合结构及各种特种结构的分析与设计。

2. SAP2000

SAP2000 是由 Edwards Wilson 创始的 SAP（Structure Analysis Program）系列程序发展而来的，至今已经有许多版本。

SAP2000 的主要特点有：可以进行三维结构整体性能分析，空间建模方便，荷载计算功能完善，可从 CAD 等软件导入，文本输入输出功能完善。结构弹性静力及时程分析功能强，效果好，后处理方便。不足之处在于，弹塑性分析方面功能较弱，有塑性铰属性，非线性计算收敛性较差。

SAP2000 适用范围较广，主要适用于模型比较复杂的结构，如桥梁、体育场、大坝、海洋平台、工业建筑、发电站、输电塔、网架等，高层民用建筑也能很方便地使用 SAP2000 建模、分析和设计。在我国，SAP2000 也在各高校和工程界得到了广泛的应用，尤其是航空航天、土木建筑、机械制造、船舶工业、兵器工业以及石油化工等许多领域。

SAP2000 有别于其他一般结构有限元程序的最大特点就在于它强大的分析功能。SAP2000 中使用许多不同类型的分析，基本上集成了现有结构分析中经常遇到的方法，如时程分析、地震动输入、动力分析以及 Pushover 分析等，还包括静力分析、用特征向量或 Ritz 向量进行振动模式的模态分析、对地震效应的反应谱分析等。这些不同类型的分析可在程序的同一次运行中进行，并把结果综合起来输出。

3. 3D3S

3D3S 钢结构-空间结构设计软件是同济大学独立开发的 CAD 软件系列。3D3S 从 V5.0 以后就基于 AutoCAD 图形平台进行开发，与 AutoCAD 的命令紧密结合，使用操作方式统一，所有 AutoCAD 建立线框模型的二维和三维命令都可以在 3D3S 中使用。

3D3S 钢结构-空间结构设计系统包括轻型门式刚架、多高层建筑结构、网架与网壳结构、钢管桁架结构、建筑索膜结构、塔架结构及幕墙结构等的设计与绘图，均可直接生成 Word 文档计算书和 AutoCAD 设计及施工图。

3D3S 钢结构-空间结构非线性计算与分析系统分为普通版和高级版。普通版主要适用于任意由梁、杆、索组成的杆系结构，可进行结构非线性分析及极限承载力的计算，预应力结构的初始状态找形分析与工作状态计算，包括索杆体系、索梁体系、索网体系和混合体系的找形和计算，杆结构屈曲特性的计算，结构动力特性的计算和动力时程的计算。高级版囊括了普通版的所有功能，还可进行结构体系施工全过程的计算、分析与显示，可任意定义施工步及其对应的杆件、节点、荷载和边界，完成全过程的非线性计算，可考虑施工过程中因变形产生的节点坐标更新、主动索张拉和支座脱空等施工中的实际情况。

4. MSTCAD

MSTCAD 是浙江大学空间结构研究室开发的空间网格结构分析设计软件。从 1994 年向社会推广至今，已运用于全国各地的设计院、高校、科研和施工单位。

MSTCAD 是用于空间网格结构的前处理、图形处理、杆件优化设计、球节点设计，以及绘制设计施工图和机械加工图的专业 CAD 系统，它能完成各种复杂体型的空间网格结构计算机辅助设计任务。MSTCAD 具有良好的汉化用户界面，能提供大量弹出、下拉式菜单命令。菜单按功能分类，相互独立、平等，鼠标一点即可，操作方便、直观。结构的节点编号、杆件编号、荷载等完全由计算机自动生成，用户直接进行图形交互操作，无须预先编制数据文件，从输入图形到绘制施工图，直至机械加工图一气呵成，极大地提高了设计效率。

MSTCAD 提供的基本网格形式有常见的矩形平板网架、不常见的圆形平板网架、单层球面网壳、双层球面网壳、单层柱面网壳、双层柱面网壳、扭面网壳、移动曲面及塔架等，可根据实际需要选择其中某一种网格形式进行设计。如果实际需要的网格形式没有包含在基本网格形式中，那么选择与实际采用网格形式较为接近的基本网格形式，然后利用 CAD 前处理提供的菜单命令给予修改。如果实际采用的网格形式无法从基本网格形式中选择(如塔架这类结构)，则可直接在前处理中通过加点、加杆来完成。

2.2.4　结构性能评价指标

弦支穹顶结构设计过程中，要综合考量结构的杆件应力比、挠度、稳定系数等指标，分析结构整体刚度、用钢量、围护结构费用、安装费用以及外观效果进行结构选型，确定合理的构件类型与构件规格。

弦支穹顶上部单层网壳杆件和撑杆的强度应力和稳定应力不应超过材料强度设计值，拉索应力最大值一般不超过材料极限强度的50%，且拉索不应出现松弛。在1.0×恒荷载+1.0×活荷载作用下的稳定系数仅考虑几何非线性时不应低于4.2，考虑几何和材料非线性时不应低于2.0。

弦支穹顶屋盖结构在重力荷载代表值和多遇竖向地震作用标准值下的组合挠度值不宜超过 $l_1/250$（屋盖结构，短向跨度为 l_1）和 $l_2/125$（悬挑结构，悬挑跨度为 l_2）。

2.2.5　多专业协同设计

弦支穹顶设计时不仅要考虑结构平面形状和尺寸、支承条件、荷载大小、屋面构造、制作方法等因素，还应与建筑、设备等进行多专业协同设计，主要包括：要依据建筑造型确定结构整体造型，满足建筑美观需求；应根据建筑完成面和屋面建筑做法确定结构完成面；根据屋面建筑构造、采光、排水做法及相关设备布置进行屋盖檩条体系设计；依据设备专业马道布置、风管确定合理的结构高度，以满足建筑使用的净空尺寸需求；依据各专业设备布置，确定合理的吊挂荷载。

第3章　滚动式撑杆下节点弦支穹顶结构分析与设计

3.1　滚动式撑杆下节点

3.1.1　弦支穹顶结构预应力施加方法

目前为止，弦支穹顶结构的预应力施加方法主要有顶升撑杆、张拉环索、张拉径向索三种方式。

早期跨度较小的弦支穹顶中主要使用顶升撑杆技术，这是由于弦支穹顶结构的提出者川口卫在最早的光丘穹顶工程中使用了这种技术。在后来国内建设的大跨度弦支穹顶结构工程中，武汉体育中心体育馆和辽宁营口奥体中心体育馆采用了这种预应力施加方式。这种施工方式，首先通过构造方法使撑杆下端(或下端连接的顶升装置)处于环索、径向索汇交点的下方，再采用千斤顶顶升竖向撑杆使之就位，达到撑杆、环索和径向索的力线汇交，完成预应力的施加。预应力施加过程如图 3-1 和图 3-2 所示。

图 3-1　光丘穹顶预应力施加过程　　　　图 3-2　武汉体育中心体育馆预应力施加过程

张拉环索施工方式是将张拉点布置于弦支穹顶环索上，通常一圈环索有若干个张拉点，在施工过程中，张拉环索使网壳下部张力体系产生预应力，而后将环索不同索段相互固定，完成张拉过程。国内大跨度弦支穹顶采用张拉环索施工方式的典型工程是 2008 年北京奥运会羽毛球馆，采用 5 圈环索进行张拉，如图 3-3 所示。

张拉径向索施工方式的原理与张拉环索相似，只是张拉对象变为径向索，先将径向索张拉到设计预应力值，再通过索头锚具将拉索固定，保持住张力体系中的预应力。由于通常径向索中的预应力值远小于环索中的预应力值,张拉径向索施工方式可以采用相对吨位较小的张拉设备。但同时由于径向索的数量远大于环索,采用张拉径向索施工方式的工作量会远远大于张拉环索施工方式。还要说明的是,通常一圈径向索有数十根,不可能有如此多的张拉设备同时作用进行施工,只能先张拉对称部位的若干根斜索,再移动张拉机具位置,完成下一组张拉,因此张拉径向索施工通常分组分级进行。张拉径向索施工方式的典型代表是济南奥体中心体育馆,如图 3-4 所示。

图 3-3　2008 年北京奥运会羽毛球馆　　　　图 3-4　济南奥体中心体育馆
张拉施工现场图　　　　　　　　　　张拉施工现场图

在张拉环索过程中,由于环索呈圆形布置,节点间各索段存在折角,在张拉过程中,环索索体与撑杆下节点发生摩擦导致预应力无法在索段间传递,预应力施加难以达到预期效果。张拉径向索施工方式的出现和应用也主要是因为张拉环索中遇到的这种问题难以解决。

3.1.2　弦支穹顶结构撑杆下节点形式

从已建的工程可以看出,各个工程多采用连续环索设计,因为这样一圈环索就只需要几对索头锚具,而不是像间断环索那样每段索段都需要一对索头。连续环索方案大大降低了建设成本,只有安徽大学体育馆应用了间断环索的设计。

采用连续环索设计方案的撑杆下节点在本章中称为连续型撑杆下节点,相应地,采用间断环索设计方案的撑杆下节点在本章中称为间断型撑杆下节点。本章主要针对连续索建设方案提出的节点,因而下面分析相关的连续索节点情况。

3.1.1 节介绍了目前使用过的三种预应力施加方式。预应力施加方式不同,弦支穹顶网壳下部张力体系的核心部件——撑杆下节点的形式也有所不同。本节主要介绍目前几种常见的撑杆下节点形式,所有节点形式所共有的环索腔、径向索耳板和撑杆接口等构造本节不再赘述，下面只讨论每种节点形式与其施工方法所对应的特有的形式和构造。

　　顶升撑杆施工方式所采用的撑杆下节点通常有比较宽大而坚固的平面，这主要是由于其在施工过程中要固定顶升撑杆所使用的顶升设备（图 3-5）并为顶升设备提供顶升反力。武汉体育中心体育馆采用双环索设计，这就使节点的平面格外宽大（也有可能是因为需要获得可负担张拉设备的平面而放弃了单环索设计），如图 3-6 和图 3-7 所示。辽宁营口奥体中心体育馆也采用了这种节点构造，如图 3-8 所示。

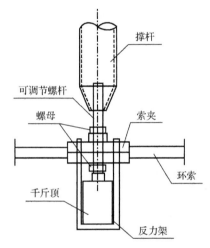

图 3-5　撑杆顶升施工装置示意图

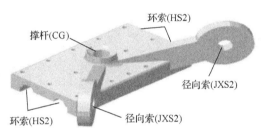

图 3-6　武汉体育中心体育馆撑杆下节点构造图

图 3-7　武汉体育中心体育馆
撑杆下节点实物图

图 3-8　辽宁营口奥体中心体育馆
撑杆下节点实物图

　　目前，张拉环索与张拉径向索施工方式所采用的撑杆下节点在形式和构造上差别不大。图 3-9 为采用张拉径向索施工方式的济南奥体中心体育馆撑杆下节点实物图，图 3-10 为采用张拉环索施工方式的 2008 年北京奥运会羽毛球馆撑杆下节点实物图，图3-11 为采用张拉环索施工方式的常州市体育馆撑杆下节点构造图。所不同的是，张拉环索施工方式通常会在节点内壁与索体的接触面上采取一些构造措施(如粘贴不锈钢板和聚四氟乙烯层)来减小摩擦，如图 3-12 所示，而张拉径向索施工的节点通常没有措施。

图 3-9　济南奥体中心体育馆
撑杆下节点实物图

图 3-10　2008 年北京奥运会羽毛球馆
撑杆下节点实物图

图 3-11　常州市体育馆
撑杆下节点构造图

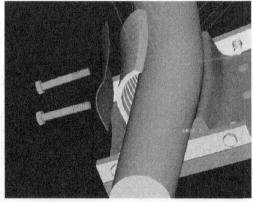

图 3-12　2008 年北京奥运会羽毛球馆
撑杆下节点内部构造图

　　值得一提的是，在普通的一根撑杆连接一个下弦节点的构造基础上，工程实践中发展出两根撑杆共用一个下弦节点的形式，如图 3-13 所示，这可以说是一种形式上的创新。

　　还有一点需要说明的是，由于撑杆下节点是弦支穹顶的关键部件，而且通常在大跨度的弦支穹顶中撑杆下节点受力很大，目前跨度较大的弦支穹顶都采用铸钢节点以保证结构的可靠性。

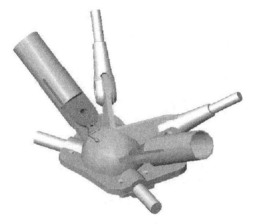

图 3-13　连云港市体育中心体育馆撑杆下节点构造图

3.1.3　滚动式撑杆下节点构造设计

通常，弦支穹顶结构设有数圈环索及相应竖向撑杆和径向索，撑杆和径向索的数量远远大于环索数量，当采取张拉径向索与顶升撑杆进行预应力施工时，需要多套张拉或顶升设备进行多次张拉或顶升，若采用分级施加预应力方式，则施工量更大。相比之下，张拉环索可减小施工量，提高施工效率。但目前工程实践中，弦支穹顶张拉环索的施工方法面临一个难题，即张拉过程中环索与撑杆下弦节点间摩擦会造成预应力损失。相关研究表明，这种损失对结构具有不可忽视的影响。

在某工程实际施工中，张拉环索时摩擦过大，对施工造成了不可忽略的影响，如图 3-14 所示。可以看出，由于撑杆下节点和环索间过大的摩擦作用已经造成环索保护套破损，若进一步强行张拉，则会造成环索保护套的严重破坏。

图 3-14　环索与撑杆下节点间的摩擦影响

弦支穹顶张拉环索过程中，一圈连续环索通常只有一个或几个张拉点，这就要求索的应变可以在不同节点间自由传递，以使结构获得均匀的预应力，实现设计的意图。当结构中的预应力达到预期的水平时，又需要将拉索与节点进行固定，防止它们之间发生相对位移，从而导致预应力损失。

现有的节点形式在解决钢拉索与节点间摩擦方面，主要采取将节点索槽的弯曲弧度设计成与预应力拉索的弯曲弧度一致，同时采用在索体与节点间布置润滑材料(如聚四氟乙烯等)来减小摩擦力。在解决张拉后索体与节点固定方面，有的节点采用单体形式，即节点上有可以卡紧环索的卡槽，张拉施工结束后，通过旋紧节点的螺栓将卡片挤压在预应力钢拉索表面，将索体固定；还有的节点采用分离式卡块设计，即在节点两侧的索体上夹紧卡块，当索体与节点发生相对滑动时，卡块就会与节点发生接触，从而阻止位移的发生。工程实践证明，现有的撑杆下节点还不能保证环索张拉过程中环索与节点间的充分滑动，因此迫切需要一种张拉过程中减小摩擦、张拉完毕充分固定的节点形式。

为解决张拉环索过程中环索与节点摩擦的问题，本章提出一种安装有可转动轴节点的概念，利用转轴的滚动摩擦代替节点与索体间的滑动摩擦，以期解决预应力摩擦损失的问题。并在此概念基础上提出两种实用节点方案：一种是较为基本的节点方案，即单体式新型滚动张拉索节点；另一种是经过改进可以解决环索在撑杆下节点处转折角度过大问题，但构造相对复杂的方案，即压板式新型滚动张拉索节点。

1. 单体式新型滚动张拉索节点方案

单体式新型滚动张拉索节点是利用转轴的滚动摩擦代替节点与索体间的滑动摩擦，以期解决预应力摩擦损失的问题；采用设置可分离式固定压块的办法解决钢拉索张拉后充分固定的问题。

图3-15为单体式新型滚动张拉索节点构造平面图，本章涉及的索撑节点包括撑杆端1、环索端2、节点连接部3、索腔4、撑杆5、耳板6、滚动轴7、连续拉索8、固定压块9。撑杆端1和环索端2由节点连接部3连接成一个整体；撑杆端1上设置有耳板6；撑杆5连接于撑杆端1上；索腔4设置在环索端2上，连续拉索8通过索腔4穿过环索端2环绕于滚动轴7上，并由固定压块9固定。撑杆端1、环索端2和节点连接部3可以整体铸造形成；也可以采用焊接或铸造分别形成后，由节点连接部3或销轴把撑杆端1和环索端2连接成一个整体。本节所述节点方案中撑杆端1、环索端2与节点连接部3采用钢材铸造成一个整体。耳板6根据节点处的斜索数量可设置1个或多个，这里设置2个耳板，如图3-15、图3-16、图3-18所示。与节点连接的撑杆5如图3-15、图3-16、图3-18所示。索腔4设置在环索端2上，连续拉索8从其中穿过，索腔大小可根据环索直径确定。固定压块9与环索端2之间连接用螺栓可设置2个或多个，这里设置4个，如图3-15、图3-17、图3-20所示。固定压块9与环索端2在张拉过程中用螺栓连接但不拧紧，以起到支承连续拉索8的作用。当拉索张拉完毕后，拧紧螺栓固定拉索，则连续

拉索 8 将不能绕滚动轴 7 滚动。

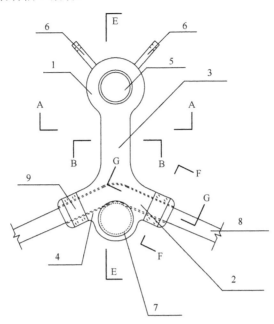

图 3-15　单体式新型滚动张拉索节点构造平面图

　　本节中所述节点力线对中，各斜索、环索合力、杆的合力作用线交于一点，整个节点沿节点轴线对称布置。节点轴线为撑杆 5 圆心与滚动轴 7 圆心的连线，耳板 6 所连接的斜索合力作用线在节点所在平面与节点轴线重合，同时耳板 6 所连接的间断拉索轴线延长线与撑杆 5 延长线交于一点，而该交点处于环绕节点滚动轴 7 的连续拉索 8 所在的水平面内，连续拉索 8 两端的合力作用线亦与节点轴线重合，保证各间断索、撑杆 5 及连续拉索 8 对节点的合力作用线交于一点且达到平衡。

　　图 3-16～图 3-23 分别为相应剖面的剖面图，这些图示综合起来可以比较完整地表达单体式新型滚动张拉索节点的构造和工作机理。

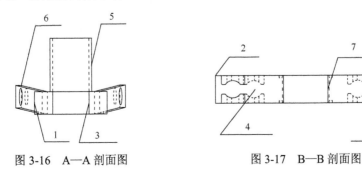

图 3-16　A—A 剖面图　　　　　　　　图 3-17　B—B 剖面图

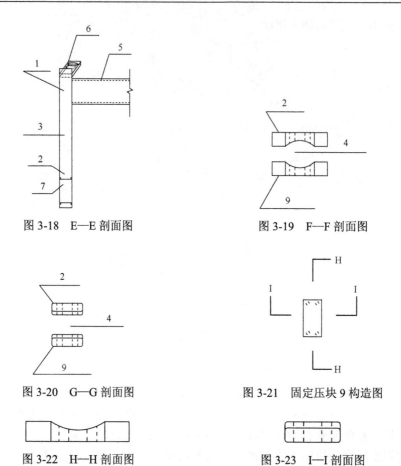

图 3-18　E—E 剖面图　　　　　　图 3-19　F—F 剖面图

图 3-20　G—G 剖面图　　　　　　图 3-21　固定压块 9 构造图

图 3-22　H—H 剖面图　　　　　　图 3-23　I—I 剖面图

　　除将可转动轴引入节点设计外，本节从概念上提出可将弦支穹顶索撑节点从构造概念上分为撑杆端、环索端和连接部，各部分可以采取各种方式进行连接，跳出了既有的索撑节点形式，将节点分解成构造相对简单规则的部分，简化了节点形式，减少了复杂形状下产生的复杂应力与应力集中现象，改善了节点的工作状况，从而使采用更轻巧的材料及更纤细、单薄的形式成为可能。本节还给出了保证节点各连接索杆件力线对中，保证节点受力性能与空中姿态的规则，给所述节点的应用奠定了基础，在安装工艺合适的情况下可将节点设计成可分离式节点，进行分离安装。

2. 压板式新型滚动张拉索节点方案

　　单体式新型滚动张拉索节点方案构造简单、可靠，但转轴尺寸较小，环索弯折角度过大，索与节点呈类似点接触状态，不利于索绕转轴滑动。为增大节点圆弧半径，避免拉索过度弯折，设计了压板式新型节点，在滑轮与索之间放置了弧

形内压板。弧形内压板(圆弧半径可制作成 8～12 倍拉索直径)与转轴接触表面有
齿痕,两者之间不发生相对滑动,只有当转轴发生转动时,内压板才会发生移动,
从而既保证了环索弯折半径足够大,又控制了转轴尺寸。当环索张拉完毕后,可
将转轴焊死并在节点主体的两侧将外压板与内压板用紧固螺栓固定将拉索卡紧,
通过节点主体与内、外压板的接触来控制索体的滑动(内、外压板在节点外侧的部
分比节点要宽一些),通过面接触方式固定拉索。

　　压板式新型滚动张拉索节点构造平面图如图 3-24 所示,立面图如图 3-25 所
示,弧形压板构造图如图 3-26 所示。

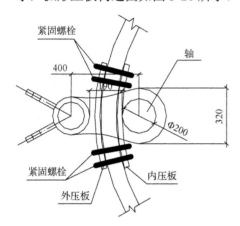

图 3-24　压板式新型滚动张拉索
节点构造平面图(单位:mm)

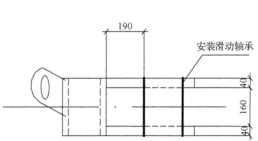

图 3-25　压板式新型滚动张拉索
节点构造立面图(单位:mm)

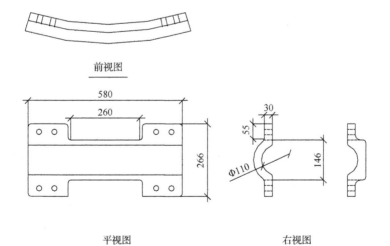

图 3-26　弧形压板构造图(单位:mm)

3.2　连续索单元数值模拟方法

伴随定量研究弦支穹顶结构预应力张拉滑移摩擦损失产生的一个问题是，在进行施工模拟和结构分析时，如何精确模拟施工张拉阶段和使用阶段环索绕撑杆下节点的滑移行为。目前绝大多数预应力钢结构施工过程的数值模拟方法不能考虑索绕撑杆下节点的摩擦滑移，能考虑索滑移行为的方法主要有以下三种：①张国发和刘学武基于变索原长法提出的索滑移数值模拟方法，此方法容易被掌握理解，但是收敛性差；②崔晓强基于冷冻-升温法提出的索滑移数值模拟技术，此方法容易被掌握理解，但是收敛性差；③基于有限元理论的连续折线索单元，此方法分析速度较快、收敛性较好，但是目前的单元理论中并不能考虑滑移摩擦的影响。在桥梁、机械等其他学科中，将含有索滑移行为的体系称为索轮体系，针对索轮体系提出的多种分析方法多适用于单滑轮结构体系。

为寻找出一种既易于实现而计算量又小的算法来实现环索绕撑杆下节点滑移的数值模拟，本章提出两种索滑移的数值模拟方法。

(1)在冷冻-升温法的基础上，根据滑轮力学原理建立了索滑移的准则方程，求解方程得到索在滑轮两侧的滑移量，然后基于材料的热胀冷缩原理改变滑轮两侧索的原长，实现索在滑轮两侧的滑移。这种方法基于通用有限元软件 ANSYS，借助其 APDL 参数化语言编写少量的代码就能实现，充分利用 ANSYS 本身的计算资源，因此应用起来比较方便，且收敛性较好。

(2)基于有限元理论，提出了闭合多滑轮滑移索单元，推导了其刚度矩阵，并基于 ABAQUS 软件平台，编制了相应的程序，这种方法可快速准确地对含有闭合多滑轮滑移索的结构体系进行结构性能分析。

3.2.1　基于虚拟温度的索滑移数值模拟理论

1. 基本原理与步骤

在通用有限元软件(如 ANSYS、ABAQUS 等)的单元库中没有合适的单元来模拟索绕滑轮的滑移行为，因此这类软件并不能直接用来分析含有索轮的结构体系，需要对软件进行二次开发。软件开发商出于对核心技术保密的考虑，二次开发所需要的一些编码规则并未完全公开，因此通过通用有限元软件的二次开发进行索轮体系的数值模拟显得较为困难。为了克服此困难，本节基于 ANSYS 软件平台和虚拟温度法，提出一种简单易行的索轮数值模拟理论。该理论的基本方法和步骤如下：

(1)利用 ANSYS 中的 LINK10 单元，不考虑索绕滑轮的滑移行为，建立含有索轮的结构有限元模型。

(2)不考虑索绕滑轮滑移,进行非线性有限元分析,得到各个索段的内力。

(3)如果相邻索段的内力在滑轮处不满足滑轮平衡关系,索将会绕滑轮滑移。各个索段绕滑轮的滑移长度可根据随后推导的索滑移准则方程求得,进而求得各个索段的长度改变量和需要施加的虚拟温度值;然后利用虚拟温度法修改各个索段的长度。

(4)将步骤(3)计算得到的各个索段的虚拟温度加在相应的单元上,然后进行非线性有限元分析,重新提取各个索段的内力。

(5)重新检查滑轮两端的索段内力是否满足滑轮平衡关系,若不满足,则重新进行步骤(3)~(5);若满足,则结束分析。

上述弦支穹顶结构施工索滑移的数值模拟流程如图 3-27 所示。对于以上步骤,最关键和最难确定的就是第三步,即确定索绕滑轮滑移需要施加的虚拟温

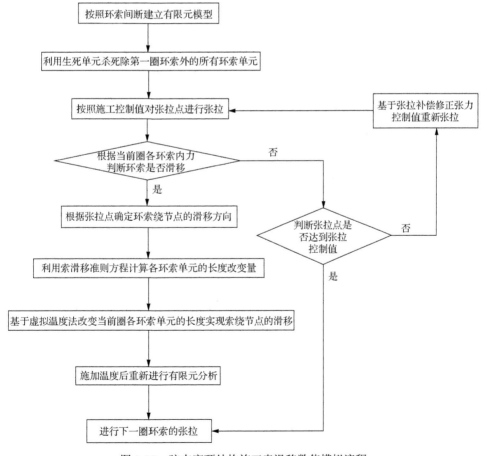

图 3-27　弦支穹顶结构施工索滑移数值模拟流程

度值。对于虚拟温度值，崔晓强仅根据单个索单元中温度与长度改变量的关系给出了一个简单的计算公式，利用这个公式进行索滑移数值模拟存在收敛性较低和计算机耗时较长等缺点。为解决上述问题，根据索轮平衡原理，推导了索滑移准则方程，利用此方程，可快速和准确地确定实现索绕滑轮滑移时需要给各个单元施加的虚拟温度值。

2. 索轮体系的类型

目前结构体系中常见的索轮体系可分为两类：一类是开口型索轮体系，其示意图如图 3-28 所示，这类索轮体系常用在吊车体系和张弦梁、张弦桁架结构中；另一类是闭口型索轮体系，其示意图如图 3-29 所示，这类索轮体系常用在弦支穹顶结构中。根据以上两类索轮体系，此处考虑或不考虑索与滑轮之间的滑移摩擦，推导了四组计算虚拟温度值的索滑移准则方程。

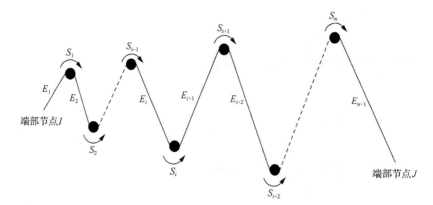

图 3-28 开口型索轮体系

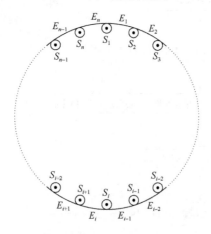

图 3-29 闭口型索轮体系

3. 滑轮两侧索张力之间的关系

图 3-30(a)是一个简单的索轮体系。忽略滑轮的惯性效应,索在绕滑轮滑移的过程中,滑轮两侧的索张力之间的关系可用欧拉方程表示,即

$$T_2 = \alpha T_1 \tag{3-1}$$

式中,α 为张力系数。α 的推导可分为两种情况:一种是滑轮的曲率很小,可简化为平面来处理;另一种是滑轮的曲率很大,必须考虑其对 α 的影响。

当曲率较大时,如图 3-30(a)所示,一条索绕过滑轮,索绕滑轮恰好向左滑动。索与滑轮之间接触部分的弧度为 β,索与滑轮之间的滑动摩擦系数为 μ,滑轮两侧的索张力分别为 T_1 和 T_2,且 $T_1 \leqslant T_2$。

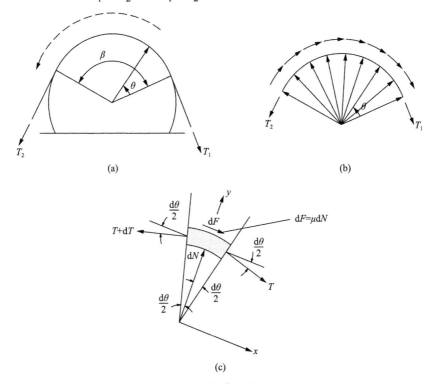

图 3-30　索绕滑轮滑移

图 3-30(b)给出了图 3-30(a)的力流示意图。从滑轮上分离出一个夹角为 $d\theta$ 的小单元,用 T 表示单元右侧的张力,用 $T + dT$ 表示单元左侧的张力,此时小单元的受力示意图如图 3-30(c)所示。除了两个张力以外,作用在隔离体上的力还有滑轮反力的垂直分量 dN 和摩擦力 dF。由于运动处于临界状态,有 $dF = \mu dN$,力的方向与索绕滑轮滑动的方向相反。根据力学平衡,可得

$$\sum F_x = 0 , \qquad T\cos\left(\frac{\mathrm{d}\theta}{2}\right) + \mu\mathrm{d}N - (T+\mathrm{d}T)\cos\left(\frac{\mathrm{d}\theta}{2}\right) = 0 \qquad (3\text{-}2)$$

$$\sum F_y = 0 , \qquad \mathrm{d}N - (T+\mathrm{d}T)\sin\left(\frac{\mathrm{d}\theta}{2}\right) - T\sin\left(\frac{\mathrm{d}\theta}{2}\right) = 0 \qquad (3\text{-}3)$$

由于 $\mathrm{d}\theta$ 是一个无穷小量,所以 $\sin(\mathrm{d}\theta/2) \approx \mathrm{d}\theta/2$,$\cos(\mathrm{d}\theta/2) \approx 1$。另外,与一阶无穷小量相比,$\mathrm{d}T$ 和 $\mathrm{d}\theta/2$ 这两个无穷小量可以忽略,因此上述两个方程可简化为

$$\mu\mathrm{d}N = \mathrm{d}T \qquad (3\text{-}4)$$

$$\mathrm{d}N = T\mathrm{d}\theta \qquad (3\text{-}5)$$

利用上述两式可将 $\mathrm{d}N$ 消掉,可得

$$\frac{\mathrm{d}T}{T} = \mu\mathrm{d}\theta \qquad (3\text{-}6)$$

将微分方程(3-6)积分,并且考虑到在 $\theta = 0$ 处,$T = T_1$;在 $\theta = \beta$ 处,$T = T_2$。因此,有

$$\int_{T_1}^{T_2} \frac{\mathrm{d}T}{T} = \mu\int_0^\beta \mathrm{d}\theta \qquad (3\text{-}7)$$

积分可得

$$\ln\frac{T_2}{T_1} = \mu\beta \qquad (3\text{-}8)$$

由式(3-8)可解出 T_2 为

$$T_2 = T_1\mathrm{e}^{\mu\beta} = \alpha T_1 \qquad (3\text{-}9)$$

式中

$$\alpha = \mathrm{e}^{\mu\beta} \qquad (3\text{-}10)$$

当曲率较小时,如图 3-30(a)所示,若不考虑滑轮曲率的影响,则滑轮两侧 T_1 和 T_2 之间的关系可表示为

$$T_2 = T_1 + (T_1+T_2)\cos\left(\frac{\pi-\beta}{2}\right)\mu = \alpha T_1 \qquad (3\text{-}11)$$

可得

$$\alpha = \frac{1 + \mu \cos((\pi - \beta)/2)}{1 - \mu \cos((\pi - \beta)/2)} \qquad (3\text{-}12)$$

考虑到本书所关心的弦支穹顶结构撑杆下节点处环索绕节点滑移的问题，滑轮的曲率一般较小，因此式(3-10)和式(3-12)均可采用。为了使分析结果具有更大的精度，这里采用式(3-10)建立撑杆下节点两侧索力的关系。

4. 开口型索轮体系的索滑移准则方程

在推导准则方程之前，先定义几个变量和参数：图 3-28 和图 3-29 中的 $S_i (i = 1,2,\cdots,n)$ 表示第 i 个滑轮，$E_i (i = 1,2,\cdots,n+1)$ 表示第 i 个索单元。假定图 3-28 端部节点 I 和 J 为固定端。如果滑轮 i 两侧的索单元内力不平衡，索必然会绕滑轮滑移。假定 $x_i (i = 1,2,\cdots,n)$ 表示索绕滑轮 i 的滑移长度，基于索绕滑轮滑移后的形状，根据滑轮平衡原理可以得到每个滑轮处的力学平衡方程。

对于图 3-28 中的滑轮 1，力学平衡方程为

$$\frac{x_1}{l_1}EA_1 + F_1 = \left(\frac{x_2 - x_1}{l_2}EA_2 + F_2\right)\alpha \qquad (3\text{-}13\text{a})$$

对于图 3-28 中的滑轮 i $(i = 2,3,\cdots,n-1)$，力学平衡方程为

$$\frac{x_i - x_{i-1}}{l_i}EA_i + F_i = \left(\frac{x_{i+1} - x_i}{l_{i+1}}EA_{i+1} + F_{i+1}\right)\alpha \qquad (3\text{-}13\text{b})$$

对于图 3-28 中的滑轮 n，力学平衡方程为

$$\frac{x_n - x_{n-1}}{l_n}EA_n + F_n = \left(\frac{-x_n}{l_{n+1}}EA_{n+1} + F_{n+1}\right)\alpha \qquad (3\text{-}13\text{c})$$

整理方程(3-13)，可得到如下方程：

$$\left(\frac{EA_1}{l_1} + \frac{EA_2\alpha}{l_2}\right)x_1 - \frac{EA_2\alpha}{l_2}x_2 = \alpha F_2 - F_1 \qquad (3\text{-}14\text{a})$$

$$-\frac{EA_i}{l_i}x_{i-1} + \left(\frac{EA_i}{l_i} + \frac{EA_{i+1}\alpha}{l_{i+1}}\right)x_i - \frac{EA_{i+1}\alpha}{l_{i+1}}x_{i+1} = \alpha F_{i+1} - F_i \qquad (3\text{-}14\text{b})$$

$$-\frac{EA_n}{l_n}x_{n-1} + \left(\frac{EA_n}{l_n} + \frac{EA_{n+1}\alpha}{l_{n+1}}\right)x_n = \alpha F_{n+1} - F_n \qquad (3\text{-}14\text{c})$$

利用方程(3-14)可以计算得到索绕各个滑轮的滑移量，方程(3-14)也可称为索滑移准则方程。对于线性方程组(3-14)，变量 A_i 和 α 均为已知，可由结构的材料参数、几何参数得到；变量 F_i 和 l_i 是随迭代过程不断修正的变量，其初始值可由结构的首次静力分析得到。因此，在线性方程组(3-14)中，仅有滑轮处的索滑移位移为未知。基于泛函中广义逆的概念，利用奇异值分解法可求得特解；利用方程(3-14)求得的索绕各个滑轮的滑移量，可以求得索轮体系中各个索段的长度改变量为

$$(x_1),(x_2-x_1),\cdots,(x_i-x_{i-1}),\cdots,(x_n-x_{n-1}),(-x_n) \tag{3-15}$$

且

$$(x_1)+(x_2-x_1)+\cdots+(x_i-x_{i-1})+\cdots+(x_n-x_{n-1})+(-x_n)=0 \tag{3-16}$$

由式(3-16)可知，本章求得的索绕各个滑轮的滑移量满足位移协调方程，换句话说，索的总长度没有改变。根据各个索段的长度改变量，可根据虚拟温度原理(式(3-17))求得需要给各个索段施加的虚拟温度值。将利用式(3-17)求得的各个索段的虚拟温度值施加在相应的索段上，并利用 ANSYS 进行非线性有限元分析，即可实现索绕滑轮的滑移数值模拟。

对于索单元 1，有

$$-\alpha_T \Delta T_1 L_1 = \Delta L_1 = x_1 \tag{3-17a}$$

对于索单元 $i\,(i=2,3,\cdots,n)$，有

$$-\alpha_T \Delta T_i L_i = \Delta L_i = x_i - x_{i-1} \tag{3-17b}$$

对于索单元 $n+1$，有

$$-\alpha_T \Delta T_{n+1} L_{n+1} = \Delta L_{n+1} = -x_n \tag{3-17c}$$

5. 闭口型索轮体系的索滑移准则方程

在推导闭口型索轮体系的索滑移准则方程时，采用 $f_i(i=1,2,\cdots,n)$ 表示索的滑移方向，若 $f_i=1$，则索顺时针绕滑轮滑移，若 $f_i=-1$，则索逆时针绕滑轮滑移。

对于图 3-29 中的滑轮 1，力学平衡方程为

$$\frac{x_1-x_n}{l_n}EA_n+F_n=\left(\frac{x_2-x_1}{l_1}EA_1+F_1\right)\alpha^{f_1} \tag{3-18a}$$

对于图 3-29 中的滑轮 $i(i=2,3,\cdots,n-1)$，力学平衡方程为

$$\frac{x_i-x_{i-1}}{l_{i-1}}EA_{i-1}+F_{i-1}=\left(\frac{x_{i+1}-x_i}{l_i}EA_i+F_i\right)\alpha^{f_i} \tag{3-18b}$$

对于图 3-29 中的滑轮 n，力学平衡方程为

$$\frac{x_n-x_{n-1}}{l_{n-1}}EA_{n-1}+F_{n-1}=\left(\frac{x_1-x_n}{l_n}EA_n+F_n\right)\alpha^{f_n} \tag{3-18c}$$

整理方程(3-18)，可得到如下方程：

$$\left(\frac{EA_n}{l_n}+\frac{EA_1\alpha^{f_1}}{l_1}\right)x_1-\frac{EA_1\alpha^{f_1}}{l_1}x_2-\frac{EA_n}{l_n}x_n=\alpha^{f_1}F_1-F_n \tag{3-19a}$$

$$-\frac{EA_{i-1}}{l_{i-1}}x_{i-1}+\left(\frac{EA_{i-1}}{l_{i-1}}+\frac{EA_i\alpha^{f_i}}{l_i}\right)x_i-\frac{EA_i\alpha^{f_i}}{l_i}x_{i+1}=\alpha^{f_i}F_i-F_{i-1} \tag{3-19b}$$

$$-\frac{EA_n\alpha^{f_n}}{l_n}x_1-\frac{EA_{n-1}}{l_{n-1}}x_{n-1}+\left(\frac{EA_{n-1}}{l_{n-1}}+\frac{EA_n\alpha^{f_n}}{l_n}\right)x_n=\alpha^{f_n}F_n-F_{n-1} \tag{3-19c}$$

利用方程(3-19)可以计算得到索绕各个滑轮的滑移量，方程(3-19)也可称为索滑移准则方程。利用方程(3-19)求得的索绕各个滑轮的滑移量，可以求得索轮体系中各个索段的长度改变量为

$$(x_1-x_n),(x_2-x_1),(x_3-x_2),\cdots,(x_i-x_{i-1}),\cdots,(x_n-x_{n-1}) \tag{3-20}$$

且

$$(x_1-x_n)+(x_2-x_1)+(x_3-x_2)+\cdots+(x_i-x_{i-1})+\cdots+(x_n-x_{n-1})=0 \tag{3-21}$$

由式(3-21)可知，本章索滑移求得的索绕各个滑轮的滑移量满足位移协调方程，换句话说，索的总长度没有改变。根据各个索段的长度改变量，可根据虚拟温度原理(式(3-22))求得需要给各个索段施加的虚拟温度值。将利用式(3-22)求得的各个索段的虚拟温度值施加在相应的索段上，并利用 ANSYS 进行非线性有限元分析，即可实现索绕滑轮的滑移数值模拟。

对于索段 1，有

$$-\alpha_T\Delta T_1 L_1=\Delta L_1=x_1-x_n \tag{3-22a}$$

对于索段 $i(i = 2,3,\cdots,n)$，有

$$-\alpha_T \Delta T_i L_i = \Delta L_i = x_i - x_{i-1} \tag{3-22b}$$

对于图 3-28 和图 3-29 所示的索轮体系，如果体系中所有滑轮均为定滑轮，利用本章的索滑移准则方程仅需要一次迭代分析就能完成索绕滑轮滑移行为的数值模拟。如果滑轮为动滑轮，也仅需很少的迭代就能完成索绕滑轮滑移行为的数值模拟。另外，利用上述方法模拟索绕滑轮的滑移，仅需要在 ANSYS 的基础上，利用 APDL 编写一些简单的程序就能够实现。因此，本书的方法简单实用，特别适合工作在第一线的工程技术人员使用。

6. 索滑移准则方程的改进

上述索滑移准则方程应用于含多滑轮的单索滑移问题时，具有非常好的收敛性，但是应用于弦支穹顶时，存在以下两个问题：

(1)弦支穹顶结构是多索结构，即弦支穹顶中一圈环索就相当于一个图 3-29 所示的多滑轮单索模型，若弦支穹顶结构含有 n 圈环索，则就含有 n 个如图 3-29 所示的多滑轮单索模型，各圈环索之间的相互干扰非常严重，因此利用索滑移准则方程进行弦支穹顶结构的索滑移分析时，各圈环索之间的相互干扰导致滑移收敛速度减慢，甚至出现不收敛的情况。

(2)弦支穹顶具有很强的几何非线性特征，因此应用索滑移准则方程进行索滑移求解时，同样会导致滑移收敛速度减慢。

为解决以上两个问题，本书根据弦支穹顶本身的结构特点和索滑移准则方程的原理，提出以下措施：

(1)针对第一个问题，可以通过分批滑移来减缓各索相互干扰引起的滑移收敛速度减慢问题，即依次使用索滑移准则方程计算每圈环索各索单元所需施加的虚拟温度值并施加实现滑移。

(2)针对第二个问题，可以通过分级迭代(每级迭代的精度不同)和设置虚拟温度扩大系数相结合的方法解决。

下面给出基于索滑移准则方程进行的环索连续情况下弦支穹顶结构性能力学分析的具体步骤，详细讲解上述两个措施的具体实现和含义：

(1)基于 ANSYS，建立弦支穹顶结构的有限元整体模型。

(2)假定环索为间断索，即环索在撑杆下节点处不允许环索滑移，利用 ANSYS，考虑几何非线性和材料非线性进行有限元初始分析。

(3)采用措施(2)所述的分级迭代，首先进行第 1 级迭代，设定此级迭代精度为 error_1。

(4)提取结构中各圈环索中各个索单元的内力值 $F_i^{\,j}$，其中 i 为每圈环索的索

单元编号，j 为整个模型中各圈环索编号。

(5)根据 $\Delta F_i = |F_{i+1} - F_i|$ 计算整个弦支穹顶结构中各个撑杆下节点两侧环索单元的内力差，若 $\mathrm{MAX}(|\Delta F_i|) \leqslant \mathrm{error}\_1$，则结束当前级的索滑移迭代计算，进行步骤(7)，否则继续进行步骤(6)。

(6)若 $\mathrm{MAX}(|\Delta F_i|) > \mathrm{error}\_1$，则根据滑轮力学原理和滑轮位移协调原理，环索必然会在撑杆下节点处产生滑移，此时利用索滑移准则方程分批计算每圈环索索单元实现滑移需要施加的虚拟温度，即首先根据索滑移准则方程计算第 1 圈环索各个索单元所需施加的虚拟温度，并将此虚拟温度乘以扩大系数 φ 加载在结构上进行求解，然后依次计算第 $2,3,\cdots,n$ 圈环索各个索单元所需施加的虚拟温度，加载求解，返回步骤(4)继续进行迭代分析。

(7)进行第 2 级迭代，设定此级迭代精度为 error_2，此时 error_2 为工程可接受的精度(即步骤仅分两级进行迭代计算，也可分三级、四级等)，然后参考第 1 级的方法进行迭代分析，直至滑移分析结果满足精度要求，但要注意一点，在第 2 级迭代分析中，虚拟温度扩大系数 φ 为 1，若迭代等级为多级，则在最后一级迭代中，虚拟温度扩大系数 φ 应为 1。

7. 算例验证

本节利用图 3-31 所示的简单索轮体系来验证基于索滑移准则方程的索滑移数值模拟理论的有效性。

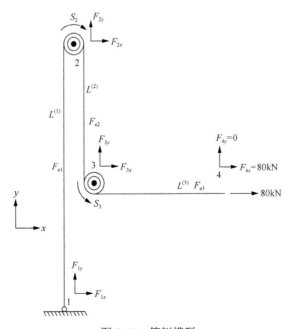

图 3-31 算例模型

在图 3-31 中，所有的滑轮均为定滑轮，索的一端固定，另一端施加 80kN 的水平集中力。索的直径为 26mm，弹性模量为 50kN/mm²。对于此算例，陈志华等采用基于滑移索单元的数值模拟进行过理论分析。表 3-1 为分析结果，其中结果 1 为采用本章方法计算得出的结果，结果 2 为陈志华等得出的结果。由表可知，利用两种计算理论得出的结果基本一致，因此本章提出的基于虚拟温度的索滑移数值模拟方法是可行的。

表 3-1　分析结果

结果	F_{1y}/kN	F_{2y}/kN	F_{3y}/kN	S_1/mm	S_2/mm	δ/mm
结果 1	19.47	69.41	49.94	3.67	9.31	15.34
结果 2	19.47	69.42	49.95	3.67	9.31	15.34
误差	0	0.01	0.02	0	0	0

3.2.2　基于单元刚度矩阵的闭合多滑轮滑移索单元

1. 闭合多滑轮滑移索单元的刚度矩阵

多节点闭合索轮单元的内力向量和刚度矩阵可通过虚功原理和完全拉格朗日方程推导得出。在建立多节点闭合索轮单元时，假定：

(1)应变沿整个单元均匀分布，也就是说，在节点绕索滑移时没有摩擦力存在。

(2)索单元为理想柔性，不存在抗弯刚度。

根据计算假定、虚功原理和完全拉格朗日方程，由内力导致的虚功增量可表示为

$$\delta W_{\mathrm{I}} = \int_L s_{11} \delta e_{11} A_0 \mathrm{d}L \tag{3-23}$$

式中，L 表示闭合多滑轮滑移索单元的初始总长度，其数值可由初始节点向量 $X_i, Y_i, Z_i (i=1,2,\cdots,n)$ 计算得到；e_{11} 表示 Green-Lagrange 应变；s_{11} 表示第二 Piola-Kirchhoff 应力；A_0 表示闭合多滑轮滑移索单元的初始截面面积，截面面积沿单元全长均匀分布。

在完全拉格朗日方程中，积分是在初始构形上进行的。因为应力和应变沿单元长度保持不变，所以方程(3-23)可以写为

$$\delta W_{\mathrm{I}} = s_{11} \delta e_{11} A_0 L \tag{3-24}$$

对于闭合多滑轮滑移索单元，Green-Lagrange 应变可由式(3-25)计算：

$$e_{11} = \frac{l^2 - L^2}{2L^2} \tag{3-25}$$

式中，l 表示当前单元的总长度，其数值可由当前节点向量 $x_i, y_i, z_i (i = 1, 2, \cdots, n)$ 确定，可由式 (3-26) 计算得出：

$$l = \sum_{i=1}^{n} l_i = \sum_{i=1}^{n-1} \sqrt{(x_{i+1} - x_i)^2 + (y_{i+1} - y_i)^2 + (z_{i+1} - z_i)^2} + \sqrt{(x_1 - x_n)^2 + (y_1 - y_n)^2 + (z_1 - z_n)^2}$$
$$= \sum_{i=1}^{n} \sqrt{(\Delta x_i)^2 + (\Delta y_i)^2 + (\Delta z_i)^2}$$
$$= \sum_{i=1}^{n} \sqrt{(\Delta_{3(i-1)+1})^2 + (\Delta_{3(i-1)+2})^2 + (\Delta_{3(i-1)+3})^2}$$

$$(3\text{-}26)$$

式中

$$\begin{cases} \Delta_{3(i-1)+1} = \Delta x_i = x_{i+1} - x_i \\ \Delta_{3(i-1)+2} = \Delta y_i = y_{i+1} - y_i \\ \Delta_{3(i-1)+3} = \Delta z_i = z_{i+1} - z_i \end{cases}, \quad i = 1, 2, \cdots, n-1 \qquad (3\text{-}27)$$

$$\begin{cases} \Delta_{3(n-1)+1} = \Delta x_n = x_1 - x_n \\ \Delta_{3(n-1)+2} = \Delta y_n = y_1 - y_n \\ \Delta_{3(n-1)+3} = \Delta z_n = z_1 - z_n \end{cases} \qquad (3\text{-}28)$$

当前节点坐标 (x_i, y_i, z_i) $(i = 1, 2, \cdots, n)$ 可由初始节点坐标 (X_i, Y_i, Z_i) $(i = 1, 2, \cdots, n)$ 和当前节点位移 (u_i, v_i, w_i) 确定，计算公式为

$$\begin{cases} x_i = X_i + u_i \\ y_i = Y_i + v_i \\ z_i = Y_i + w_i \end{cases} \qquad (3\text{-}29)$$

假定共轭的应变和应力之间的本构关系是线性关系，那么第二 Piola-Kirchhoff 应力可由式 (3-30) 确定：

$$s_{11} = s_0 + E e_{11} \qquad (3\text{-}30)$$

式中，E 表示拉索的弹性模量；s_0 表示闭合多滑轮滑移索单元的初始应力。

单元的节点位移向量可由式 (3-31) 计算：

$$\boldsymbol{d} = \{u_1, v_1, w_1, u_2, v_2, w_2, \cdots, u_i, v_i, w_i, \cdots, u_n, v_n, w_n\}$$
$$= \{d_1, d_2, d_3, d_4, d_5, d_6, \cdots, d_{3(i-1)+1}, d_{3(i-1)+2}, d_{3(i-1)+3}, \cdots, d_{3(n-1)+1}, d_{3(n-1)+2}, d_{3(n-1)+3}\},$$
$$i = 1, 2, \cdots, n \qquad (3\text{-}31)$$

式中

$$\begin{cases} d_{3(i-1)+1} = u_i \\ d_{3(i-1)+2} = v_i \\ d_{3(i-1)+3} = w_i \end{cases} \tag{3-32}$$

考虑闭合多滑轮滑移索单元的只拉不压特性，对方程(3-29)进行微分可得

$$\begin{cases} \boldsymbol{B} = \dfrac{\delta e_{11}}{\delta \boldsymbol{d}}, & s \geqslant 0 \\ \boldsymbol{B} = \boldsymbol{0}, & s < 0 \end{cases} \tag{3-33}$$

将方程(3-33)展开可得

$$\{\boldsymbol{B}\}_{3(i-1)+k} = \frac{\delta e_{11}}{\delta d_{3(i-1)+k}} = \begin{cases} \dfrac{l}{L^2}\left(-\dfrac{\varDelta_k}{l_1} + \dfrac{\varDelta_{3(n-1)+k}}{l_n} \right), & i=1; \ k=1,2,3 \\ \dfrac{l}{L^2}\left(\dfrac{\varDelta_{3(i-2)+k}}{l_{i-1}} - \dfrac{\varDelta_{3(i-1)+k}}{l_i} \right), & i=2,3,\cdots,n; \ k=1,2,3 \end{cases} \tag{3-34}$$

虚功增量方程(3-24)可重新写为

$$\delta W_{\mathrm{I}} = A_0 L s_{11} \boldsymbol{B} \delta \boldsymbol{d} = \boldsymbol{p} \delta \boldsymbol{d} \tag{3-35}$$

内力向量 $\boldsymbol{p}$ 可由式(3-36)计算：

$$\boldsymbol{p} = A_0 s_{11} L \boldsymbol{B} \tag{3-36}$$

因此，刚度矩阵 $\boldsymbol{K}$ 可通过将内力向量 $\boldsymbol{p}$ 对节点位移向量 $\boldsymbol{d}$ 求导得出，即

$$\boldsymbol{K} = \frac{\partial \boldsymbol{p}}{\partial \boldsymbol{d}} = A_0 L \boldsymbol{B} \frac{\partial s_{11}}{\partial \boldsymbol{d}} + A_0 L s_{11} \frac{\partial \boldsymbol{B}}{\partial \boldsymbol{d}} = \boldsymbol{K}_{\mathrm{M}} + \boldsymbol{K}_{\mathrm{G}} \tag{3-37}$$

式中，$\boldsymbol{K}_{\mathrm{M}}$ 表示材料刚度矩阵；$\boldsymbol{K}_{\mathrm{G}}$ 表示几何刚度矩阵。

由于

$$\frac{\partial s_{11}}{\partial \boldsymbol{d}} = \frac{\partial \left(s_0 + E e_{11} \right)}{\partial \boldsymbol{d}} = E \frac{\partial e_{11}}{\partial \boldsymbol{d}} = E \boldsymbol{B} \tag{3-38}$$

有

$$\begin{cases} \boldsymbol{K}_{\mathrm{M}} = E A_0 L \boldsymbol{B}^{\mathrm{T}} \boldsymbol{B} \\ \boldsymbol{K}_{\mathrm{G}} = A_0 L s_{11} \dfrac{\partial \boldsymbol{B}}{\partial \boldsymbol{d}} \end{cases} \tag{3-39}$$

式中

$$
\{\boldsymbol{K}_{\mathrm{M}}\}_{3(i-1)+k,3(a-1)+b} = \begin{cases} \dfrac{EA_0 l^2}{L^3}\left(-\dfrac{\Delta_k}{l_1}+\dfrac{\Delta_{3(n-1)+k}}{l_n}\right)\left(-\dfrac{\Delta_n}{l_1}+\dfrac{\Delta_{3(n-1)+b}}{l_n}\right), & i=1;\ k=1,2,3; \\[4mm] & a=1;\ b=1,2,3 \\[4mm] \dfrac{EA_0 l^2}{L^3}\left(-\dfrac{\Delta_k}{l_1}+\dfrac{\Delta_{3(n-1)+k}}{l_n}\right)\left(\dfrac{\Delta_{3(a-2)+b}}{l_{a-1}}-\dfrac{\Delta_{3(a-1)+b}}{l_a}\right), & i=1;\ k=1,2,3; \\[4mm] & a=2,3,\cdots,n;\ b=1,2,3 \end{cases}
$$

$$(3\text{-}40)$$

$$
\{\boldsymbol{K}_{\mathrm{M}}\}_{3(i-1)+k,3(a-1)+b} = \begin{cases} \dfrac{EA_0 l^2}{L^3}\left(\dfrac{\Delta_{3(i-1)+k}}{l_{i-1}}-\dfrac{\Delta_{3(i-1)+k}}{l_i}\right)\left(-\dfrac{\Delta_n}{l_1}+\dfrac{\Delta_{3(n-1)+b}}{l_n}\right), & i=2,3,\cdots,n;\ k=1,2,3; \\[4mm] & a=1;\ b=1,2,3 \\[4mm] \dfrac{EA_0 l^2}{L^3}\left(\dfrac{\Delta_{3(i-1)+k}}{l_{i-1}}-\dfrac{\Delta_{3(i-1)+k}}{l_i}\right)\left(\dfrac{\Delta_{3(a-2)+b}}{l_{a-1}}-\dfrac{\Delta_{3(a-1)+b}}{l_a}\right), & i=2,3,\cdots,n;\ k=1,2,3; \\[4mm] & a=2,3,\cdots,n;\ b=1,2,3 \end{cases}
$$

$$(3\text{-}41)$$

$$
\boldsymbol{K}_{\mathrm{G}} = A_0 L s_{11}\frac{\partial \boldsymbol{B}}{\partial \boldsymbol{d}} = A_0 L s_{11}\frac{\partial \left(\dfrac{l}{L^2}\dfrac{\partial l}{\partial \boldsymbol{d}}\right)}{\partial \boldsymbol{d}} = \frac{A_0 s_{11}}{L^2}\left(\frac{\partial l}{\partial \boldsymbol{d}}\frac{\partial l}{\partial \boldsymbol{d}} + l\frac{\partial^2 l}{\partial \boldsymbol{d}^2}\right) \qquad (3\text{-}42)
$$

其中

$$
\left\{\frac{\partial l}{\partial \boldsymbol{d}}\frac{\partial l}{\partial \boldsymbol{d}}\right\}_{3(i-1)+k,3(a-1)+b} = \begin{cases} \left(-\dfrac{\Delta_k}{l_1}+\dfrac{\Delta_{3(n-1)+k}}{l_n}\right)\left(-\dfrac{\Delta_n}{l_1}+\dfrac{\Delta_{3(n-1)+b}}{l_n}\right), & i=1;\ k=1,2,3; \\[4mm] & a=1;\ b=1,2,3 \\[4mm] \left(-\dfrac{\Delta_k}{l_1}+\dfrac{\Delta_{3(n-1)+k}}{l_n}\right)\left(\dfrac{\Delta_{3(a-2)+b}}{l_{a-1}}-\dfrac{\Delta_{3(a-1)+b}}{l_a}\right), & i=1;\ k=1,2,3; \\[4mm] & a=2,3,\cdots,n;\ b=1,2,3 \end{cases}
$$

$$(3\text{-}43)$$

$$
\left\{\frac{\partial l}{\partial \boldsymbol{d}}\frac{\partial l}{\partial \boldsymbol{d}}\right\}_{3(i-1)+k,3(a-1)+b} = \begin{cases} \dfrac{EA_0 l^2}{L^3}\left(\dfrac{\Delta_{3(i-1)+k}}{l_{i-1}}-\dfrac{\Delta_{3(i-1)+k}}{l_i}\right)\left(-\dfrac{\Delta_n}{l_1}+\dfrac{\Delta_{3(n-1)+b}}{l_n}\right), & i=2,3,\cdots,n;\ k=1,2,3; \\[4mm] & a=1;\ b=1,2,3 \\[4mm] \dfrac{EA_0 l^2}{L^3}\left(\dfrac{\Delta_{3(i-1)+k}}{l_{i-1}}-\dfrac{\Delta_{3(i-1)+k}}{l_i}\right)\left(\dfrac{\Delta_{3(a-2)+b}}{l_{a-1}}-\dfrac{\Delta_{3(a-1)+b}}{l_a}\right), & i=2,3,\cdots,n;\ k=1,2,3; \\[4mm] & a=2,3,\cdots,n;\ b=1,2,3 \end{cases}
$$

$$(3\text{-}44)$$

$$
\left\{\frac{\partial^2 l}{\partial \boldsymbol{d}^2}\right\}_{3(i-1)+k,3(a-1)+b} = \begin{cases} \dfrac{1}{l_1}+\dfrac{1}{l_n}+\dfrac{\Delta_k^2}{l_1^3}+\dfrac{\Delta_{3(n-1)+k}^2}{l_n^3}, & i=1;\ k=1,2,3; \\[4mm] & a=i;\ b=k \\[4mm] \dfrac{\Delta_k \Delta_b}{l_1^3}+\dfrac{\Delta_{3(n-1)+k}\Delta_{3(n-1)+b}}{l_n^3}, & i=1;\ k=1,2,3; \\[4mm] & a=i;\ b\neq k \end{cases} \qquad (3\text{-}45)
$$

$$\left\{\frac{\partial^2 l}{\partial \boldsymbol{d}^2}\right\}_{3(i-1)+k,3(a-1)+b} = \begin{cases} -\dfrac{1}{l_n} + \dfrac{\varDelta_{3(n-1)+k}^2}{l_n^3}, & i=1;\ k=1,2,3; \\ & a=n;\ b=k \\ \dfrac{\varDelta_{3(n-1)+k}\varDelta_{3(n-1)+b}}{l_n^3}, & i=1;\ k=1,2,3; \\ & a=n;\ b\neq k \end{cases} \tag{3-46}$$

$$\left\{\frac{\partial^2 l}{\partial \boldsymbol{d}^2}\right\}_{3(i-1)+k,3(a-1)+b} = \begin{cases} -\dfrac{1}{l_1} + \dfrac{\varDelta_k^2}{l_1^3}, & i=1;\ k=1,2,3; \\ & a=1;\ b=k \\ \dfrac{\varDelta_k\varDelta_b}{l_1^3}, & i=1;\ k=1,2,3; \\ & a=1;\ b\neq k \end{cases} \tag{3-47}$$

$$\left\{\frac{\partial^2 l}{\partial \boldsymbol{d}^2}\right\}_{3(i-1)+k,3(a-1)+b} = 0, \quad \begin{aligned} & i=1;\ k=1,2,3; \\ & a\neq 1,2,n;\ b=1,2,3 \end{aligned} \tag{3-48}$$

$$\left\{\frac{\partial^2 l}{\partial \boldsymbol{d}^2}\right\}_{3(i-1)+k,3(a-1)+b} = \begin{cases} \dfrac{1}{l_{i-1}} + \dfrac{1}{l_i} + \dfrac{\varDelta_{3(i-2)+k}^2}{l_{i-1}^3} + \dfrac{\varDelta_{3(i-1)+k}^2}{l_i^3}, & i=2,3,\cdots,n-1;\ k=1,2,3; \\ & a=i;\ b=k \\ \dfrac{\varDelta_{3(i-2)+k}\varDelta_{3(a-2)+b}}{l_{i-1}^3} + \dfrac{\varDelta_{3(i-1)+k}\varDelta_{3(a-1)+b}}{l_i^3}, & i=2,3,\cdots,n-1;\ k=1,2,3; \\ & a=i;\ b\neq k \end{cases}$$
$$\tag{3-49}$$

$$\left\{\frac{\partial^2 l}{\partial \boldsymbol{d}^2}\right\}_{3(i-1)+k,3(a-1)+b} = \begin{cases} \dfrac{1}{l_{i-1}} + \dfrac{\varDelta_{3(i-2)+k}^2}{l_{i-1}^3}, & i=2,3,\cdots,n-1;\ k=1,2,3; \\ & a=i-1;\ b=k \\ \dfrac{\varDelta_{3(i-2)+k}\varDelta_{3(i-2)+b}}{l_{i-1}^3}, & i=2,3,\cdots,n-1;\ k=1,2,3; \\ & a=i-1;\ b\neq k \end{cases} \tag{3-50}$$

$$\left\{\frac{\partial^2 l}{\partial \boldsymbol{d}^2}\right\}_{3(i-1)+k,3(a-1)+b} = \begin{cases} \dfrac{1}{l_i} + \dfrac{\varDelta_{3(i-1)+k}^2}{l_i^3}, & i=2,3,\cdots,n-1;\ k=1,2,3; \\ & a=i+1;\ b=k \\ \dfrac{\varDelta_{3(i-1)+k}\varDelta_{3(i-1)+b}}{l_{i-1}^3}, & i=2,3,\cdots,n-1;\ k=1,2,3; \\ & a=i+1;\ b\neq k \end{cases} \tag{3-51}$$

$$\left\{\frac{\partial^2 l}{\partial \boldsymbol{d}^2}\right\}_{3(i-1)+k,3(a-1)+b} = 0, \quad \begin{aligned} & i=2,3,\cdots,n-1;\ k=1,2,3; \\ & a\neq i-1,i,i+1;\ b=1,2,3 \end{aligned} \tag{3-52}$$

$$\left\{\frac{\partial^2 l}{\partial \boldsymbol{d}^2}\right\}_{3(i-1)+k,3(a-1)+b} = \begin{cases} \dfrac{1}{l_{n-1}} + \dfrac{1}{l_n} + \dfrac{\varDelta_{3(n-2)+k}^2}{l_{n-1}^3} + \dfrac{\varDelta_{3(n-1)+k}^2}{l_n^3}, & i=n;\ k=1,2,3; \\ & a=i;\ b=k \\ \dfrac{\varDelta_{3(n-2)+k}\varDelta_{3(n-2)+b}}{l_n^3} + \dfrac{\varDelta_{3(n-1)+k}\varDelta_{3(n-1)+b}}{l_n^3}, & i=n;\ k=1,2,3; \\ & a=i;\ b\neq k \end{cases}$$
$$\tag{3-53}$$

$$\left\{\frac{\partial^2 l}{\partial \boldsymbol{d}^2}\right\}_{3(i-1)+k,3(a-1)+b} = \begin{cases} -\dfrac{1}{l_{n-1}} - \dfrac{\varDelta_{3(n-2)+k}^2}{l_{n-1}^3}, & i=n;\ k=1,2,3; \\ & a=n-1;\ b=k \\ \dfrac{\varDelta_{3(n-2)+k}\varDelta_{3(n-2)+b}}{l_{n-1}^3}, & i=n;\ k=1,2,3; \\ & a=n-1;\ b\neq k \end{cases} \tag{3-54}$$

$$\left\{\frac{\partial^2 l}{\partial \boldsymbol{d}^2}\right\}_{3(i-1)+k,3(a-1)+b} = \begin{cases} -\dfrac{1}{l_n} - \dfrac{\varDelta_{3(n-1)+k}^2}{l_n^3}, & i=n;\ k=1,2,3; \\ & a=1;\ b=k \\ -\dfrac{\varDelta_{3(n-1)+k}\varDelta_{3(n-1)+b}}{l_n^3}, & i=n;\ k=1,2,3; \\ & a=1;\ b\neq k \end{cases} \tag{3-55}$$

$$\left\{\frac{\partial^2 l}{\partial \boldsymbol{d}^2}\right\}_{3(i-1)+k,3(a-1)+b} = 0, \quad \begin{array}{l} i=n;\ k=1,2,3; \\ a\neq n-1,n,1;\ b=1,2,3 \end{array} \tag{3-56}$$

注意到，当任意相邻的节点重合时，重合节点之间的单元长度将为零，进而导致刚度矩阵奇异，但是在弦支穹顶结构中，环索两个相邻节点之间的杆件长度是不可能为零的。因此，本节推导的闭合多滑轮滑移索单元可用来模拟弦支穹顶结构的连续环索。

2. 闭合多滑轮滑移索单元的质量矩阵和体力向量

在完全拉格朗日方程中，单元的质量矩阵和体力向量通常只需要根据初始形状计算一次即可，但是对于环索连续的弦支穹顶结构，在荷载作用下，环索是可以绕节点滑移的，也就是说，对于本节的闭合多滑轮滑移索单元，其两节点之间的索单元长度是变化的，进而索单元的质量也是变化的，因此闭合多滑轮滑移索单元的质量矩阵和体力向量需要不断更新。

对于一个两节点的直线索单元，其质量矩阵可由式(3-57)确定：

$$\boldsymbol{M}_2 = \int_{V_0} \rho \boldsymbol{N}^{\mathrm{T}} \boldsymbol{N} \mathrm{d}V_0 = \frac{\rho A_0 l}{6} \frac{L}{l} \begin{bmatrix} 2\boldsymbol{I} & \boldsymbol{I} \\ \boldsymbol{I} & 2\boldsymbol{I} \end{bmatrix}_{6\times6} = \frac{\rho A_0 L}{6} \begin{bmatrix} 2\boldsymbol{I} & \boldsymbol{I} \\ \boldsymbol{I} & 2\boldsymbol{I} \end{bmatrix}_{6\times6} \tag{3-57}$$

式中，$\boldsymbol{N}$ 表示单元的形状方程；$\boldsymbol{I}$ 为一个 3×3 单位矩阵；ρ 表示单元的密度(假定为常数)；A_0 表示单元的初始截面面积(假定为常数)；l 表示单元的当前长度；L 表示单元的初始长度。

对于一个包含 n 个节点的闭合多滑轮滑移索单元，单元中的节点将整个单元划分为 n 个直线索单元，每个索单元包含两个节点。因此，闭合多滑轮滑移索单元的质量矩阵可由单个两节点索单元质量矩阵集成得到。闭合多滑轮滑移索单元的质量矩阵为

$$M = \sum_{i=1}^{N-1} \frac{\rho A_0 L l_i}{2l} \begin{bmatrix} 0 & 0 & 0 & \cdots & 0 \\ 0 & I & 0 & \cdots & 0 \\ 0 & 0 & I & \cdots & 0 \\ \vdots & \vdots & \vdots & & \vdots \\ 0 & 0 & 0 & \cdots & 0 \end{bmatrix}_{3N \times 3N} \tag{3-58}$$

按照上面的方法，同样也可得到两节点直线索单元的体力向量，即

$$F_T = \int_{V_0} N^T f^B \mathrm{d}V_0 = \frac{\rho A_0 L}{2} \begin{Bmatrix} g \\ g \end{Bmatrix}_{6 \times 1} \tag{3-59}$$

式中，$f^B = \rho g$ 表示单位体积的重量；g 表示重力向量，可由式(3-60)计算：

$$g = \begin{Bmatrix} g_x & g_y & g_z \end{Bmatrix}^T \tag{3-60}$$

因此，闭合多滑轮滑移索单元的体力向量可由式(3-61)计算：

$$F = \sum_{i=1}^{N-1} \frac{\rho A_0 L l_i}{2l} \begin{Bmatrix} 0 \\ \vdots \\ g \\ g \\ 0 \end{Bmatrix}_{3N \times 1} \tag{3-61}$$

根据上述推导的闭合多滑轮滑移索单元的刚度矩阵、质量矩阵和体力向量，可通过编制相应的子程序，在 ABAQUS 中实现上述单元的计算。

3.3　滚动式索节点弦支穹顶结构设计

3.3.1　弦支穹顶结构设计

茌平体育馆位于茌平区"三馆一场"的体育文化中心，体育馆屋面结构由轻型屋面和玻璃屋面组成，拱撑杆下方为玻璃屋面，其余为轻型屋面。该体育馆的屋盖由两部分组成，即暴露于室外的空间钢拱及其室内的弦支穹顶结构，两者通过撑杆相连，形成整体，本书将这种结构体系称为弦支穹顶叠合拱结构，其三维结构示意图如图 3-32 所示。钢结构由天津大学和天津大学建筑设计研究院设计，由山东聊建集团承包，北京建筑工程研究院负责预应力张拉施工。

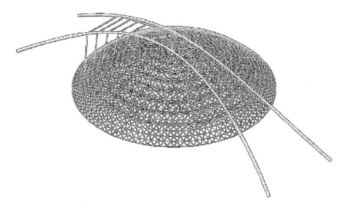

图 3-32 茌平体育馆三维结构示意图

茌平体育馆弦支穹顶的屋面顶部标高 40.85m，底部标高约 14.0m，投影平面直径约 110m，矢高为 26.85m。空间曲线拱最高点标高 45.5m，最高点两拱间距 14m，拱脚处两拱间距 46.66m，单根拱的两拱脚间距约 189.3m。该弦支穹顶叠合拱结构平面布置图如图 3-33 所示。

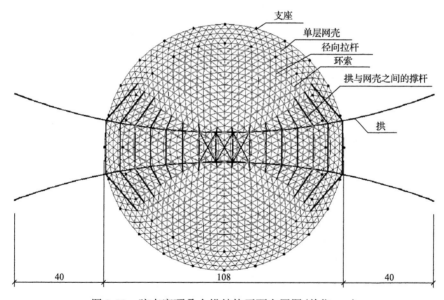

图 3-33 弦支穹顶叠合拱结构平面布置图(单位：m)

该弦支穹顶叠合拱中的空间钢拱规格为 Φ1000×16(钢拱中间部分)和 Φ1500×24(钢拱两边部分)，拱间及拱与弦支穹顶间的撑杆规格为 Φ325×8、Φ377×10、Φ426×10，空间钢拱示意图如图 3-34(a)所示。弦支穹顶结构上部单层网壳采用凯威特-联方型网格，内 16 环为凯威特网格，外 4 环为联方型网格，网格划分如图 3-34(b)所示。上部单层网壳节点采用焊接球节点，构件规格为 Φ203×6、

Φ219×7、Φ245×7、Φ273×8、Φ299×8。

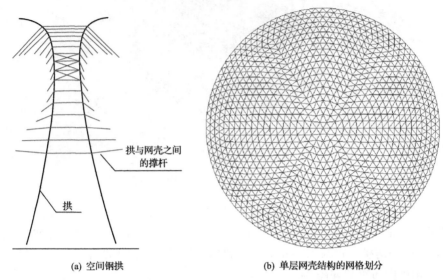

<table>
<tr><td>(a) 空间钢拱</td><td>(b) 单层网壳结构的网格划分</td></tr>
</table>

图 3-34　空间钢拱与单层网壳的网格划分示意图

　　下部布置了 7 圈张拉整体索撑体系，撑杆的高度从外到里分别为 6.0m、5.5m、5.0m、4.5m、4.5m、4.5m、4.5m，撑杆规格为 Φ219×7，环索采用半平行钢丝束，其中外 3 圈的截面面积为 4657mm^2，内 4 圈的截面面积为 2117mm^2，斜向拉杆采用规格 Φ80[①]的钢拉杆。

　　弦支穹顶结构三维示意图、剖面图和下部张拉整体结构平面图如图 3-35、图 3-36 和图 3-37 所示。在 1.0×恒荷载+0.5×活荷载作用下，七道环向预应力索

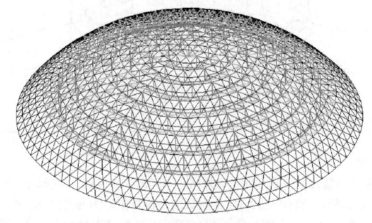

图 3-35　弦支穹顶结构三维示意图

――――――――

① 钢拉杆规格Φ80 表示圆钢直径为 80mm。如无特殊说明，本书中钢拉杆规格均按此表示。

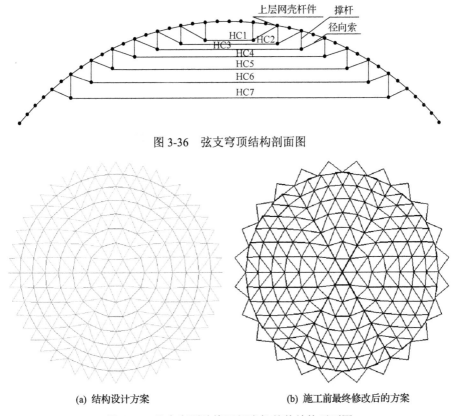

图 3-36　弦支穹顶结构剖面图

(a) 结构设计方案　　　　　　　(b) 施工前最终修改后的方案

图 3-37　弦支穹顶结构下部张拉整体结构平面图

的平均索力从外到里依次为 127kN、420kN、390kN、530kN、810kN、1242kN、2060kN。支座径向约束释放，环向采用橡胶支座约束，约束刚度为 2800kN/m，竖向完全约束。钢拱拱脚与基础为刚性连接。

3.3.2　弦支穹顶结构节点设计

茌平体育馆弦支穹顶结构撑杆上节点采用了万向半球球铰节点，如图 3-38 所示，图 3-38(a)为撑杆上端节点整体示意图，为满足上节点的转动要求，设计了如图 3-38(b)所示的构造形式，采用此节点可以满足端头有较小角度转动的要求。由此看来，上端采用这种节点形式，实现了撑杆良好的转动性。

根据节点的位置和具体功能，设计了两类撑杆下节点，即环索分段处节点和环索连续处节点。其中，环索分段处节点根据连接在节点上的径向拉杆数目，设计了如图 3-39(a)和(b)所示的两种形式；环索连续处节点根据连接在节点上的撑杆数目，设计了如图 3-40(a)和(b)所示的两种形式。

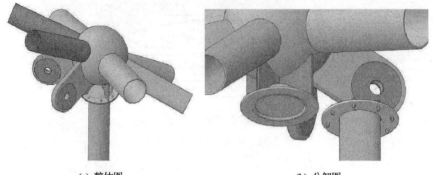

(a) 整体图　　　　　　　　　　　　　　　(b) 分解图

图 3-38　撑杆上节点构造示意图

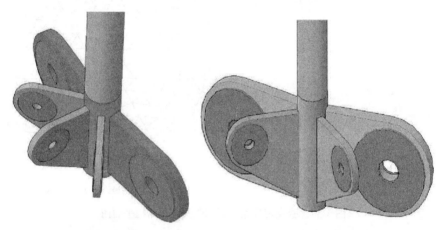

(a) 三根径向钢拉杆　　　　　　　　　　　(b) 两根径向钢拉杆

图 3-39　环索分段处撑杆下节点

(a) 两根撑杆　　　　　　　　　　　　　　(b) 一根撑杆

图 3-40　环索连续处撑杆下节点

3.4　滚动式索节点弦支穹顶结构静力性能

采用连续性撑杆下节点或者滚动式撑杆下节点时，当弦支穹顶结构预应力张拉施工完成后，撑杆下节点主要存在两种状态：一种是利用夹片将环索在撑杆下节点处固定，此时在荷载作用下环索不会绕撑杆下节点滑移；另一种是不安装夹片，即在荷载作用下环索可以绕撑杆下节点滑移。对于第二种状态，又可以分为考虑滑移摩擦力和不考虑滑移摩擦力两种情况。本节首先研究不考虑滑移摩擦力时撑杆下节点两种状态的结构静力性能，然后研究考虑滑移摩擦力时撑杆下节点两种状态的结构静力性能。

3.4.1　不考虑滑移摩擦力影响

为了研究索滑移对弦支穹顶结构静力性能的影响，本节以 3.3 节建立的弦支穹顶模型为基本模型，通过修改其矢跨比、支座约束类型和荷载分布等参数，建立 12 个有限元模型，具体的模型参数如表 3-2 所示。基于 ABAQUS，依据本节推导的多节点闭合索轮单元刚度矩阵，编制单元子程序，分析各个模型的静力性能，研究矢跨比、支座约束类型、荷载分布类型和撑杆下节点类型对弦支穹顶结构静力性能的影响。具体的分析结果如表 3-3～表 3-5 所示。

表 3-2　模型参数

模型编号	矢跨比	荷载分布类型	支座约束类型	撑杆下节点类型
MN1	0.25	全跨均布荷载	三向铰接	间断型
MN2	0.25	半跨均布荷载	三向铰接	间断型
MN3	0.1	全跨均布荷载	三向铰接	间断型
MN4	0.1	半跨均布荷载	三向铰接	间断型
MN5	0.25	全跨均布荷载	仅约束竖向	间断型
MN6	0.25	半跨均布荷载	仅约束竖向	间断型
MS1	0.25	全跨均布荷载	三向铰接	连续可滑型
MS2	0.25	半跨均布荷载	三向铰接	连续可滑型
MS3	0.1	全跨均布荷载	三向铰接	连续可滑型
MS4	0.1	半跨均布荷载	三向铰接	连续可滑型
MS5	0.25	全跨均布荷载	仅约束竖向	连续可滑型
MS6	0.25	半跨均布荷载	仅约束竖向	连续可滑型

注：MN 表示间断型，MS 表示连续可滑型。

表 3-3　环索滑移与不滑移时弦支穹顶模型的最大节点位移比较

编号	1	2	3	4	5	6
最大节点位移(MN)/m	0.021	0.034	0.043	0.087	0.022	0.067
最大节点位移(MS)/m	0.066	0.067	0.101	0.135	0.082	0.071
误差/%	214.3	97.1	134.9	55.2	272.7	6.0

表 3-4　环索滑移与不滑移时弦支穹顶模型的最大杆件应力比较

编号	1	2	3	4	5	6
最大杆件应力(MN)/MPa	80.3	87.07	75.09	96.19	98.18	209.9
最大杆件应力(MS)/MPa	201.7	204.9	113.4	139.6	199.4	234.4
误差/%	151.2	135.3	51.0	45.1	103.1	11.7

表 3-5　环索滑移与不滑移时弦支穹顶模型的环索索力比较

编号	节点类型	索力	第1圈	第2圈	第3圈	第4圈	第5圈	第6圈	第7圈
1	MN	最大索力/kN	16.7	54.1	93.5	200.4	182.2	302.9	526.4
		最小索力/kN	18.4	55.0	96.3	203.3	186.4	309.8	586.6
		与设计索力的最大偏差/%	9.9	1.6	3.0	1.5	2.3	2.3	11.4
	MS	索力/kN	16.9	54.0	94.2	200.5	182.1	289.9	446.8
2	MN	最大索力/kN	8.3	45.4	86.4	192.5	177.0	297.7	516.9
		最小索力/kN	31.3	74.6	115.8	220.6	196.4	316.5	590.7
		与设计索力的最大偏差/%	277.7	64.3	34.1	14.6	11.0	6.3	14.3
	MS	索力/kN	19.2	58.7	98.6	203.7	183.5	290.6	448.0
3	MN	最大索力/kN	17.7	61.5	120.2	229.8	219.6	361.0	541.9
		最小索力/kN	19.8	62.7	123.5	234.8	225.5	368.7	607.2
		与设计索力的最大偏差/%	11.9	1.9	2.8	2.2	2.7	2.1	12.1
	MS	索力/kN	16.2	59.5	115.9	219.9	205.8	323.4	483.4
4	MN	最大索力/kN	0.0	26.0	70.4	180.6	184.2	316.9	472.7
		最小索力/kN	38.3	99.4	162.6	269.5	245.9	387.2	636.7
		与设计索力的最大偏差/%		282.8	131.1	49.2	33.5	22.2	34.7
	MS	索力/kN	18.2	63.1	115.5	216.3	200.8	315.2	466.0

续表

编号	节点类型	索力	第 1 圈	第 2 圈	第 3 圈	第 4 圈	第 5 圈	第 6 圈	第 7 圈
5	MN	最大索力/kN	17.2	53.6	93.2	199.3	179.4	288.9	439.0
		最小索力/kN	17.3	55.5	95.8	202.2	184.7	300.8	508.1
		与设计索力的最大偏差/%	0.5	3.6	2.8	1.4	3.0	4.1	15.8
	MS	索力/kN	17.4	53.7	93.2	199.6	180.9	287.3	456.6
6	MN	最大索力/kN	6.6	44.9	84.8	189.5	171.2	170.0	329.9
		最小索力/kN	32.5	75.4	115.9	219.8	195.3	305.0	486.3
		与设计索力的最大偏差/%	395.4	68.0	36.6	16.0	14.1	79.4	47.4
	MS	索力/kN	17.68	58.49	98.27	203.06	181.96	281.73	400.01

由表 3-3～3-5 可得如下结论：

(1) 由表 3-3 可知，与索不滑移时相比，索滑移时弦支穹顶结构的最大节点位移要大很多，最大可高出 272.7%；索不滑移时弦支穹顶结构的最大节点位移在小矢跨比时最大；索滑移时弦支穹顶结构的最大节点位移也是小矢跨比时最大。

(2) 由表 3-4 可知，与索不滑移时相比，索滑移时弦支穹顶结构的最大杆件应力要大很多，最大可高出 151.2%；索不滑移时弦支穹顶结构的最大杆件应力在仅竖向约束时最大；索滑移时弦支穹顶结构的杆件应力也是在仅竖向约束时最大。

(3) 由表 3-5 可知，与索不滑移时相比，索滑移时弦支穹顶结构的环索索力比较均匀。

3.4.2　考虑滑移摩擦力影响

以 3.3 节建立的弦支穹顶模型为基本模型，考虑环索绕撑杆下节点的滑移摩擦力，设计了以下 5 种工况研究滑移摩擦系数的取值对半跨荷载作用下结构静力性能的影响。

工况 1：不允许环索绕撑杆下节点滑移。

工况 2：允许环索绕撑杆下节点滑移，且环索与撑杆下节点之间的滑移摩擦系数为 0.2。

工况 3：允许环索绕撑杆下节点滑移，且环索与撑杆下节点之间的滑移摩擦系数为 0.3。

工况 4：允许环索绕撑杆下节点滑移，且环索与撑杆下节点之间的滑移摩擦系数为 0.4。

工况 5：允许环索绕撑杆下节点滑移，且环索与撑杆下节点之间的滑移摩擦系数为 0。

　　表 3-6 给出了 5 种工况下弦支穹顶叠合拱结构上部单层网壳的 3504 个单元的等效内力分布情况。从表中可以看出，环索连续与否以及滑移摩擦系数对弦支穹顶叠合拱结构的力学性能有极大的影响，即环索完全连续（即滑移摩擦系数为 0）时结构的受力最为不利。

表 3-6　各工况下弦支穹顶叠合拱结构等效应力分布

取值范围	0～50MPa	50～100MPa	100～150MPa	≥150MPa
工况 1	2603	812	89	0
工况 2	2801	625	78	0
工况 3	2879	601	24	0
工况 4	2937	567	0	0
工况 5	2577	758	105	64

注：表中数字为弦支穹顶结构上部单层网壳杆件在各等效应力范围内的单元数。

　　表 3-7 给出了 5 种工况下弦支穹顶叠合拱结构的最大节点位移和最大等效应力。从表中可以看出，工况 1（即不允许环索绕撑杆下节点滑移）时结构的最大等效应力为 122MPa，最大节点位移为 49mm；而工况 5（允许环索绕撑杆下节点滑移且滑移摩擦系数为 0）时结构的最大等效应力为 178MPa，最大节点位移为 57mm，比工况 1 时分别增加了 45.9%、16.3%，由此可以得出弦支穹顶叠合拱结构在工况 1 时的受力性能最好。

表 3-7　各工况下弦支穹顶叠合拱结构最大节点位移和最大等效应力

工况	1	2	3	4	5
最大节点位移/mm	49	42	34	31	57
最大等效应力/MPa	122	133	110	95.5	178

3.5　滚动式索节点弦支穹顶结构稳定性能

　　对于 3.1 节提到的新型撑杆下节点——滚动式撑杆下节点，其在预应力张拉施工完成后，通常可有两种状态：①撑杆下节点中的压片处于压紧状态，则在弦支穹顶结构的使用过程中，环索不能绕撑杆节点滑动；②撑杆下节点中的压片处于松弛状态或者不安装压片，则在弦支穹顶结构的使用过程中，环索可以绕撑杆节点滑动。关于上述两种状态下的结构性能比较，目前国内外鲜有文献涉及。本节利用 3.2.2 节提出的基于单元刚度矩阵的三节点索轮单元，研究两种状态下弦支穹顶叠合拱结构的稳定性，主要包括撑杆下节点允许滑动与不允许滑动时弦支穹顶叠合拱结构的稳定性及对称荷载和非对称荷载作用下弦支穹顶叠合拱结构的稳定性。

3.5.1　有限元模型的建立

以山东茌平体育馆弦支穹顶叠合拱结构为分析模型,采用 ABAQUS 建立了两种分析模型 A 和 B。在模型 A 中,环索是不允许绕撑杆下节点滑动的,因此采用 T3D2 单元模拟拉索。在模型 B 中,环索允许绕撑杆下节点滑动,因此采用本章推导的三节点索轮单元进行模拟。在模型 A 和 B 中,除拉索外,其他杆件的单元类型都是一样的,如表 3-8 所示。支座的约束类型采用铰接支座约束,即仅约束支座节点的 DX、DY 和 DZ 方向的位移。拉索的弹性模量为 $1.92 \times 10^8 \text{kN/m}^2$,钢材的弹性模量为 $2.06 \times 10^8 \text{kN/m}^2$,钢材的屈服应力取 345MPa。弦支穹顶叠合拱结构的有限元模型如图 3-41 所示。

表 3-8　有限元模型中的单元类型

构件	单元类型	
	模型 A	模型 B
单层网壳杆件	B33	B33
空间曲拱杆件	B33	B33
撑杆	T3D2	T3D2
径向拉杆	T3D2(只拉不压)	T3D2(只拉不压)
环向拉索	三节点滑移索单元	T3D2(只拉不压)

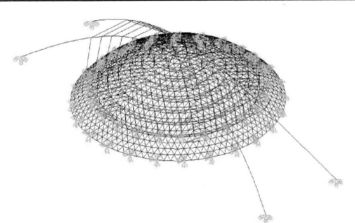

图 3-41　弦支穹顶叠合拱结构的有限元模型

3.5.2　稳定分析工况

在实际应用中,网壳结构的稳定性通常通过追踪荷载逐渐增加时结构的非线性平衡路径来评估,因此稳定分析中必须考虑结构的几何非线性和材料非线性。

在 ABAQUS 中, 通常采用弧长法来追踪结构的非线性平衡路径。在本节的稳定分析中, 利用位移控制法来判定结构是否失稳。

　　为了研究不同荷载工况下弦支穹顶叠合拱结构的稳定性, 本节考虑了如图 3-42 所示的四种荷载分布形式。对于工况 1, 在整个网壳上施加均布荷载; 对于工况 2, 仅在弦支穹顶结构上部单层网壳上施加均布荷载; 对于工况 3, 仅在上半跨网壳上施加均布荷载; 对于工况 4, 仅在右半跨网壳上施加均布荷载。

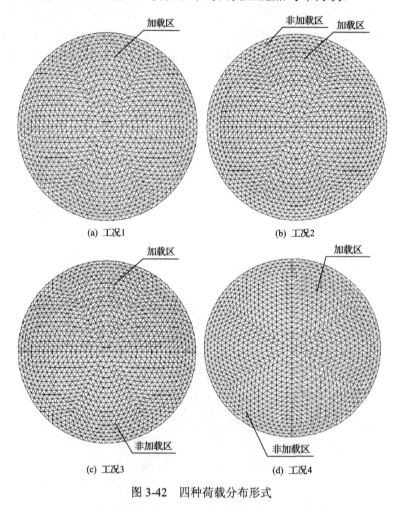

(a) 工况1　　　　　　　　　　　　(b) 工况2

(c) 工况3　　　　　　　　　　　　(d) 工况4

图 3-42　四种荷载分布形式

3.5.3　稳定性能分析

1. 工况 1 的稳定性能分析

图 3-43 和图 3-44 分别给出了工况 1 下模型 A 和 B 的失稳模态。从图中可以

看出，模型 A 首先在最外圈附近失稳，模型 B 首先在网壳结构的中心部位附近失稳。图 3-45 给出了工况 1 下模型 A 和 B 典型节点的荷载-位移曲线。从图中可以看出，模型 A 的极限荷载为 13.78kN/m²，模型 B 的极限荷载为 13.05kN/m²，模型 A 的极限荷载比模型 B 的极限荷载高出 5.6%左右。由于空间曲拱的存在，即使在均匀荷载作用下，弦支穿顶叠合拱结构的内力和位移分布也是不均匀的。由于模型 A 不允许索绕撑杆下节点滑移，其结构的整体受力性能较为良好，当局部的杆件应力和节点位移过大时，周边的杆件会承担一部分节点位移和杆件应力，因此模型 A 的稳定性要比模型 B 好一些。

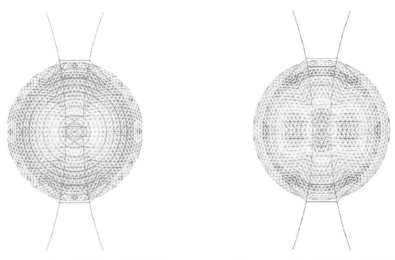

图 3-43　工况 1 下模型 A 的失稳模态　　　图 3-44　工况 1 下模型 B 的失稳模态

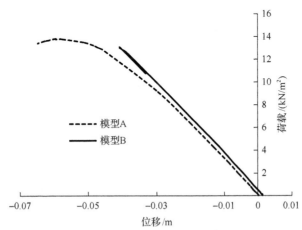

图 3-45　工况 1 下模型 A 和 B 典型节点的荷载-位移曲线

2. 工况 2 的稳定性能分析

图 3-46 和图 3-47 分别给出了工况 2 下模型 A 和 B 的失稳模态。从图中可以看出，模型 A 的失稳形式是对称的，模型 B 的失稳形式是非对称的。图 3-48 给出了工况 2 下模型 A 和 B 典型节点的荷载-位移曲线。从图中可以看出，模型 A 的极限荷载为 16.04kN/m²，模型 B 的极限荷载为 12.89kN/m²，模型 A 的极限荷载比模型 B 的极限荷载高出 24.4%左右。与工况 1 相似，在工况 2 下模型 A 的稳定性要优于模型 B。

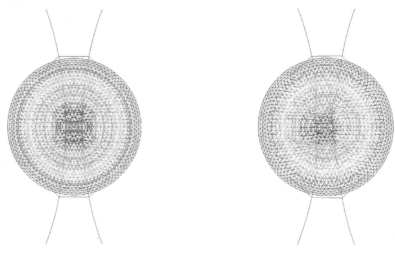

图 3-46　工况 2 下模型 A 的失稳模态　　　　图 3-47　工况 2 下模型 B 的失稳模态

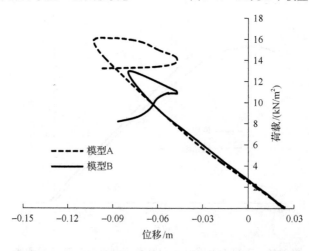

图 3-48　工况 2 下模型 A 和 B 典型节点的荷载-位移曲线

3. 工况 3 的稳定性能分析

图 3-49 和图 3-50 分别给出了工况 3 下模型 A 和 B 的失稳模态。从图中可以看出，模型 A 的失稳区域要比模型 B 大很多。图 3-51 给出了工况 3 下模型 A 和 B 典型节点的荷载-位移曲线。从图中可以看出，模型 A 的极限荷载为 15.44kN/m^2，模型 B 的极限荷载为 10.85kN/m^2，模型 A 的极限荷载比模型 B 的极限荷载高出 42.3%左右。与工况 1 相似，在工况 3 下模型 A 的稳定性要优于模型 B。

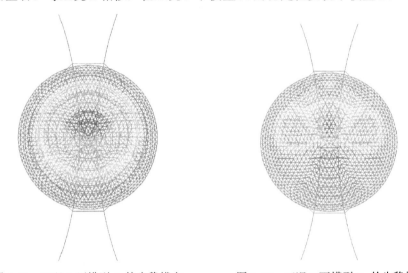

图 3-49　工况 3 下模型 A 的失稳模态　　　　图 3-50　工况 3 下模型 B 的失稳模态

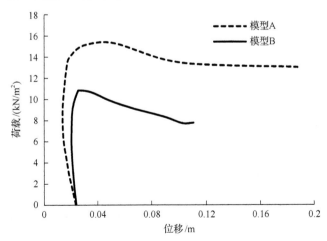

图 3-51　工况 3 下模型 A 和 B 典型节点的荷载-位移曲线

4. 工况 4 的稳定性能分析

图 3-52 和图 3-53 分别给出了工况 4 下模型 A 和 B 的失稳模态。从图中可以看出，模型 A 的失稳区域要比模型 B 大很多。图 3-54 给出了工况 4 下模型 A 和 B 典型节点的荷载-位移曲线。从图中可以看出，模型 A 的极限荷载为 17.07kN/m²，模型 B 的极限荷载为 15.56kN/m²，模型 A 的极限荷载比模型 B 的极限荷载高出 9.7%左右。与工况 1 相似，在工况 4 下模型 A 的稳定性要优于模型 B。

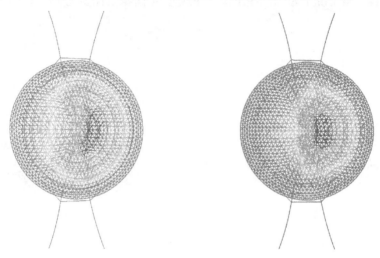

图 3-52　工况 4 下模型 A 的失稳模态　　　图 3-53　工况 4 下模型 B 的失稳模态

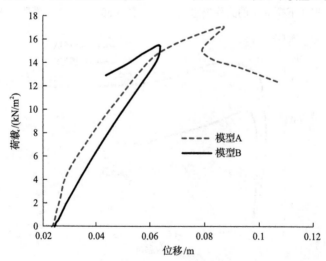

图 3-54　工况 4 下模型 A 和 B 典型节点的荷载-位移曲线

第4章　滚动式索节点弦支穹顶结构模型试验

4.1　滚动式索节点弦支穹顶结构模型设计

试验是对理论的检验，同时也是科学研究的一个重要方法。滚动式撑杆下节点是为解决弦支穹顶结构在预应力张拉施工中的预应力滑移摩擦损失问题而提出的一种新型撑杆下节点，其核心技术是将传统撑杆节点通过滑移传力改进为通过滚动传力，用滚动摩擦代替滑移摩擦，从而有效地减小预应力摩擦损失。虽然从概念上，滑动撑杆下节点的预应力损失应该比传统撑杆下节点要小，但是实际工程应用时，究竟能不能达到预期的目标，还需要试验和工程的验证。

本章以山东茌平体育馆弦支穹顶工程建设为契机，对实际的弦支穹顶结构进行了 1∶10 的缩尺模型试验，在该缩尺模型中，设计了滚动式撑杆下节点。试验模型跨度为 10.8m。通过试验来全面了解采用新型滚动式撑杆下节点的弦支穹顶预应力张拉损失问题，同时验证本章提出的考虑滑移摩擦和温度变化的弦支穹顶结构施工成型过程的数值模拟方法以及减小预应力施工偏差的施工措施。

4.1.1　支承结构设计

在实际工程项目中，弦支穹顶结构支承在内外两圈混凝土柱上，考虑到在试验现场浇筑混凝土柱较为麻烦，因此采用钢柱和钢梁代替实际工程中的混凝土柱和混凝土环梁。试验中的钢结构支承平台由里外两圈构成,每圈均布置 24 根钢管柱，各立柱之间由 H 型钢梁连接，里外两圈支承结构的直径分别为9.08m 和 10.8m。环梁采用 H 型钢，规格为 H175×175×7.5×11[①]，立柱采用 Φ76×6 的钢管，里圈立柱高 2.85m，外圈立柱高 2.00m。支承结构的平面布置图和实物图如图 4-1 和图 4-2 所示。

4.1.2　弦支穹顶缩尺模型设计

模型设计中保证几何相似和物理相似，几何相似比为 1∶10，应力相似比为1∶1，构件截面积相似比为 1∶50，均布荷载相似比为 2∶1。实际工程中，单层网壳结构的杆件规格有 5 种，下部索撑体系中环索规格有 2 种，径向拉杆规格有

---

① H 型钢规格 H175×175×7.5×11 中，第一个 175 表示高度为 175mm；第二个 175 表示宽度为 175mm；7.5 表示腹板厚度为 7.5mm；11 表示翼缘厚度为 11mm。如无特殊说明，本书中 H 型钢规格均按此表示。

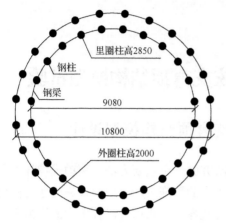

图 4-1　支承结构平面布置图(单位：mm)

图中文字：里圈柱高2850　钢柱　钢梁　9080　10800　外圈柱高2000

图 4-2　支承结构实物图

（图中文字：第二圈支承　第一圈支承）

1 种，撑杆规格有 1 种。根据本节确定的构件截面积相似比，并结合钢材市场可买到的钢管规格，确定的最终模型杆件规格如表 4-1 所示。

表 4-1　茌平体育馆弦支穹顶结构缩尺模型试验杆件规格比照表

杆件类型	实际结构杆件规格/mm	缩尺模型杆件规格/mm	模型实际截面积/cm²	模型理论截面积/cm²
单层网壳	Φ203×6	Φ12×3	0.7460	0.7426
	Φ219×7	Φ14×3	0.9420	0.9324
	Φ245×7	Φ16×3	1.0600	1.0468
	Φ273×8	Φ18×3	1.3190	1.3320
	Φ299×8	Φ18×3	1.5080	1.4628
环索	半平行钢丝束 Φ7×73[①]	钢丝绳 公称直径 12.0mm	0.5688	0.5618
	半平行钢丝束 Φ7×121	钢绞线 公称直径 15.24mm	1.4000	0.9314
撑杆	Φ219×7	Φ13×3	0.9420	0.9324
径向拉杆	Φ80	Φ11.5	1.0390	1.0048

　① 钢丝束规格Φ7×73 中，Φ7 表示钢丝直径，73 表示钢丝根数，即该钢丝束是由 73 根直径为 7mm 的钢丝按照一定角度绞捻缠绕而成。如无特殊说明，本书中钢丝束规格均按此表示。

　　弦支穹顶结构缩尺模型实物图如图 4-3 所示，整个单层网壳的杆件采用焊接球节点，环梁与柱采用螺栓连接，支座处将焊接球与环梁上的耳板焊接以形成单层网壳的支座。

　　试验模型中，径向拉杆采用如图 4-4 所示的构造形式，这种构造形式通过杆件中间的花篮螺栓来调节径向拉杆的长度，实际模型中径向拉杆通过端部的带孔耳板和螺栓与撑杆上下节点连接。径向拉杆与撑杆下节点连接示意图如图 4-5 所示。环索分段处的节点构造示意图如图 4-6 所示，该节点由槽钢、螺杆和螺栓组成，

图 4-3 弦支穹顶结构缩尺模型实物图

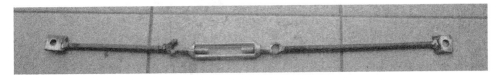

图 4-4 径向拉杆示意图

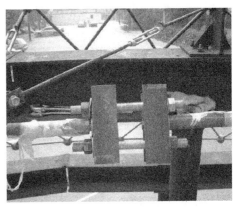

图 4-5 径向拉杆与撑杆下节点连接示意图　　图 4-6 环索分段处的节点构造示意图

预应力张拉时，可通过拧紧螺杆上的螺栓来缩短环索的整体长度，从而给结构施加预应力。撑杆上节点构造形式如图 4-7 所示，实际试验时，节点处的四个螺栓处于非拧紧状态，因此可允许撑杆绕焊接球节点小角度转动。试验模型中的索力测试是通过在环索测力段串联一个钢管来实现的，试验时通过测量钢管的应变来间接计算出环索索力，测力段的构造形式如图 4-8 所示。

　　模型中节点采用新型撑杆下节点——滚动式撑杆下节点，如图 4-9 和图 4-10所示。这种新型的节点由连接径向拉杆的耳板、U 型卡、滚轴、滚轮等零件组装

图 4-7　模型试验中的撑杆上节点构造形式　　　图 4-8　环索索力测试段构造形式

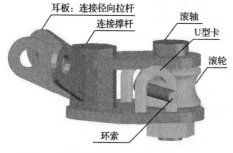

图 4-9　滚动式撑杆下节点整体装配图　　　　图 4-10　滚动式撑杆下节点实物图

而成，该节点是将滚动概念引入弦支穹顶结构的撑杆下节点，利用滚动摩擦代替滑移摩擦来降低环索与撑杆下节点之间的摩擦力对预应力张拉的影响。

4.1.3　材性试验

　　上部网壳结构的杆件包含四种钢管规格，本次试验针对每种规格制作了三个试件(图 4-11)，分别测试每个试件的材料特性，得到四种钢管的极限破断力、屈服强度、抗拉强度和弹性模型，为试验模型的理论分析提供材料数据，具体数据如表 4-2 所示。

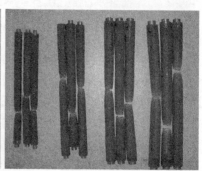

(a) 测试前的钢管试件　　　　　　　　　(b) 测试后的钢管试件

图 4-11　材性试验的试件

表 4-2　材性试验数据

钢管规格	试件编号	极限破断力/kN	屈服强度/(N/mm²)	抗拉强度/(N/mm²)	弹性模量/10⁵MPa
Φ18×3	试件1	78.43	553.70	554.80	1.69
	试件2	77.65	547.10	549.30	1.42
	试件3	80.40	562.40	568.70	1.35
	平均值	78.83	554.40	557.60	1.49
Φ16×3	试件1	43.27	256.40	353.10	1.44
	试件2	44.71	254.80	364.90	0.99
	试件3	44.39	262.50	362.30	1.50
	平均值	44.12	257.90	360.10	1.31
Φ14×3	试件1	48.49	343.50	467.80	2.01
	试件2	52.33	504.70	504.80	1.87
	试件3	47.73	338.90	460.30	2.09
	平均值	49.52	395.70	477.63	1.99
Φ12×3	试件1	48.82	575.50	575.50	1.74
	试件2	44.60	525.80	525.80	1.32
	试件3	44.47	524.20	524.20	1.31
	平均值	45.96	541.83	541.83	1.46

4.2　滚动式索节点摩擦性能试验

本节对按照滚动式张拉索节点理念设计的实物模型节点进行试验研究，以验证该节点的可行性。

4.2.1　试验节点及试验方案

试验节点为实际工程中节点的简化版，采用圆钢与钢板焊接构成节点主体，再配合单独制作的轴、轴套和索卡(图 4-10)，节点具体尺寸如图 4-12～图 4-15 所示。

为了研究滚动式张拉索节点的设计能否满足达到通过滚轮转动减小摩擦阻力的设计意图，设计了三组试验进行对比以说明问题。

试验一：节点钢销轴与钢轴套直接接触，张拉环索加载。

试验二：节点钢销轴与钢轴套间夹四氟乙烯套，张拉环索加载。

试验三：节点轴套与节点主体固定不转动，张拉环索加载。

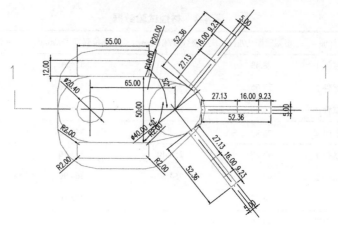

图 4-12　节点平面图(单位：mm)

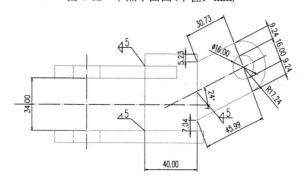

图 4-13　节点立面图(单位：mm)

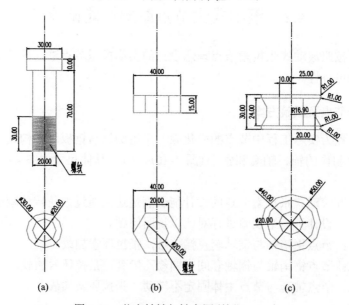

(a)　　　　　(b)　　　　　(c)

图 4-14　节点转轴与轴套图(单位：mm)

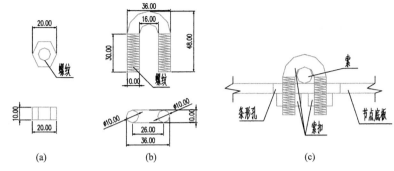

(a)　　　　　　　　　　(b)　　　　　　　　　　(c)

图 4-15　节点索卡图(单位：mm)

在试验加载过程中需将节点模型加以固定，并配备牢固的反力装置。本次试验采用天津大学实验室的自平衡反力架进行索力的施加，如图 4-16 所示。穿过节点两侧的环索形成的夹角为 135°，其中一侧为固定端，一侧为加载端，采用液压千斤顶对环索施加索力。环索采用直径为 14mm 的镀锌纤维芯钢丝绳，节点两侧的环索中各设置一个索力传感器，如图 4-17 所示。

图 4-16　试验布设图　　　　　　　　图 4-17　索与传感器连接图

反力架与试验节点之间的连接如图 4-18 所示。首先将带有三个耳板的底板与反力架的底部台座焊接，然后采用螺栓与耳板连接将试验节点固定于反力架上。

(a) 节点底板与加载台连接　　　(b) 撑杆处耳板与加载台铰接　　　(c) 耳板与加载台径向铰接

图 4-18　反力架与试验节点之间的连接

三个试验均采用分步加载的方式，试验的目标荷载均为 40kN，荷载增加幅度为 5kN，中间持荷 300s。索力通过设置在环索中间的索力传感器来进行测量，节点各部位变形情况采用电测技术实现，采用应变片和应变花来测量相应位置节点的应变。节点模型在张拉过程中受力复杂，其测点布置以节点的有限元分析结果为指导，将测点布置在应力较大的部位，如图 4-19 所示，三个设置应变花的测点分别命名为 H1、H2、H3。

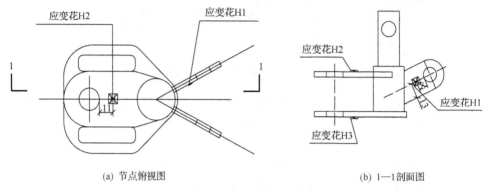

(a) 节点俯视图　　　　　　　　　　　　　　　　　(b) 1—1剖面图

图 4-19　测点布置示意图(单位：mm)

4.2.2　试验现象及试验结果

为了研究新型滚动式张拉索节点的转动性能，每次试验时事先在节点和轴套处用粉笔画一道竖线，以观察轴套转动情况。图 4-20 和图 4-21 分别显示了试验一和试验二在加载过程中试验节点轴套的转动情况。从图中可以清楚地看到，在张拉环索加载过程中，节点轴套随环索的张拉发生明显的转动，且销轴和螺母之间的位置并无变化，说明加载过程中滚轮具有良好的转动性能。因此，由于滚轴的设置，索与节点的滑动摩擦转变为轴套与销轴之间的滚动摩擦，从而可减小预应力张拉过程中节点摩擦造成的预应力损失。

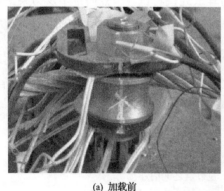

(a) 加载前　　　　　　　　　　　　　　　　　(b) 加载张拉后

图 4-20　试验一加载过程中滚轮与节点主体部分相对位置图

(a) 加载前　　　　　　　　　　　　　　(b) 加载张拉后

图 4-21　试验二加载过程中滚轮与节点主体部分相对位置图

　　将与千斤顶等加载装置直接连接进行加载的索段称为主动索，另一段与反力架固定端连接的索段称为被动索，三组试验中主动索与被动索的索力变化情况分别如图 4-22～图 4-24 所示。由图可见，主动索和被动索的索力有着明显的差异，且随着主动索索力的不断增大，索力差越来越大，说明加载过程中发生了明显的预应力损失。

　　索力损失占比可由式(4-1)计算：

$$索力损失占比 = \frac{主动索索力 - 被动索索力}{主动索索力} \times 100\% \qquad (4\text{-}1)$$

　　计算得到的索力损失占比如图 4-25 所示，三组试验中，索力损失占比均在张拉荷载达到最大值 40kN 时达到最大，分别为 16.62%、10.85% 和 21.65%。由此可

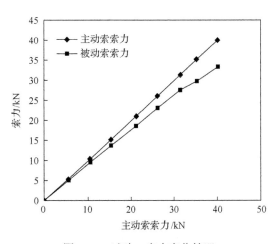

图 4-22　试验一索力变化情况

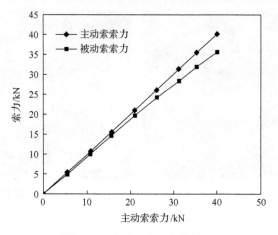

图 4-23　试验二索力变化情况

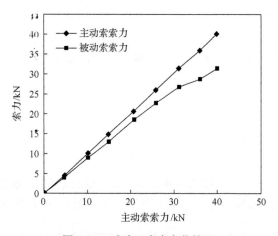

图 4-24　试验三索力变化情况

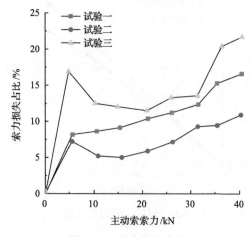

图 4-25　索力损失占比

知，滚动式张拉索节点可以有效地减小张拉造成的预应力损失，特别是在节点钢销轴与钢轴套间设置四氟乙烯套的情况下。

三组试验中节点上设置的测点应力变化曲线基本一致，图 4-26 给出了试验一测点的应力变化曲线。由图可见，测点应力随着张拉荷载的增大而增大，且与径向拉杆连接的耳板应力最大，达到 320MPa，已开始发生屈服；节点主体部分其他区域的应力水平均较低，下端板的应力水平低于上端板。

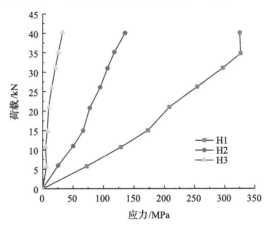

图 4-26　试验一测点应力变化曲线

4.2.3　试验结论

通过上述试验和分析可以得出如下结论：

(1) 试验节点中包含的可转动滚轮在环索张拉时可随环索一起转动，用滚动摩擦替代滑动摩擦，从摩擦方式的层面上减小节点处的摩擦损失。

(2) 与传统节点相比，新型节点在设计荷载下的索力损失占比由 21.65%下降到 16.62%，证明可转动滚轮对减小节点间预应力损失有明显作用。当在新型节点的销轴和轴套间设置四氟乙烯环套时，索力损失占比降到 10.85%，说明四氟乙烯环套的存在有效地改变了销轴与轴套的接触方式，可以明显地减小节点处的预应力损失。

4.3　滚动式索节点弦支穹顶结构预应力张拉试验

试验采用两台 60 点 YE2539 高速静态应变仪串联后与计算机连接构成的应变测试系统，利用这个应变测试系统来测量结构杆件的应力。综合考虑试验目的、现有设备等因素，在弦支穹顶结构外圈环索中布置了 16 个应变片(在每个测力段的钢管对称位置布置 2 个，以消除弯矩的影响)，在 4 个张拉点上布置了 8 个应变片(每个张拉点的两端各布置 1 个)，环索测点布置如图 4-27 所示。

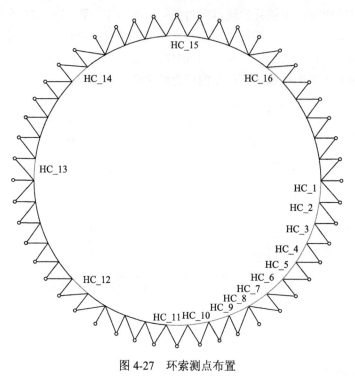

图 4-27　环索测点布置

4.3.1　预应力张拉试验方案

为了从直观上研究本章提出的可降低预应力张拉施工过程中环境温度变化和环索与撑杆下节点之间滑移摩擦影响的预应力张拉施工措施的有效性，同时验证本章提出的索滑移数值模拟理论，本次试验设计完成了 7 种不同的预应力张拉试验。具体的试验方案描述如下：

方案 1：仅在 HC_1 测点处进行分级张拉，张拉点的张拉控制值为 10420N。

方案 2：仅在 HC_1 和 HC_11 测点处进行同步分级张拉，张拉点的张拉控制值为 10420N。

方案 3：仅在 HC_1、HC_11 和 HC_13 测点处进行同步分级张拉，张拉点的张拉控制值为 10420N。

方案 4：在 HC_1、HC_11、HC_13 和 HC_15 测点处进行同步分级张拉，张拉点的张拉控制值为 10420N。

方案 5：在 HC_1、HC_11、HC_13 和 HC_15 测点处进行同步分级张拉，张拉点的张拉控制值为 10420N，张拉完成后测试索力在日温度变化下的变化。

方案 6：在 HC_1、HC_11、HC_13 和 HC_15 测点处进行同步分级张拉；采用考虑温度变化影响的方案，假定预应力的设计张拉温度为 25.5℃，实际张拉时间定在 14:00，实测预应力张拉时上部单层网壳和下部索的温度分别为 55.5℃和 52.5℃，采用温度修正公式计算得出的考虑温度变化影响的张拉点的张拉控制值为 7250N，然后在第二天的清晨当温度为 25.5℃时再次测量索力数据。

方案 7：在 HC_1、HC_11、HC_13 和 HC_15 测点处进行同步分级张拉；采用超张拉方案，超张拉两阶段的张拉控制值分别为 11532N 和 10155N。

本次试验的目的是研究新型撑杆下节点的预应力摩擦损失及其张拉过程中温度变化对张拉的影响，因此未在网壳、撑杆和径向拉杆上布置测点。为了验证提出的基于单元刚度矩阵的三节点滑移索单元的有效性和精度，采用三节点滑移索单元对张拉过程进行了数值模拟，数值模拟中的滑移摩擦系数根据 4.2 节试验一的数据确定为 0.17，并与试验结果进行了对比。同时为了将试验数据与传统撑杆下节点的预应力损失分布规律进行对比，根据 4.2 节提到的基于试验数据的滑移摩擦系数(试验三)对试验进行了数值模拟，即采用滑移摩擦系数 0.29 进行了数值模拟。

4.3.2　张拉点布置对预应力张拉的影响

方案 1～4 张拉完成后，环索索力的试验结果、滑移摩擦系数取 0.17 和 0.29 时采用三节点滑移索单元的数值模拟结果，以及四种方案的环索索力与设计索力偏差、各个撑杆下节点的预应力损失数据如图 4-28～图 4-39 所示。

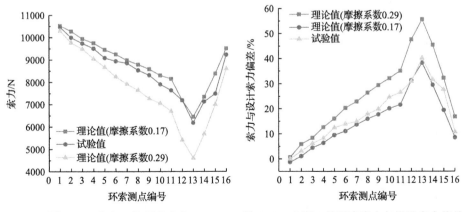

图 4-28　方案 1 的环索索力　　　　图 4-29　方案 1 的环索索力与设计索力偏差

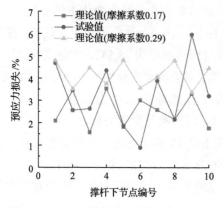

图 4-30　方案 1 的撑杆下节点预应力损失

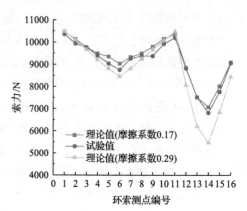

图 4-31　方案 2 的环索索力

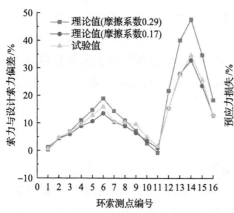

图 4-32　方案 2 的环索索力与设计索力偏差

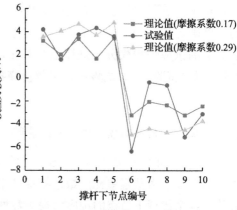

图 4-33　方案 2 的撑杆下节点预应力损失

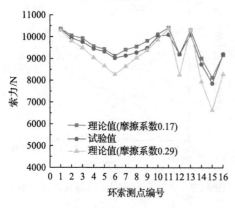

图 4-34　方案 3 的环索索力

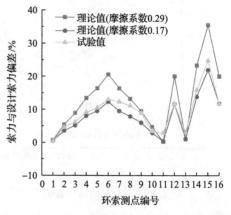

图 4-35　方案 3 的环索索力与设计索力偏差

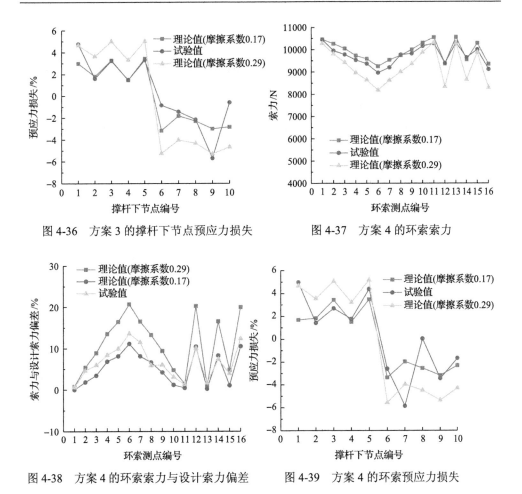

图 4-36　方案 3 的撑杆下节点预应力损失　　　图 4-37　方案 4 的环索索力

图 4-38　方案 4 的环索索力与设计索力偏差　　　图 4-39　方案 4 的环索预应力损失

由这些数据可得到如下结论：

(1)由图 4-28、图 4-31、图 4-34 和图 4-37 可以看出，摩擦系数为 0.17 时，理论值与试验值吻合较好，方案 1～4 中二者的最大误差分别为 7.21%、3.49%、3.69%、3.79%，由此可以得出本章提出的考虑滑移摩擦的三节点滑移索单元是合理的、有效的。

(2)由图 4-29、图 4-32、图 4-35 和图 4-38 中的理论值可以看出，方案 1～4 中当滑移摩擦系数取 0.29 时(即传统节点的滑移摩擦系数)环索索力与设计索力的最大偏差分别为 55.46%、47.39%、35.70%、20.91%，滑移摩擦系数取 0.17 时(即滚动式撑杆下节点的滚动摩擦系数)环索索力与设计索力的最大偏差分别为 38.18%、32.60%、21.68%、11.32%。由此可以得出，滑移摩擦系数对弦支穹顶结构的预应力张拉有很大的影响，建议实际工程中采用张拉环索施加预应力时采用滚动式撑杆下节点。

(3)由图 4-29、图 4-32、图 4-35 和图 4-38 中的试验值和理论值可以看出，方案 1～4 中当采用新型滚动式撑杆下节点时二者的最大偏差分别为 38.18%、32.60%、21.68%、11.32%。由此可以得出，通过增加张拉点的数目可有效解决预应力的摩擦损失问题。

(4)由图 4-30、图 4-33、图 4-36 和图 4-39 可以看出，方案 1～4 中当采用新型滚动式撑杆下节点时数值模拟得出的节点平均预应力损失分别为 3.24%、3.31%、2.52%、2.62%，当采用传统撑杆下节点时数值模拟得出的节点平均预应力损失分别为 4.19%、4.31%、4.54%、4.11%。由此可以得出，新型滚动式撑杆下节点的预应力损失比传统节点分别降低了 0.95、1.00、2.02、1.49 个百分点，因此新型滚动式撑杆下节点可有效解决弦支穹顶结构的摩擦预应力损失问题。

图 4-40 为张拉节点张拉前后的状态。从图中可以看出，张拉节点的构造形式能够实现弦支穹顶结构预应力的施加，因此本书采用的弦支穹顶结构缩尺模型预应力张拉节点构造是成功的。图 4-41 为张拉前后新型滚动式撑杆下节点的状态。从图中可以看出，张拉过程中滑轮绕轴承有较好的转动性。

(a) 张拉前　　　　　　　　　　　　　　(b) 张拉后

图 4-40　张拉节点张拉前后的状态

(a) 张拉前　　　　　　　　　　　　　　(b) 张拉后

图 4-41　张拉前后新型滚动式撑杆下节点的状态

4.3.3　温度变化对弦支穹顶结构预应力张拉的影响试验

为了研究温度变化对弦支穹顶结构预应力张拉的影响，2011 年 6 月 11 日根据方案 5，研究了温度日变化对弦支穹顶结构预应力张拉的影响。本章试验研究所涉及的弦支穹顶结构缩尺模型安装于室外，且所处的位置可全天暴露于太阳辐射之下。为了便于数值模拟，利用红外线测温枪测量太阳辐射作用下 2011 年 6 月 11 日弦支穹顶缩尺模型中钢管及其拉索的温度，并利用温度计记录空气温度，数据如图 4-42 所示。由图可知，当天从 8:30 开始至 19:00 结束，空气温度的变化幅度为 9℃，而弦支穹顶结构缩尺模型中拉索温度的变化幅度为 20.4℃，钢管温度的变化幅度为 22.81℃，拉索和钢管温度的变化幅度分别是空气的 2.27 倍和 2.53 倍。由此可知，太阳辐射作用下，钢结构温度的变化幅度远大于空气温度的变化幅度。

本次试验中在正式测试温度影响之前，首先完成了四个张拉点下的预应力张拉，张拉完成的时间是 8:27，此时利用基于三节点滑移索单元模拟得出的索力值和试验实测的索力值如图 4-43 所示。张拉完成后，每隔 10min 测量一次索力，并根据实测的温度值，对试验过程进行数值模拟。当日空气最高温度发生在 14:00，此时环索索力的试验值与理论值如图 4-44 所示，当日 19:00 的环索索力试验值与理论值如图 4-45 所示。由图 4-43～图 4-45 可知，随着温度的变化，环索索力随测点编号的变化曲线形状大致相同，由此可知，太阳辐射作用下环索温度的变化基本一致。

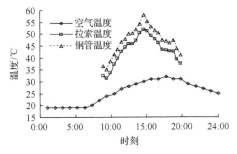

图 4-42　空气、拉索与钢管温度变化曲线

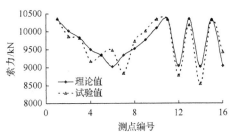

图 4-43　张拉完毕后(上午 9:00)环索索力

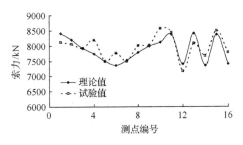

图 4-44　14:00 时环索索力

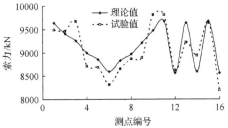

图 4-45　19:00 时环索索力

图 4-46 和图 4-47 分别给出了测点 1 和测点 6 的索力随时间的变化曲线，由此可以看出，随着试验的变化(即随着温度的变化)，环索索力先减小后增加，索力最大值出现在张拉完成后，索力最小值出现在温度最高时刻 14:00 左右。测点 1 和测点 6 的最低索力与最高索力相比分别降低了 21.66%和 26.75%，由此可以看出，施工过程中温度的变化对索力影响很大，并且在不同的时间(即不同的温度)张拉时有着不同的预应力张拉控制值。由上述分析还可以得出，在温度最高时，环索索力最小，因此考虑温度的影响，选择温度最高时进行弦支穹顶结构预应力张拉施工，可有效降低预应力张拉控制值，从而减小张拉设备的吨位，降低张拉难度，因此建议今后进行弦支穹顶结构及其他预应力结构的预应力张拉时，选择温度较高的时刻进行张拉。

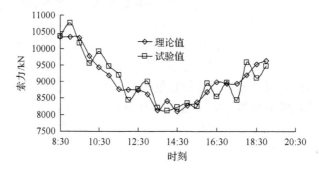

图 4-46　测点 1 索力随时间的变化曲线

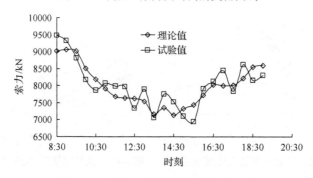

图 4-47　测点 6 索力随时间的变化曲线

4.3.4　预应力张拉控制值温度修正方法验证

方案 6 是为验证提出的考虑温度影响的预应力张拉控制值修正方法以及建议选择温度较高时进行预应力张拉措施的有效性和合理性而设计的试验方案。因此，本次试验首先在 6 月 13 日 14:00 左右完成预应力张拉，此时弦支穹顶结构中上部网壳和下部索系的温度分别为 55.5℃和 52.5℃，按照考虑温度变化影响的张拉控

制值修正公式计算得出此时预应力张拉控制值为 7250N，按照此张拉控制值张拉
完成后的环索索力数据如图 4-48 所示，由此可知，此时环索索力远小于设计索力，
此时最高环索索力比设计索力降低了 30.42%。在第二天清晨 5:00 左右测量得到
的环索索力如图 4-49 所示，由此可知，此时环索索力比张拉时的索力提高了很
多。清晨由于无太阳辐射的影响，弦支穹顶结构的温度近似于均匀温度，实测温
度为 25.5℃（即假定的预应力张拉设计温度），此时环索索力与设计索力的偏
差如图 4-50 所示。由图可知，此时索力偏差最大值为 11.37%，与方案 4 的 11.32%

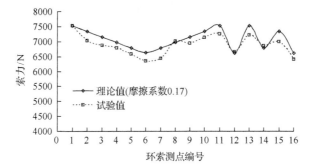

图 4-48 方案 6 张拉温度下的环索索力

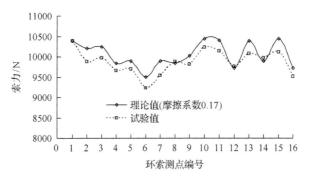

图 4-49 方案 6 设计温度下的环索索力

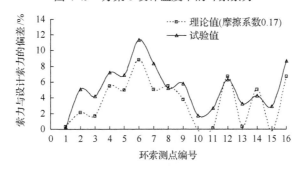

图 4-50 方案 6 设计温度下的环索索力与设计索力偏差

相比，两者基本一致，因此可以看出，本书提出的考虑施工期间温度变化的预应力张拉控制值的修正方法是正确的、合理的，同时也验证了通过选择温度较高的时刻进行预应力张拉施工从而降低预应力张拉吨位的施工措施也是有效的、可行的。

4.3.5 超张拉施工措施有效性验证

方案 7 是为了验证两阶段超张拉施工方案的合理性而设计的。两阶段超张拉完成后环索索力与设计索力的偏差如图 4-51 所示，此方案下实测索力与设计索力的最大偏差为 2.67%，比考虑超张拉的方案 4 的最大偏差(11.32%)降低了 8.65 个百分点。因此，本章提出的两阶段超张拉施工方法可大幅度降低由滑移摩擦导致的预应力张拉施工偏差。

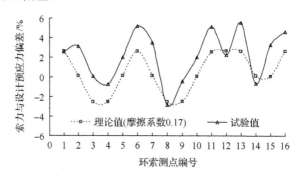

图 4-51   方案 7 的环索索力与设计索力偏差

4.4   滚动式索节点弦支穹顶结构基本动力特性试验

为了了解单层网壳结构和弦支穹顶结构的动力特性，进行了弦支穹顶和对应单层网壳结构的自振频率测试。在环索卸载完成后，首先进行单层网壳结构的频率测试，然后按照设定的预应力水平对下部张拉体系的环索进行张拉，形成弦支穹顶结构，最后对弦支穹顶结构开展频率测试。

4.4.1   测试方法

频率测试属于结构模态测试的一部分，比模态测试简单，频率是模态试验得到的模态参数之一。结构模态试验是通过某种激励方法，人为地使结构产生振动，提取激励输入和结构响应输出的时域或频域数据；或者在产品实际运行条件或自然环境激励下，现场提取结构的相应输出数据。前者称为主动试验，试验具有可控性，后者属于被动试验。

针对本次试验，结合现有仪器和结构实际特点，采用锤击法获得瞬态冲击信号，通过单点随机激励方法获得结构的模态参数，分别测量单层网壳结构和弦支穹顶结构的自振频率。

4.4.2　试验仪器

本次试验采用 TST5912 动态信号测试分析系统进行动态信号的采集和处理，采用 WKD0451-002 电容式加速度传感器进行结构动态信号的捕捉。动态信号测试分析系统机箱如图 4-52 所示。WKD0451-002 电容式加速度传感器为单向加速度传感器，灵敏度为 1060mV/g，工作频率范围为 0～500Hz，量程为 ±2g，分辨率为 $10^{-4}g$，安装谐振频率为 1.3kHz，工作温度为 –10～60℃，质量为 18g，输出方式为侧端线缆输出。

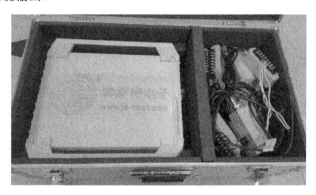

图 4-52　动态信号测试分析系统机箱

4.4.3　单层网壳结构自振频率测试

在进行环索卸载试验后，原计划将下部环索均进行拆除，之后将含有撑杆和斜拉杆的结构近似认为是单层网壳结构，然而在进行环索拆除时发现结构中的环索在索力测点处由于之前的张拉力作用和锈蚀的影响很难拆除，导致环索无法从结构中拆除，因此在单层网壳频率测试时将下部的环索索力完全卸载，并拆除了张拉点处的张拉装置，这样即使在上部结构变形的情况下，环索中也不会产生拉力，由此认为此结构近似为单层网壳结构。

试验时首先进行结构的平动频率测试，然后进行结构的扭转频率测试，测点布置图分别如图 4-53 和图 4-54 所示。其中，平动测试时，锤击点为外侧立柱，锤击方向为平行地面 X 向，加速度测点均布置在内侧立柱同一高度上，且加速度传感器采集信号方向均与锤击方向平行；扭转测试时，锤击点仍为外侧立柱，锤击方向为平行地面网壳环向，加速度测点均匀布置在内侧立柱同一高度上，且加速度传感器采集信号方向均为环向。

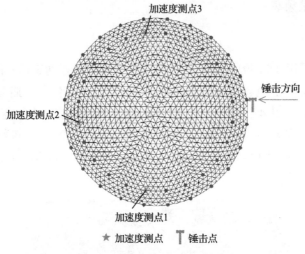

图 4-53　平动频率测试测点布置图

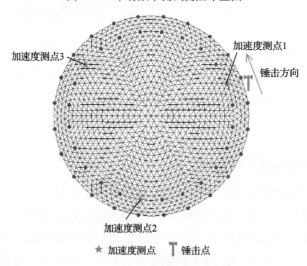

图 4-54　扭转频率测试测点布置图

1. 平动频率测试

平动频率测试时，采用橡胶锤按照一定的时间间隔和基本相同大小的力对锤击点沿水平 X 方向进行多次激励，得到的加速度时程曲线如图 4-55 所示。

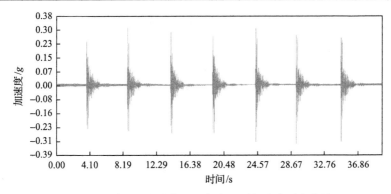

图 4-55　单层网壳结构平动频率测试加速度时程曲线

采用 ANSYS 分析得到单层网壳结构第一阶平动频率为 5.33Hz，结合有限元分析结果，判断实际结构试验结果为 7.62Hz。

2. 扭转频率测试

扭转频率测试时，采用橡胶锤按照一定的时间间隔和基本相同大小的力对锤击点沿环向切线方向进行多次激励，得到的加速度时程曲线如图 4-56 所示。

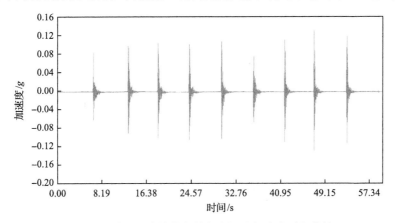

图 4-56　单层网壳结构扭转频率测试加速度时程曲线

采用 ANSYS 分析得到单层网壳结构第一阶扭转频率为 7.07Hz，结合有限元分析结果，判断实际结构试验结果为 11.43Hz。

4.4.4　弦支穹顶结构自振频率测试

在单层网壳结构自振频率测试完成后，对环索进行张拉，张拉后各圈环索的理论索力值如表 4-3 所示。

表 4-3 各圈环索理论索力值

环索圈数	1	2	3	4	5	6	7
理论索力值/N	5325	4026	2138	2369	1761	755	197

与单层网壳结构自振频率测试相同，仍先进行结构的平动频率测试，然后进行结构的扭转频率测试，其测点布置图与单层网壳结构的相同。

1. 平动频率测试

平动频率测试时，采用橡胶锤按照一定的时间间隔和基本相同大小的力对锤击点沿水平 X 方向进行多次激励，得到的加速度时程曲线如图 4-57 所示。

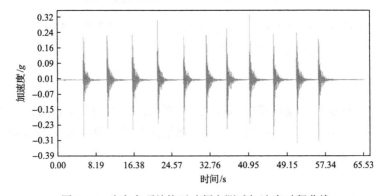

图 4-57 弦支穹顶结构平动频率测试加速度时程曲线

采用 ANSYS 分析得到弦支穹顶结构第一阶平动频率为 5.21Hz，结合有限元分析结果，判断实际结构试验结果为 7.42Hz。

2. 扭转频率测试

扭转频率测试时，采用橡胶锤按照一定的时间间隔和基本相同大小的力对锤击点沿环向切线方向进行多次激励，得到的加速度时程曲线如图 4-58 所示。

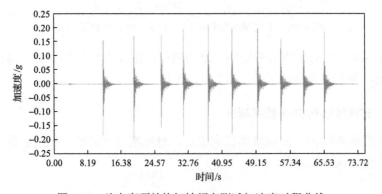

图 4-58 弦支穹顶结构扭转频率测试加速度时程曲线

采用 ANSYS 分析得到弦支穹顶结构第一阶扭转频率为 6.96Hz，结合有限元分析结果，判断实际结构试验结果为 10.45Hz。

4.4.5　单层网壳结构与弦支穹顶结构频率测试结果对比

由以上试验，得到了单层网壳结构和弦支穹顶结构各自的第一阶平动频率和第一阶扭转频率，通过有限元分析也得到了相应的结果，结果对比如表 4-4 所示。

表 4-4　单层网壳与弦支穹顶频率测试结果对比

对比项目	单层网壳结构		弦支穹顶结构	
	有限元值	试验值	有限元值	试验值
一阶平动频率/Hz	5.33	7.62	5.21	7.42
一阶扭转频率/Hz	7.07	11.43	6.96	10.45

由表中数据对比可知，试验值与有限元值有一定的差距，原因有如下几点：①有限元模型与实际结构无法完全一致，在有限元模型中，为了考虑节点自重，按照经验值将自重乘以 1.2 的放大系数，与实际结构有一定的偏差；②有限元模型柱底约束为固接，而实际结构虽然采用了固接形式，但并非完全理想的固接；③试验测量误差等。

虽然试验值与有限元值在绝对差值上有一定的差距，但是对比单层网壳结构和弦支穹顶结构的试验结果可知，无论有限元值还是试验值，弦支穹顶结构的第一阶平动频率和第一阶扭转频率都略低于单层网壳结构，由此可以判断试验值具有较大的可信度。而弦支穹顶结构频率略低于单层网壳结构频率的原因是，试验测得的是包含下部立柱和上部网壳结构在内的整体结构的频率，并非单单是上部网壳结构的频率，而弦支穹顶结构由于其下部增加了张拉装置，上部结构重量稍稍增加，在下部立柱高度不变的情况下，整体结构平动和扭转周期会稍稍增加，从而导致其自振频率低于单层网壳结构。

4.5　弦支穹顶上部单层网壳结构静力试验

本节对弦支穹顶结构模型的上部单层网壳结构进行静力加载试验。

4.5.1　试验加载

考虑到加载的可操作性，采用吊载的加载方式；兼顾荷载均布和吊点尽量少的原则，均匀选取上部网壳 80 个加载点，每个加载点最大荷载根据单层网壳承受的均布荷载 2.0kN/m² 折算为 0.1kN。试验加载分全跨加载和半跨加载，试验加载点布置图如图 4-59 所示。正式试验前对结构分 3 级进行预加载试验，每级取标准荷载的 20%；正式加载分 5 级加卸载，每级加载稳定 10min 左右开始读数。加载试验现场图如图 4-60 所示。

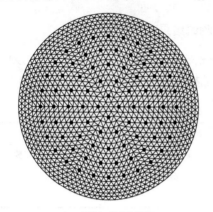
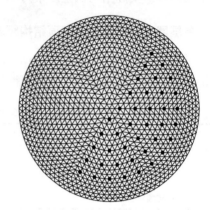

(a) 全跨加载点布置图　　　　　　　　　　　(b) 半跨加载点布置图

图 4-59　试验加载点布置图

(a) 全跨加载现场图　　　　　　　　　　　(b) 半跨加载现场图

图 4-60　加载试验现场图

4.5.2　试验测量

1. 应变测量

结构试验时测点的布置非常关键，应遵循一定的原则：①在满足试验目的的前提下，测点宜少不宜多，以便突出工作重点；②测点的位置必须有代表性，便于分析和计算；③为保证测量数据的可靠性，应该布置一定数量的校核测点，以便判断测量数据的可靠程度；④测点的布置应该安全、方便；⑤为了测试方便，测点布置应适当集中，便于单人管理多台仪器，控制部位的测点如果处于有危险的部位，应考虑妥善的安全措施。

由于 K6 型单层网壳是高度对称型网壳，在全跨均布荷载作用下，结构受力呈现出对称性，选取其中的一个对称单元区域作为杆件应变测量的主要区域；在半跨荷载作用下，选取其中的两个对称单元区域布置测点。测点主要集中在北侧和南侧的 1/12 区域内，同时在西侧和东侧区域内也布置适当的测点以校核测量结果。应变测点布置图如图 4-61 所示，共选取 80 个测点。根据测点所在位置及杆件形式对测点处的杆件进行编号，如北侧从 K6 与联方型网壳分界线开始向跨中第 6 圈的第 1 个斜杆测点编号为 XB6-1，第 1 个环杆测点编号为 HB6-1；南侧的斜杆和环杆分别以 XN 和 HN 标记；东侧的斜杆和环杆分别以 XD 和 HD 标记；西侧的斜杆和环杆分别以 XX 和 HX 标记。采用高速静态应变仪采集各级荷载作用下的应变，为消除弯矩对杆件轴力的影响，每个测点处沿圆管截面的任一对称轴对称布置两个规格为 3mm×5mm 的应变片，并采用全桥连接方式接入应变仪。测量系统现场图如图 4-62 所示。

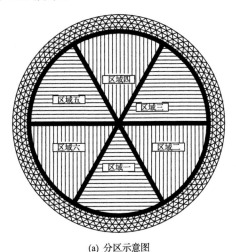

(a) 分区示意图

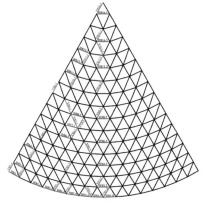

(b) 区域一测点布置图

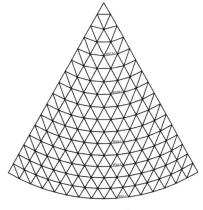

(c) 区域二测点布置图

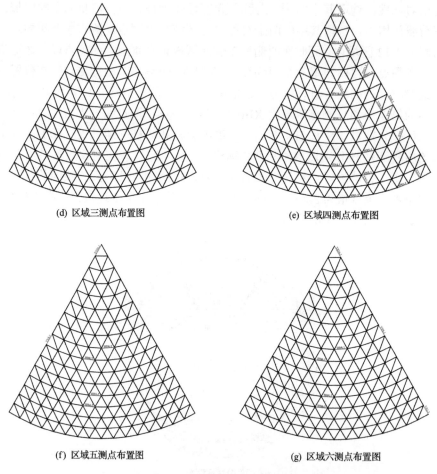

(d) 区域三测点布置图　　　　　　　　　(e) 区域四测点布置图

(f) 区域五测点布置图　　　　　　　　　(g) 区域六测点布置图

图 4-61　应变测点布置图

图 4-62　测量系统现场图

2. 位移测量

根据网壳的对称性，布置 15 个位移测点，如图 4-63 所示。由于网壳跨中距离地面接近 5m，直接安装位移计比较困难，根据结构试验场地具体要求，搭设一个 3m 高的临时脚手架以架设位移计(图 4-64)。脚手架的搭设除了保证给位移计支托提供稳固的平台外，还需保证吊载时吊钩能顺利穿过脚手架，同时搭设的脚手架也可为网壳上布置应变测点提供方便。

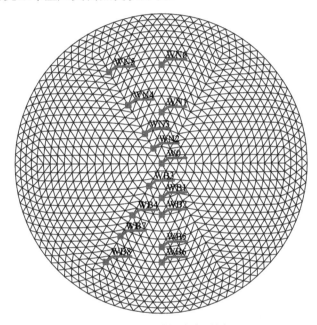

图 4-63　位移测点布置图

(a) 脚手架现场图

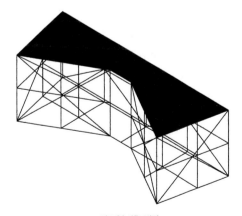

(b) 脚手架模型图

图 4-64　脚手架及位移计安装现场图

4.5.3　试验结果

1. 全跨加载试验

如前所述，为了探索单层网壳的静力性能，首先对单层网壳进行了全跨加载试验，并记录整个加载、卸载过程中的各项力学响应。上部网壳共计 80 个测点，实际有效测点 61 个，由于测点较多，限于篇幅，仅列出代表性杆件的应力计算结果，并将试验结果与截面法和有限元法计算的结果进行对比，如表 4-5 所示。由表可知，采用截面法求得的斜杆应力与有限元法分析得到的结果较为接近，但均比试验值偏小。由于截面法求解过程是假设了单层网壳内的传力机制为薄膜力，截面法与有限元法计算结果的相近性验证了单层网壳内部的实际传力机制。由后述分析可知，计算值与试验值之间的差别是由于杆件受腐蚀后截面有所减小。

表 4-5　斜杆应力计算结果对比表　　　　　　　（单位：MPa）

杆件编号	XB1-4	XB1-5	XB3-1	XB5-1	XB10-1	XB12-1	XB14-1	XB16-1
截面法	−10.0	−3.0	−15.5	−21.2	−20.3	−24.6	−11.6	0
有限元法	−10.2	−2.4	−17.4	−28.3	−25.2	−25.2	−29.6	−1.6
试验值	−22	−2.9	−33.1	−48	−51.2	−21.6	−56	−4.8

1) 斜杆应力

K6 型单层网壳斜杆分为左斜和右斜，其中左斜与 K6 分界线近似于平行关系。在各级荷载作用下，斜杆均以承受压力为主，且左斜杆的应力明显大于右斜杆的应力。对于北区测点，在各级荷载作用下，斜杆的最大应力除了第 3 级、第 4 级外均出现在第 14 圈斜杆 XB14-1 上，其中第 1 级荷载作用下为–12.8MPa，第 2 级荷载作用下为–26.8MPa，第 3 级荷载作用下为 44MPa（出现第 3 圈斜杆 XB3-2 上），第 4 级荷载作用下为 51.6MPa（出现在第 3 圈斜杆 XB3-2 上），第 5 级荷载作用下为 56MPa。部分斜杆加载过程中试验值与有限元计算理论值对比如图 4-65 所示，加载结束后斜杆应力分布图如图 4-66 所示。由图 4-65 可以看出，加载过程中杆件应力试验值与理论值存在一定的误差，但是整体趋势相似。图 4-65（d）显示杆件 XB12-1 的应力在第 2 级卸载后发生了突变，即在第 2 级卸载后杆件应力达到最大而在第 3 级卸载后杆件应力又急剧下降。回顾试验过程，可以发现杆件 XB12-1 的节点恰好为加载点，加载完成后虽静置 10min 保证了大部分吊袋处于静止状态，但风或其他人为干扰因素仍可能使局部如位于 XB12-1 节点处的吊袋发生摇摆导致其应力突然增大；同时卸载时可能使上部吊点在杆件 XB12-1 的端部产生了微小滑移，均可能导致杆件 XB12-1 的应力发生不规律的波动。杆件 XB16-1 在卸载过程中的应力变化异常，一方面是因为该杆件受力本来就非常小，不足 10MPa，

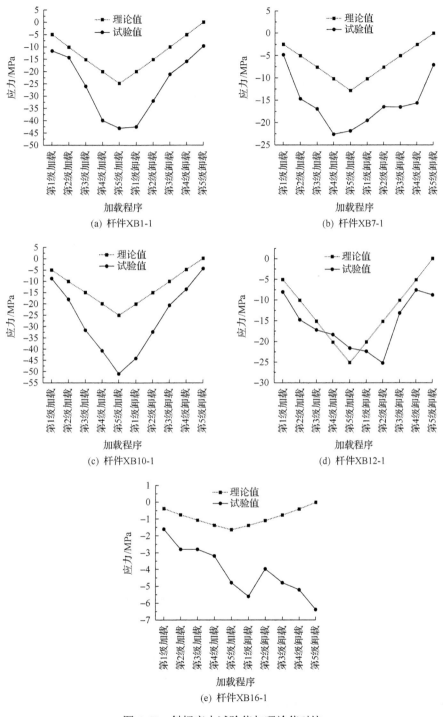

图 4-65　斜杆应力试验值与理论值对比

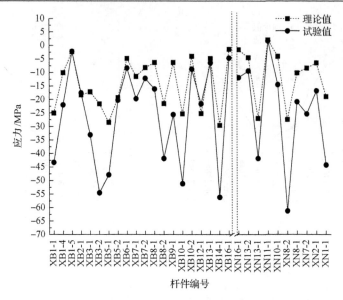

图 4-66　加载结束后斜杆应力分布图(全跨加载)

本身存在一定的机器误差；另一方面跨中位置受到加载过程的振动影响，均导致应力结果漂浮，使试验值与理论值相差较大，但是试验值与理论值均表明此处杆件受力较小。

图 4-65 和图 4-66 均表明试验值比理论值偏大，主要是因为该试验模型建于室外露天环境中，且前期未对模型做任何防腐处理，杆件经历一年多的腐蚀后截面面积有所减小；另外，网壳安装过程中不可避免地存在安装误差，均可能导致试验值偏大。

2) 环杆应力

在施加第 1 级荷载并持荷 10min 后，可看到环杆的受力从内圈向外圈由受压变为受拉，最大压应力出现在第 12 圈环杆 HB12-2 上，为 12.4MPa。环杆应力从第 12 圈开始向外逐渐减小，到第 4 圈由受压变为受拉，在最外圈(第 1 圈)处达到最大，为 20.8MPa。在施加第 2、3、4、5 级荷载后杆件的变化规律类似，选取网壳 1/12 对称线上的环杆，绘制部分环杆应力随加载程序的变化曲线(图 4-67)和加载结束后杆件应力分布图(图 4-68)。

从图 4-67 和图 4-68 可以看出，在加载过程中各环杆应力随着荷载的增大呈近似线性增大，卸载过程中各环杆的轴向应力亦随着荷载的逐级减小而减小，这也说明了单层网壳为刚性结构，结构的非线性并不是非常明显。还可以看出，与斜杆应力结果一致，也是试验值比理论值偏大。

3）节点位移

选取具有代表性的 7 个位移测点，提取结果并绘制挠度分布图，如图 4-69 所示。由图可知，单层网壳各点的挠度试验值与理论值分布相似，但试验值普遍比理论值大，其原因与杆件锈蚀导致杆件截面变小，减小了结构的整体刚度有关。同时也容易看出，在均布荷载作用下，网壳挠度最大位置并非出现在跨中，但挠度均很小，不到 4mm。跨中挠度在加载过程的变化曲线如图 4-70 所示，由图可以看出，跨中挠度很小，但与理论值变化趋势一致。从单层网壳的挠度来看，单层网壳的刚度较大，在荷载作用下的变形很小。

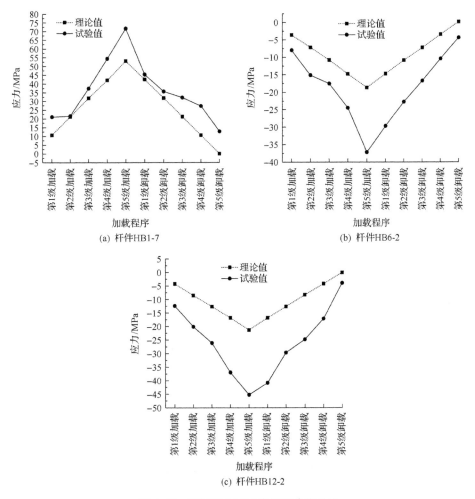

(a) 杆件HB1-7

(b) 杆件HB6-2

(c) 杆件HB12-2

图 4-67　环杆应力试验值与理论值对比

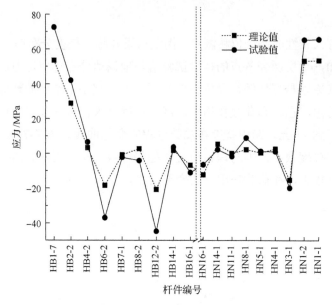

图 4-68   加载结束后环杆应力分布图(全跨加载)

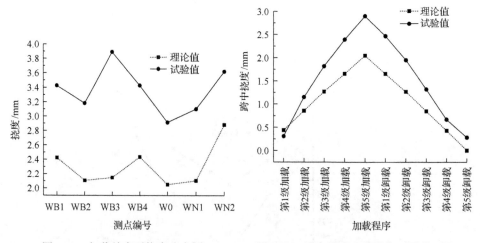

图 4-69   加载结束后挠度分布图   图 4-70   跨中挠度理论值与试验值对比

2. 半跨加载试验

与全跨荷载类似,在半跨荷载作用下斜杆均以受压为主,压应力较大的杆件出现在第 5 圈和第 10~12 圈的斜杆上,其中第 1 级加载后杆件 XB5-1 的应力最大,为 19.6MPa,第 2 级加载后杆件 XB10-1 的应力最大,为−32.4MPa,第 3 级加载后杆件 XB5-1 的应力最大,为−56MPa,第 4 级加载后杆件 XB5-1 的应力最大,为−69.2MPa,第 5 级加载后杆件 XB10-1 的应力最大,为−80.4MPa。加载结束后斜杆应力分布图如图 4-71 所示。

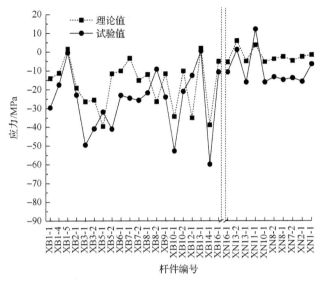

图 4-71　加载结束后斜杆应力分布图（半跨加载）

在半跨荷载作用下，加载结束后单层网壳的环杆应力分布图如图 4-72 所示，外圈环杆以受拉为主，向内拉应力逐渐减小并转为受压。

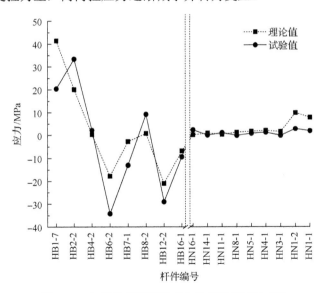

图 4-72　加载结束后环杆应力分布图（半跨加载）

相比全跨荷载作用，半跨荷载作用下斜杆和环杆的最大应力均增大，但南区（即未直接承受荷载区域）的杆件受力很小，几乎为零。

4.6　滚动式索节点弦支穹顶结构静力试验

4.6.1　试验模型

　　试验模型为茌平体育馆弦支穹顶结构的 1：10 缩尺模型，具体模型信息已在 4.1 节进行了详细的介绍，此处不再赘述。

4.6.2　试验测量

1. 应力测量

　　为了对比分析弦支穹顶结构与相应的单层网壳结构的静力性能，在弦支穹顶结构的张拉及静力试验中，上部网壳测点布置与 4.5 节上部单层网壳试验的测点布置一致，详见图 4-61。

2. 索力测量

　　下部张拉整体体系的测点布置如图 4-73 和图 4-74 所示，其中斜向拉杆共布置 49 个测点，撑杆布置 22 个测点，环向拉索布置 60 个测点。斜向拉杆与撑杆上的应变片布置方式与上部网壳的布置方式相同，在杆件的中间位置沿杆截面的任一对称轴对称布置两个应变片，并采用全桥连接方式接入应变仪。环向拉索由于采用了钢绞线和钢丝绳，不能直接粘贴应变片，因而采用新提出的基于夹片锚具连接拉索的索力测定装置，如图 4-75 所示。测定拉索内力时，将该装置与拉索串联，拉索通过装置内的两套夹片锚具与其锚固，通过该装置两侧粘贴的应变片测量拉索内力。

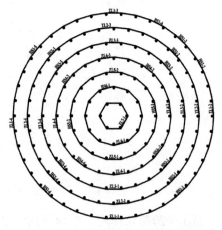

图 4-73　斜向拉杆测点布置图　　　　　　　图 4-74　环向拉索测点、张拉点布置图

(a) 三维模型图　　　　　　　　　　　　　　(b) 实景图

图 4-75 拉索索力测量装置

3. 位移测量——激光跟踪仪

位移测量主要是测量上部网壳的竖向位移，因此为了与单层网壳的变形特征形成对比，弦支穹顶试验过程中的位移测点布置与 4.5 节单层网壳试验过程的测点布置完全相同，见图 4-63，共计 15 个位移测点。由于位移测点较多，且在荷载作用下，测点位移均很小，采用激光跟踪仪测量位移。使用激光跟踪仪测量位移时，其精度可达到 0.01mm。

激光跟踪仪是工业测量系统中一种高精度的大尺寸测量仪器，在汽车制造、飞机数字化制造、核电维修、船舶、铁路等行业得到了广泛的应用，近年来由于科学技术的不断发展以及建筑结构建造的不断精细化，激光跟踪仪也逐渐应用到建筑结构中。激光跟踪仪集合了激光干涉测距技术、光电探测技术、精密机械技术、计算机及控制技术、现代数值计算理论等各种先进技术，对空间运动目标进行跟踪并实时测量目标的空间三维坐标。它具有高精度、高效率、实时跟踪测量、安装快捷、操作简便等特点，适合大尺寸工件配装测量。

1) 激光跟踪仪的工作原理

激光跟踪仪是利用激光来测量距离的仪器。由于激光的发散性小，其测量精度相对较高。激光跟踪仪的基本原理是在目标点上安置一个反射器，跟踪头发出的激光射到反射器上，又返回到跟踪头，当目标移动时，跟踪头调整光束方向来对准目标。同时，返回光束被检测系统所接收，用来测算目标的空间位置。因此，激光跟踪仪能够静态或动态地跟踪一个在空间中运动的点，同时确定目标点的空间坐标。

激光跟踪仪的坐标测量基于极坐标测量原理，测量点的坐标由跟踪头输出的两个角度(即水平角和垂直角)及反射器到跟踪头的距离计算出来。系统的工作原理分为三个部分：

(1) 角度测量部分。其工作原理类似于电子经纬仪、马达驱动式全站仪的角度测量装置，包括水平度盘、垂直度盘、步进马达及读数系统，由于具有跟踪测量技术，它的动态性能较好。

(2)距离测量部分。由 IFM(干涉测量)装置和 ADM(绝对测量)装置分别进行相对距离测量和绝对距离测量。IFM 是基于光学干涉法的原理，通过测量干涉条纹的变化来测量距离的变化量，因此只能测量相对距离。激光跟踪头中心到鸟巢的距离是已知固定的，称为基准距离。ADM 装置的功能就是自动重新初始化 IFM，获取基准距离。ADM 通过测定反射光的光强最小来判断光所经过路径的时间，从而计算出绝对距离。当反射器从鸟巢内开始移动时，IFM 测量出移动的相对距离，再加上 ADM 测出的基准距离，就能计算出跟踪头中心到空间点的绝对距离。

(3)激光跟踪控制部分。由光电探测器(PSD)来完成。反射器反射回的光经过分光镜，有一部分光直接进入光电探测器，当反射器移动时，这部分光将会在光电探测器上产生一个偏移值，光电探测器根据偏移值会自动控制马达转动直到偏移值为零，实现跟踪反射器的目的。

2)激光跟踪仪的组成

激光跟踪仪的实质是一台能激光干涉测距和自动跟踪测角测距的全站仪，区别之处在于它没有望远镜，跟踪头的激光束、旋转镜和旋转轴构成了激光跟踪仪的三个轴，三轴相交的中心是测量坐标系的原点。系统的硬件主要包括传感器头、控制器、电动机和传感器电缆、带 LAN(局域网)电缆的用户计算机及反射器。

(1)激光跟踪头(传感器头)。激光跟踪头(传感器头)用于读取角度和距离测量值，如图 4-76 所示。激光跟踪头围绕着两根正交轴旋转，每根轴具有一个编码器用于角度测量和一个直接供电的直流电动机来遥控移动。传感器头的油缸包含一个测量距离差的单频激光 IFM 装置和一个测量绝对距离的 ADM 装置。激光束通过安装在倾斜轴和旋转轴交叉处的一面镜子直指反射器，激光束也用作仪器的平行瞄正轴。紧靠激光干涉仪的光电探测器接收部分反射光束，使激光跟踪头跟随反射器。

(2)控制器。控制器包含电源、编码器和干涉仪用计数器、电动机放大器、跟踪处理器和网卡。跟踪处理器将激光跟踪头内的信号转化成角度和距离观测值，通过局域网卡将数据传送到用户计算机上；同理从计算机中发出的指令也可以通过跟踪处理器进行转换再传送给激光跟踪头，完成测量操作。

(3)电缆。传感器电缆和电动机电缆分别用来完成传感器和电动机与控制器之间的连接，LAN 电缆则用于跟踪处理器和用户计算机之间的连接。

(4)用户计算机。经过专业人员的配置后，用户计算机加载了工业用的专业配套软件，用来发出测量指令和接收测量数据。

(5)反射器(靶镜)。采用球形结构，因此测量点到测量面的距离是固定的，本次测量中使用的靶镜如图 4-77 所示。

(6)气象站。气象站用于记录空气压力和温度。这些数据在计算激光反射时是必需的，并通过串行接口传送给联机的计算机应用程序。

图 4-76　激光跟踪头

图 4-77　靶镜

(7)测量附件。测量附件包括三脚支架、手推服务小车等。三脚支架用来固定激光跟踪仪，调整高度，保证各种测量模式的稳定性，且三脚支架底座带轮子，可方便地移动激光跟踪仪。手推服务小车可装载控制器等设备，运送方便快捷。

激光跟踪仪现场测量实景图如图 4-78 所示。

图 4-78　激光跟踪仪现场测量实景图

4.6.3　张拉试验

1. 试验准备

张拉时由外向内分 2 级张拉，从外向内第 1~4 圈环索各设置 4 个张拉点，第 5 圈设置 2 个张拉点，第 6、7 圈设置 1 个张拉点，张拉点布置图如图 4-74 所示。考虑到试验模型中最大预应力仅为 11.1kN，张拉点处仍使用如图 4-40 所示的张拉装置。通过张拉点两侧相邻索段的内力值来控制预应力的施加。张拉时每个张拉点安排一位工作人员，每位工作人员需经过适当地练习，保证拧螺栓的速度基本一致，保持在 5 圈/30s。实际张拉时，待拉索开始受力后，各个张拉点处的工作人员边喊口令边拧螺栓，且每拧 5 圈螺母，静置 2min 后由计算机读出各个张拉点处的索力，以保证施加预应力的同步性和准确性，张拉现场图如图 4-79 所示，各级预应力张拉控制值如表 4-6 所示。

(a) 现场图1　　　　　　　　　　　　　　　(b) 现场图2

图 4-79　张拉现场图

表 4-6　预应力张拉控制值　　　　　　（单位：N）

级数	第 1 圈	第 2 圈	第 3 圈	第 4 圈	第 5 圈	第 6 圈	第 7 圈
第 1 级	4950	2220	1270	945	495	370	100
第 2 级	11500	5040	2470	2000	1600	1770	300

2. 试验结果

1) 环索内力

由于手工拧螺栓不可避免地存在对环索的扰动，各张拉点处环索内力与控制值存在一定的误差，取张拉点处两端索段测得的内力平均值作为该点的张拉控制值，各点实际张拉控制值如图 4-80 所示。张拉过程中下一圈环索的张拉对上一圈环索的内力将产生较大的影响，第 1、2、3、4 圈环索的内力随张拉过程的变化曲线如图 4-81 所示。从图中可以看出，由于环索与节点间存在摩擦，各个测点处的内力不一致，但变化趋势一致，即后续的张拉会使张拉完成后的环索内力变大，且对相邻圈环索的张拉影响最大，如张拉第 2 圈环索时，第 1 圈环索的内力增大较多，张拉第 3~7 圈环索时，第 1 圈环索的内力基本平稳略有增加。第 1 级张拉过程中，张拉第 2 圈环索时第 1 圈所有环索的内力增长幅度为 7.2%~12.16%，增幅最大点出现在杆件 HS1-6 处；张拉第 3 圈环索时第 2 圈环索的内力均增长约 10%，最大增长 11.75%。第 2 级张拉过程中，张拉第 1 圈环索将对各圈

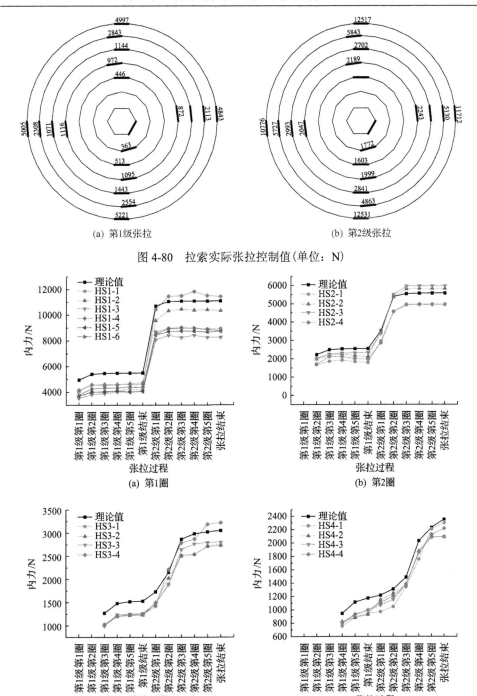

(a) 第1级张拉　　　　　　　　　(b) 第2级张拉

图 4-80　拉索实际张拉控制值（单位：N）

图 4-81　环索内力随张拉过程的变化曲线

环索的内力产生较大的影响，当第 1 圈环索张拉到预应力设计值时，第 2 圈环索的内力增大 44.51%～65.32%；第 3 圈环索的内力增大 14.46%～22.02%；第 4 圈环索的内力增大 2.86%～10.97%；其余各圈环索内力也有较大程度的提高。由此可见，弦支穹顶结构的最外圈环索对结构的影响最为显著。

2) 斜杆内力

张拉点处斜杆由于受到的干扰较大，其内力测量值均出现了较大的波动，除第 1 圈环索对应的斜杆内力较大外，其余各圈斜杆内力均较小，限于篇幅，本章仅分析第 1 圈斜杆的内力分布规律。第 1 圈斜杆的内力随张拉过程的变化曲线如图 4-82 所示，由图可知，斜杆的内力随张拉过程的变化规律与环索相似。同时，从图中可以看出，斜杆的内力在张拉过程中出现波动，分析其原因可能是后续环索的张拉会影响第 1 圈斜杆的内力。

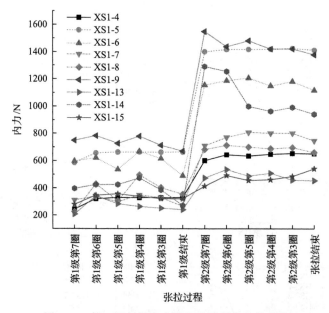

图 4-82　第 1 圈斜杆内力随张拉过程的变化曲线

3) 上部网壳杆件应力

上部网壳杆件的应力在张拉过程中反应均很小，大部分杆件的应力均不到 10MPa，仅位于第 1 圈环索上部及相邻区域的环向杆件应力较为明显，环向杆件 HB1-1、HB1-7 的应力随张拉过程的变化曲线如图 4-83 所示。从图可以看出，第 1 圈环索的张拉将显著改变该圈环索上部网壳杆件的应力，第 2 圈环索的张拉将使第 1 圈环索上部网壳杆件的应力略微增大，其他圈环索的张拉对其基本无影响。可以预见，张拉其他圈环索时，将对该圈环索上部附近区域的杆件产生较大影响，而对其他区域杆件的应力影响很小。

另一方面，对比单层网壳在均布荷载作用下的应力分布规律，单层网壳杆件 HB1-1、HB1-7 在均布荷载作用下为受拉，但引入第 1 圈环索后，HB1-1、HB1-7 杆件的内力变为受压。这充分验证了弦支穹顶结构引入环索预应力后将在网壳中产生与荷载作用相反的内力以抵消荷载作用下的杆件响应，体现了弦支穹顶结构的高效能。

4）跨中竖向位移

上部网壳跨中竖向位移和位移最大点的位移随张拉过程的变化曲线如图 4-84 所示。显而易见，跨中竖向位移在张拉过程中均较小，网壳由于预应力的引入将起拱，起拱最大的区域为第 1 圈环索上方区域。

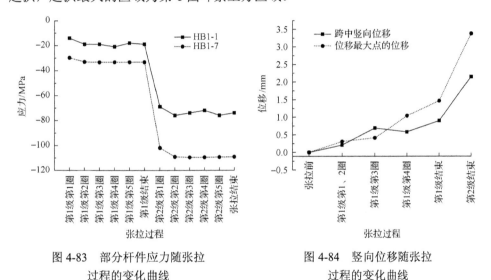

图 4-83　部分杆件应力随张拉　　　　图 4-84　竖向位移随张拉
过程的变化曲线　　　　　　　　过程的变化曲线

4.6.4　弦支穹顶结构静力加载试验

为了验证弦支穹顶结构的静力性能，对弦支穹顶模型进行了全跨加载与半跨加载试验。由于本结构模型采用了滚动式张拉索节点，而弦支穹顶的下节点在张拉完成后要保证索体与节点卡紧，保证正常使用过程的整体稳定性。因此，为了防止荷载作用下拉索与节点间产生滑移，张拉完成后在滚动式张拉索节点内的两侧装置两个索扣，并拧紧索扣，使拉索与滚动式张拉索节点的下底板紧密接触，防止拉索滑动，如图 4-85 所示。为了与单层网壳试验形成对比，加载方式及荷载大小采用与单层网壳静力试验相同的方案，即均匀选取上部网壳 80 个加载点，分 5 级加载，每级加载 0.2kN/点；分 3 级卸载，第 1、2 级每级卸载 0.4kN/点，第 3 级卸载 0.2kN/点。每级加载、卸载结束稳定 10min 后开始测量。全跨加载与半跨加载试验的加载点布置如图 4-59 所示，正式试验前对结构分 3 级进行预加载试验。

图 4-85　拉索与滚动式张拉索节点间的固定

1. 全跨加载试验

1) 环索内力

张拉结束后，各应变测量系统将重新平衡，因此加载过程中测得的数据实际为各杆件的内力变化量。每圈均选取一根环索绘制其内力变化量随加载过程的变化曲线，如图 4-86 所示。由图可知，环索内力在加载过程中将发生变化，且基本呈线性变化；第 1 圈环索的内力变化较大，杆件 HS1-1 在加载完成之后，内力在张拉完成时(10023N)的基础上增大了 5103N，增大了 50.9%；第 5 圈环索在荷载作用下出现了负的变化量，杆件 HS5-2 在加载完成之后，环索内力在张拉完成时(1591N)的基础上减小了 784.5N，减小了 49.3%；第 2~4 圈环索的内力变化较小。弦支穹顶结构在荷载作用下发生了变形，将导致内圈环索出现松弛的可能，而外圈环索为了分担上部网壳的力流，内力将有较为明显的增大。结构设计时应充分考虑各种荷载工况，防止弦支穹顶结构在使用过程中可能出现的外圈环索内力增大破坏拉索和内圈环索失效的现象。

2) 斜杆内力

斜杆内力是由环索的张拉直接引起的，因此斜杆内力将受到环索内力变化的影响。与环索内力变化规律相似，最外圈斜杆内力在加载过程中变化较大，靠近内圈的斜杆内力将逐步减小。部分斜杆内力的变化量随加载过程的变化曲线如图 4-87 所示。由图可知，第 1 圈斜杆中 XS1-3 的内力在加载完成之后最大增大了 865.3N，比张拉完成时 1027N 增大了 84%，靠近内圈的斜杆 XS5-4 张拉完成之后，内力减小了 103.4N，相比张拉完成时的 114N，已基本出现松弛现象。内圈环索出现松弛的原因可能是在荷载作用下内圈环索的索力减小，虽然第 5 圈环索的最大内力仍有 806.5N，但是由于预应力摩擦损失，斜杆 XS5-4 所在位置的环索内力已损失较大。XS1-3 与 XS1-6 处于对称的位置上，但对比二者的内力变化量可知，由于预应力损失的存在，斜杆中的内力变化量也出现差异。

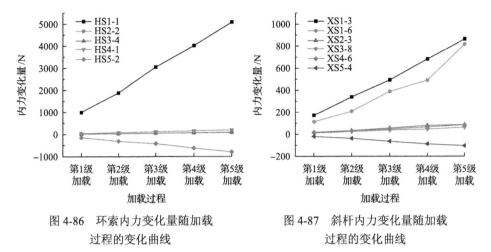

<table>
<tr><td>图 4-86　环索内力变化量随加载
过程的变化曲线</td><td>图 4-87　斜杆内力变化量随加载
过程的变化曲线</td></tr>
</table>

加载过程中斜杆内力与环索内力的变化规律相似，均呈近似线性变化。由于斜杆内力与环索内力存在一定的相关性，在荷载作用下靠近外圈的张拉体系内力将明显增大，而靠近内圈的张拉体系的内力将减小，甚至出现松弛的现象。

3）上部网壳杆件应力

在全跨满布荷载作用下，上部网壳的斜杆以受压为主，应力变化量最大的斜杆出现在靠近跨中位置的 XB14-1，达到 −61MPa；此外，第 3～5 圈和第 10 圈的斜杆应力变化量也较大，达到 −40MPa 以上，其余位置的斜杆应力变化量均较小。考虑到张拉过程中上部网壳杆件基本处于受拉状态，上部网壳斜杆的实际受力将小于试验测得的应力变化量。部分斜杆的应力变化量随加载过程的变化曲线如图 4-88（a）～（d）所示，所有斜杆在第 5 级荷载作用下的应力变化量分布图如图 4-89 所示。

在全跨荷载作用下环杆表现出靠近内圈的环杆应力变化量为负，靠近支座区域的环杆应力变化量为正，环杆的应力变化量分布图如图 4-90 所示。由图可以看出，环杆的应力变化量均较低，靠近支座处的外圈环杆应力变化处于较高的正的水平，杆件 HB1-5 的应力变化量达正的最大，为 40.3MPa；位于第 12 圈附近的环杆应力变化处于较高的负的水平，杆件 HB12-2 的应力变化量达负的最大，为 −38.4MPa。部分环杆的应力变化量随加载过程的变化曲线如图 4-88（e）、（f）所示。

从图 4-88～图 4-90 可以看出，上部网壳杆件的应力变化量试验值与理论值的变化趋势是吻合的，但结构模型前期暴露在室外未作任何防腐处理，导致结构杆件发生了不同程度的锈蚀，同时模型安装过程中不可避免地存在安装误差，导致杆件应力的试验值大于理论值。

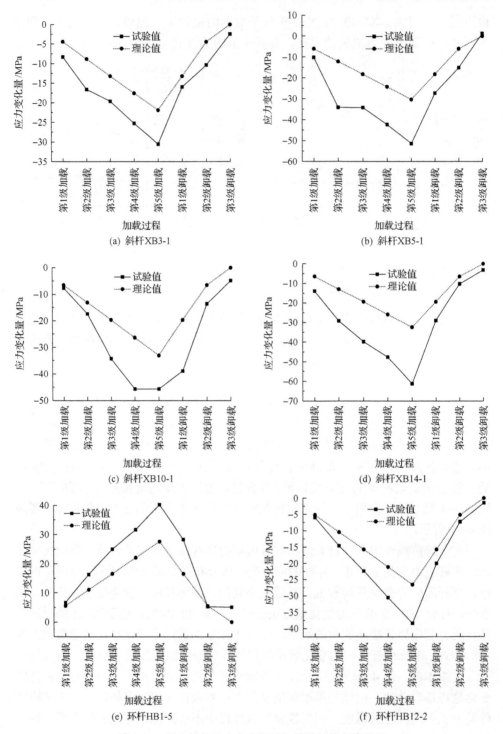

图 4-88　部分杆件应力变化量随加载过程的变化曲线

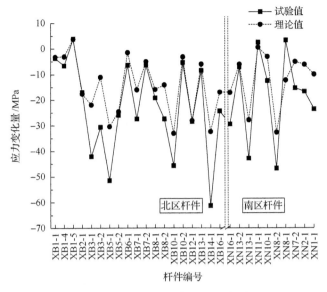

图 4-89　斜杆应力变化量分布图

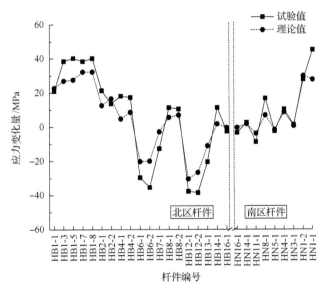

图 4-90　环杆应力变化量分布图

4) 节点竖向位移

弦支穹顶结构在全跨荷载作用下的整体竖向位移较小，不足 2mm。竖向位移最大点出现在靠近跨中位置的 WN2 测点，部分测点的竖向位移随加载过程的变化曲线如图 4-91 所示，上部网壳在第 5 级荷载作用下的竖向位移分布图如图 4-92 所示。从图 4-91 可以看出，各测点在加载过程中的变化趋势是与理论分析相符的，

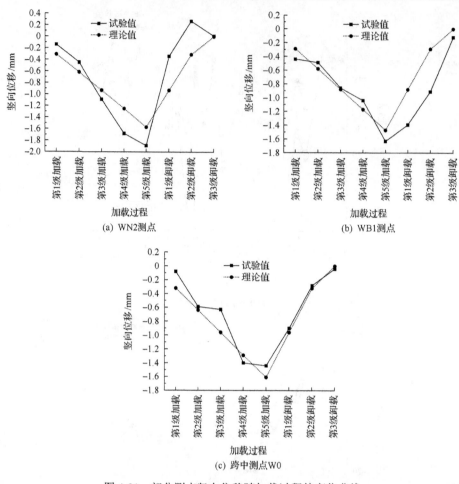

(a) WN2测点

(b) WB1测点

(c) 跨中测点W0

图 4-91　部分测点竖向位移随加载过程的变化曲线

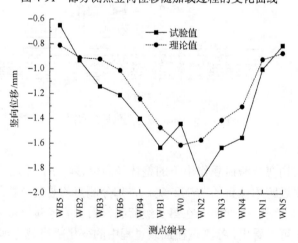

图 4-92　结构竖向位移分布图（全跨加载）

且较为接近；从图 4-92 可知，靠近跨中区域的竖向位移最大，向外逐渐减小，但结构的变形很小说明结构的刚度较大。

2. 半跨加载试验

为了研究弦支穹顶结构在半跨均布荷载作用下的结构性能，并记录结构在半跨均布荷载加载及卸载过程中各项力学性能的变化量，对弦支穹顶结构进行了半跨加载试验，并给出了第 5 级半跨加载结束后上部网壳杆件应力变化量的分布图，如图 4-93 所示。从图 4-93(a) 可以看出，上部网壳中未直接承受荷载作用的杆件

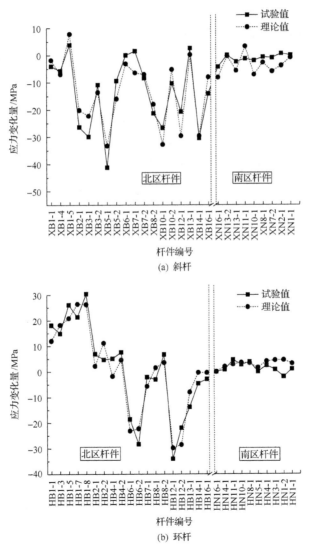

图 4-93　上部网壳杆件应力变化量分布图

受力很小，几乎为零；而作为直接承受荷载作用的杆件，斜杆的应力变化量以负为主，应力变化量最大的斜杆是靠近跨中位置的杆件 XB5-1，达到 –41.2MPa。从图 4-93(b) 可以看出，环杆的轴向应力变化量表现为靠近外圈的杆件为正，靠近内圈的杆件为负。环杆 HB1-8 的应力变化量为正的最大，达到 30.4MPa；HB12-1 的应力变化量为负的最大，达 –34MPa。环杆 HB1-7 的应力变化量为 21.4MPa，而又由图 4-83 可知，该杆件在张拉完成时的轴向应力为 –109.1MPa，则该杆件的实际轴向应力为 –87.7MPa，这与无张拉整体体系的单层网壳受力是不同的。

在半跨荷载作用下，上部网壳的不均匀受力将导致下部张拉体系中的同圈索杆内力相差较大，表 4-7 列出了第 1 圈环索内力变化量的试验值与理论值。从表可以看出，无论是试验值还是理论值，均表明不均匀荷载作用将影响下部张拉体系的内力。位于荷载直接作用区域的环索内力将有明显的增大，例如，环索 HS1-1 的内力比张拉完成时的 8943N 增加了 50.5%，而位于荷载非直接作用区域的环索 HS1-5 的内力比张拉完成时的 8734N 仅增加了 1.2%。因此，同圈环索的内力分布与荷载的分布情况直接相关。同时，观察到位于内圈的环索与全跨加载时类似，环索内力将出现负的增长，导致内圈环索出现松弛的可能。此外，斜杆的内力将随着环索内力的变化出现对应的变化规律。

表 4-7　半跨荷载作用下第 1 圈环索的内力变化量

杆件编号		HS1-1	HS1-2	HS1-3	HS1-4	HS1-5	HS1-6
内力变化量/N	试验值	4514	3923	3411	1867	108	2054
	理论值	4931	3672	3265	2202	475	2242
相对误差/%		–8.46	6.84	4.47	–15.21	–77.26	–8.39

在半跨荷载作用下，结构的整体变形较小，竖向位移最大点出现在跨中位置 W0 处，为 1.31mm，结构在半跨荷载作用下的竖向位移分布图如图 4-94 所示。由图可以看出，直接承受荷载作用区域的结构竖向位移明显大于未直接承受荷载作用区域的竖向位移。

4.6.5　弦支穹顶结构与单层网壳结构静力性能对比

在对弦支穹顶结构模型进行试验前，已对上部单层网壳进行了全跨加载与半跨加载试验，其加载制度、加载方式和测点布置与弦支穹顶结构加载试验相同，得到了单层网壳的静力性能。由于两种结构的单层网壳为同一模型，具有较强的对比性，可通过上部网壳杆件的应力分布与应力大小得到两种结构的静力性能差异。

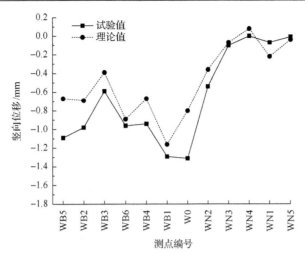

图 4-94   结构竖向位移分布图(半跨加载)

(1)在全跨荷载作用下,若不考虑下部张拉体系在弦支穹顶的网壳杆件中产生的初始应力,单层网壳和弦支穹顶结构的斜杆应力均以受压为主,且应力分布规律相似。弦支穹顶与单层网壳的环杆应力变化规律也相似,均表现为内圈环杆受压,靠近外圈环杆受拉,但单层网壳内圈环杆最大压应力为 −45.2MPa,外圈环杆最大拉应力为 71.6MPa,而弦支穹顶结构的内圈环杆最大压应力仅为 −38.4MPa,比单层网壳结构减小了 15%;外圈环杆最大拉应力仅为 40.3MPa,比单层网壳结构减小了 43.7%。因此,弦支穹顶结构由于下部张拉体系的引入,减小了上部网壳中的杆件应力。

(2)在半跨荷载作用下,若不考虑下部张拉体系在弦支穹顶的网壳杆件中产生的初始应力,单层网壳和弦支穹顶结构的斜杆最大应力均出现在靠近跨中位置,但单层网壳的最大杆件应力为 −80.4MPa,而弦支穹顶的仅为 −41.2MPa,比单层网壳减小了 48.8%;对于环杆内的应力分布,弦支穹顶结构由于下部张拉体系的张拉,在其网壳杆件中产生了初始应力,弦支穹顶的外圈环杆由于预应力的引入,在外圈环杆中预先产生了较大的预压应力,从而使外圈环杆在荷载作用下的实际受力情况为受压,这与单层网壳的最外圈环杆在荷载作用下受拉不同。

(3)单层网壳和弦支穹顶在全跨荷载作用下的竖向位移均大于半跨荷载作用下的竖向位移,单层网壳在全跨荷载作用下的最大竖向位移为 3.90mm,而弦支穹顶结构的最大竖向位移仅为 1.89mm,比单层网壳减小了 51.5%。

弦支穹顶结构的环索施加预应力后将沿预应力流的法向产生刚度,则撑杆相当于下端支承于具有弹性刚度的“支座”上,从而使上部网壳向上起拱,可抵消网壳在荷载作用下的竖向位移,减小结构的整体变形。同时,索撑体系的引入将改变单层网壳的力流分布,单层网壳的竖向荷载转化为球壳内的面内荷载后,在环杆的环箍约束作用下沿着径向杆件流向支座，可分解为沿径向的力流和沿环向的力流。当引入索撑体系后，网壳由于弹性支承于环索上方的一圈撑杆上，径向力流沿径向流动提前遇到支座而将一部分力流流向下部索撑杆体系，与下部索撑杆体系形成自平稳，从而实现了相当于减小上部网壳跨度的效果，相比单层网壳减小了网壳杆件的应力。

4.6.6　试验结论

为了减小弦支穹顶施工张拉过程中的预应力损失，茌平体育馆弦支穹顶结构采用了滚动式张拉索节点。为了研究带滚动式张拉索节点的弦支穹顶结构的结构性能，以茌平体育馆为背景，建立了 1∶10 缩尺模型，对其进行了张拉试验、全跨加载与半跨加载试验，并将静力加载试验结果与其对应的上部单层网壳的全跨加载与半跨加载试验结果进行了对比，得到以下结论：

(1)在国内首次进行了带滚动式张拉索节点的弦支穹顶与单层网壳结构的静力对比试验。

(2)以上部网壳杆件的最大应力最小为目标对弦支穹顶结构进行预应力优化时，宜综合采用零阶算法与一阶算法进行优化计算，但采用零阶分析后得到的结果已满足工程精度要求。

(3)试验模型的设计应充分考虑试验设备及试验现场条件的影响，按照相似原理对试验模型和试验过程进行设计。针对规模较大的模型试验，当受到试验现场条件及设备的限制时，可采用激光跟踪仪测量网壳的位移，其精度可达 0.01mm，满足试验要求。

(4)弦支穹顶结构中最外圈环索对结构的影响最显著，最外圈环索第 2 级张拉完成后，将使相邻的第 2 圈环索内力增大 44.51%～65.32%，使第 3 圈环索内力增大 14.46%～22.02%，使第 4 圈环索内力增大 2.86%～10.97%。另外，弦支穹顶结构张拉过程中后一圈环索的张拉亦会使外侧已张拉环索的内力变大，且相邻圈环索的张拉影响最大。

(5)斜杆中的内力是由于环索的张拉施加的，因此斜杆内力的变化规律与相应位置的环索内力变化相对应，但由于环索与节点间的摩擦损失，斜杆中的内力分布不均。

(6)张拉过程中上部网壳的杆件应力均较小，仅位于第 1 圈环索上部区域的杆件应力较大，对比单层网壳在均布荷载作用下的响应，部分杆件在张拉过程中将产生与荷载作用相反的内力以抵消荷载作用下的杆件内力。张拉过程中上部网壳将起拱，起拱值最大的区域位于第 1 圈环索上方区域。

(7)弦支穹顶的全跨加载与半跨加载试验的各项力学响应与理论值的变化规律相似，说明了试验设计及试验过程满足要求。

(8)弦支穹顶结构在全跨荷载与半跨荷载作用下的杆件应力与整体变形均很小，说明结构具有足够的强度与刚度。

(9)弦支穹顶结构是一种自平衡预应力体系，与单层网壳相比，优化了上部网壳中的力流分布，大幅度减小了荷载作用下上部网壳的杆件应力和结构的竖向位移。

第5章 向心关节轴承节点弦支穹顶结构分析与设计

5.1 向心关节轴承节点

销轴铰是空间结构领域中常用的铰接实现形式，具有传力明确、安全可靠的特点。但是销轴铰的构造决定了它只能实现单向转动，面对日益复杂的结构形式和约束条件，工程师将向心关节轴承与销轴铰结合起来，获得了更好的铰接性能。目前，国内已有学者将向心关节轴承用于钢桁架铰支座、梁柱节点以及大跨度屋盖结构支座等节点形式中。

本章将向心关节轴承引入弦支穹顶结构，应用于弦支穹顶结构索杆体系中的撑杆上节点。弦支穹顶索杆体系包含多种形式，如 Geiger 体系、Levy 体系、施威德勒体系和凯威特体系等，其撑杆上节点分为两类，即径向释放型铰节点(销轴铰)和铰接型节点。在弦支穹顶结构计算模型中，撑杆与上部网壳应满足铰接假定，因此铰接型撑杆上节点越来越受到重视。目前国内已建成的几十座弦支穹顶结构中，铰接型撑杆上节点包括球铰万向可调撑杆上节点和半球铰万向可调撑杆上节点两种，但是这两种节点加工工艺均比较复杂，往往需要铸造成型。考虑到实际撑杆的环向摆动幅度有限，将已有的径向释放型铰节点与向心关节轴承相结合，便形成了向心关节轴承撑杆上节点。

1) 向心关节轴承

向心关节轴承是关节轴承的一种，由一个外球面内环和一个内球面外环组成

图 5-1　向心关节轴承

(图 5-1)，主要应用于只承受径向力或主要承受径向力，同时承受较小的轴向力的连接中。它具有抗腐蚀、耐磨损及自调心等特点，常作为进行低速摆动运动、倾斜运动和旋转运动机械部件的转动零件。将向心关节轴承置于撑杆耳板销轴孔内，通过销轴将撑杆和网壳节点连接，就形成了向心关节轴承撑杆上节点(图 5-2)。

该节点将向心关节轴承作为撑杆上节点的转动核心，充分利用向心关节轴承径向承载能力高、自调心、万向转动能力强的特点，使撑杆既可以沿径向自由摆动，又可在一定范围内沿环向摆动，即在一定范围内形成万向铰节点，能够有效消除撑杆附加弯矩，满足撑杆计算假定且比铸钢球铰节点构造更简单。

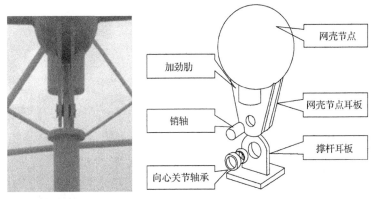

图 5-2　向心关节轴承撑杆上节点

2) 刚性转动核心

向心关节轴承材料均采用特殊工艺处理, 如表面磷化、镀铬、滑动面衬里等, 因此具有较高的承载能力和良好的润滑性能, 适用于安装位置受限且工作中无法添加润滑剂的环境中。向定汉等进行的向心关节轴承摩擦性能试验表明, 在 607kN 径向压力作用下, 向心关节轴承内、外环干摩擦系数为 0.067, 如果采用 PTFE 自润滑轴承, 其摩擦系数仅为 0.035 左右, 且在压力作用下, 摩擦系数随径向压力的增大而减小。这些特点使向心关节轴承成为该节点的"刚性"转动核心, 即使在承受轴向压力时, 节点仍然具有良好的转动能力, 避免了因摩擦力过大导致张拉过程中的转动障碍以及预应力摩擦损失, 这是传统销轴铰所不具备的性能。

5.2　向心关节轴承节点弦支穹顶结构设计

东亚运动会团泊体育基地自行车馆位于天津市健康产业园区, 建筑外观为自行车比赛选手的头盔形状, 如图 5-3 所示, 总建筑面积约 2.8 万 m^2, 地下 1 层、地上 3 层, 下部结构为钢筋混凝土框架结构, 屋盖平面为椭圆形, 采用双层弦支穹顶结构, 周圈支承在 24 个混凝土柱上, 采用双向弹簧支座。双层网壳下弦层为标准椭球, 长轴 126m, 短轴 100m, 矢高 18m, 矢跨比约为 1/7(长轴)和 1/5.5(短轴)。上弦层为非规则椭球形, 三面悬挑, 头盔尾部方向一侧网壳落地。由于建筑功能需求, 仅在双层网壳周圈设置一圈索撑体系。该工程于 2013 年竣工, 并作为第六届东亚运动会自行车和壁球的比赛场馆。

5.2.1　荷载技术条件

(1) 恒荷载(D)。根据该项目屋面建筑做法及室内体育馆工艺的需求, 该结构的恒荷载主要包括:

① 结构自重(自重系数为 1.25); 环向索预拉力。

图 5-3　东亚运动会自行车馆效果图

②屋面恒荷载 0.7kN/m²；预留吊挂恒荷载 0.2kN/m²；马道恒荷载 0.5kN/m²。

③消防管道 1.2kN/m（作用于内圈马道）；电缆桥架 1.2kN/m（沿马道布置）。

④暖通风管 0.3kN/m（作用于内环马道）。

⑤水炮：6 个点荷载，0.3kN/个（竖向），0.9kN/个（水平后坐力）。

⑥扩声设备：16 个点荷载，0.8kN/个。

(2)屋面活荷载(LR)：0.5kN/m²。

(3)基本雪压(Sx+、Sx−、Sy+、Sy−)：0.4kN/m²(考虑半跨雪荷载)。

(4)风荷载(Wx+、Wx−、Wy+、Wy−)：基本风压 0.5kN/m²，风振系数为 1.5，高度系数(地面粗糙度 B 类)和体型系数按荷载规范选取。

(5)正负温差荷载(T+、T−)：+25℃，−25℃。

(6)地震作用(Rx、Ry、Rxy、Rz)：抗震设防烈度为 7 度，设计基本地震加速度为 0.15g，场地类别为Ⅲ类，设计地震分组为第二组，特征周期为 0.55s。

5.2.2　荷载基本组合与标准组合

根据结构的荷载工况、工程的实际需要及荷载规范的规定，选取 36 种基本组合和 14 种标准组合进行结构静力性能分析，如表 5-1 和表 5-2 所示。

表 5-1　承载能力极限状态静力荷载基本组合

编号	荷载基本组合
1	1.35D+1.4(0.7)LR
2	1.2D+1.4LR
3	1.0D+1.4LR
4	1.2D+1.4Sx+

编号	荷载基本组合
5	1.2D+1.4Sx–
6	1.2D+1.4Sy+
7	1.2D+1.4Sy–
8	1.2D+1.4Wx+
9	1.2D+1.4Wx–
10	1.2D+1.4Wy+
11	1.2D+1.4Wy–
12	1.0D+1.4Sx+
13	1.0D+1.4Sx–
14	1.0D+1.4Sy+
15	1.0D+1.4Sy–
16	1.0D+1.4Wx+
17	1.0D+1.4Wx–
18	1.0D+1.4Wy+
19	1.0D+1.4Wy–
20	1.2D+1.4LR+1.4(0.6)Wx+
21	1.2D+1.4LR+1.4(0.6)Wx–
22	1.2D+1.4LR+1.4(0.6)Wy+
23	1.2D+1.4LR+1.4(0.6)Wy–
24	1.0D+1.4LR+1.4(0.6)Wx+
25	1.0D+1.4LR+1.4(0.6)Wx–
26	1.0D+1.4LR+1.4(0.6)Wy+
27	1.0D+1.4LR+1.4(0.6)Wy–
28	1.2D+1.4(0.7)LR+1.4Wx+
29	1.2D+1.4(0.7)LR+1.4Wx–
30	1.2D+1.4(0.7)LR+1.4Wy+
31	1.2D+1.4(0.7)LR+1.4Wy–
32	1.0D+1.4(0.7)LR+1.4Wx+
33	1.0D+1.4(0.7)LR+1.4Wx–
34	1.0D+1.4(0.7)LR+1.4Wy+
35	1.0D+1.4(0.7)LR+1.4Wy–
36	Steel Strength Envelope(包络)

表 5-2　正常使用极限状态静力荷载标准组合

编号	荷载标准组合
1	1.0D+1.0LR
2	1.0D+1.0Wx+
3	1.0D+1.0Wy+
4	1.0D+1.0Wx−
5	1.0D+1.0Wy−
6	1.0D+1.0LR+0.6Wx+
7	1.0D+1.0LR+0.6Wy+
8	1.0D+1.0LR+0.6Wx−
9	1.0D+1.0LR+0.6Wy−
10	1.0D+0.7LR+1.0Wx+
11	1.0D+0.7LR+1.0Wy+
12	1.0D+0.7LR+1.0Wx−
13	1.0D+0.7LR+1.0Wy−
14	Steel Strength Envelope(包络)

5.3　向心关节轴承节点弦支穹顶结构静力性能

5.3.1　模型建立

采用 MIDAS 对向心关节轴承节点弦支穹顶结构进行计算和构件设计,采用 ANSYS 进行结构复核分析。

1. MIDAS 有限元模型建立

采用有限元软件 MIDAS730 建立结构模型,构件包括内圈下弦网壳、外圈上弦网壳、腹杆层、索撑体系、周圈结构、周圈造型桁架、屋面造型桁架、环桁架等。双层网壳部分杆件设置为杆单元,索撑体系中径向索与环向索均为只受拉单元,其余部分均为梁单元,整体模型如图 5-4 所示。按照前述的荷载技术条件分别施加点荷载和面荷载。

支座约束分为两部分:内圈网壳周边支承在钢筋混凝土柱端,此处支座节点的约束条件为 X 向和 Y 向弹性约束,弹簧刚度为 3000kN/m,Z 向固定约束;周圈结构与造型桁架落地节点即 6m 混凝土平台与钢支座相连节点为三向铰接约束,如图 5-5 所示。

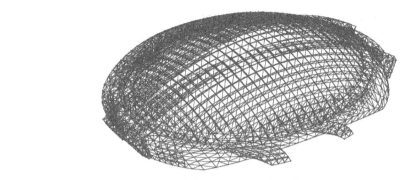

图 5-4　MIDAS 整体模型

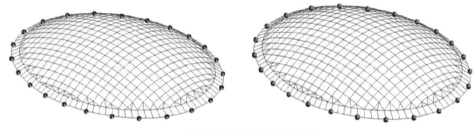

(a) Z向线位移约束及柱端水平弹簧约束

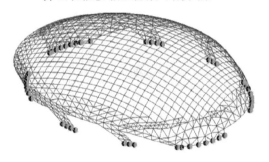

(b) 6m平台三向铰接约束

图 5-5　支座节点布置

杆单元与梁单元均采用圆钢管截面，材质为 Q345B，截面规格通过计算确定。利用 MIDAS 中的杆件设计功能进行杆件截面设计，选择规范《钢结构设计规范》（GB 50017—2003），结构安全等级为二级，经反复调整验算后杆件主要有以下几种：$\Phi60\times3$、$\Phi76\times3.5$、$\Phi89\times4.5$、$\Phi133\times6$、$\Phi152\times8$、$\Phi159\times10$、$\Phi168\times10$、$\Phi203\times12$、$\Phi219\times12$、$\Phi245\times12$、$\Phi273\times12$、$\Phi325\times12$。径向索为 $\Phi80$ 的钢拉杆，强度级别为 550MPa；环向索采用半平行钢丝束 $\Phi7\times139$，强度级别为 1670MPa。

2. ANSYS 有限元模型建立

采用 ANSYS11.0 建立结构模型，利用 MIDAS 模型表格信息提取节点坐标信息、单元两端节点信息、单元截面信息，建立命令流，并根据材料特性定义材料种类，根据圆钢管截面类型定义截面特性。双层网壳部分杆件用杆单元 LINK8 模拟，索撑体系中径向索与环向索均用只受拉单元 LINK10 模拟，其余部分均以梁单元 BEAM4 模拟。

为了快速准确地施加荷载，采用将所有荷载转化为等效节点荷载的方法，约束所有节点三向线位移，施加荷载后，提取各种工况下各节点的三向反力，从而得到各种工况下的等效节点荷载。在 ANSYS 计算模型分析过程中，采用文件调用的方法将等效节点荷载施加在有限元模型中。

支座约束条件同 MIDAS 模型，在 ANSYS 中 X、Y 向建立 COMBIN14 弹簧单元模拟弹簧支座。整体模型及约束施加如图 5-6 所示。

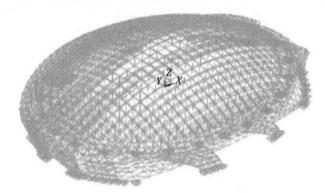

图 5-6　ANSYS 整体模型及约束施加

5.3.2　拉索预应力优化分析

本节进行两次预应力优化分析。首先，根据支座反力控制法，在 MIDAS 中根据支座水平反力大小进行初步预应力优化，将拉索预拉力设置为 2250kN，在此预应力情况下进行截面设计验算，确定杆件截面规格。以此截面规格的模型为基础建立 ANSYS 模型，在 ANSYS 中进行第一次预应力优化分析。分析中，以杆单元与梁单元应力为优化对象，控制荷载取为 "1.0×恒荷载+0.5×活荷载"，定义双层网壳中杆件应力最大值为目标变量。定义索的虚预应力，通过计算公式得到初始应变，进行优化分析时，以索的初始应变为设计变量。对拉索预应力设置初始值得到初始应变，当进行循环分析后，应力最大值最优情况对应的拉索预应力值即为优化所得值。第一次拉索预应力优化分析所得拉索预拉力值为 3163kN。第一次优化数据如图 5-7 所示，第一次优化图形结果如图 5-8 所示。

将第一次优化所得拉索预拉力值施加到 MIDAS 模型中，重新进行钢结构截面设计验算，优化杆件截面。根据优化后的 MIDAS 计算模型重新建立 ANSYS 分析模型，进行第二次预应力优化分析，得到拉索预拉力值为 3088kN，取整后将

3000kN 拉索预拉力施加到 MIDAS 模型中进行钢结构截面设计验算，所有单元满足要求，故拉索预应力优化分析结果确定为 3000kN。第二次优化数据如图 5-9 所示，第二次优化图形结果如图 5-10 所示。

		SET 1 (FEASIBLE)	SET 2 (FEASIBLE)	SET 3 (FEASIBLE)	SET 4 (FEASIBLE)
P1	(DV)	0.20000E+07	0.42374E+07	0.22914E+07	0.27333E+07
SMAX	(OBJ)	0.19795E+09	0.23884E+09	0.18229E+09	0.15866E+09
F1		0.21823E+07	0.42446E+07	0.24508E+07	0.28580E+07
SMAXI		0.19795E+09	0.19911E+09	0.18229E+09	0.15866E+09
SMAXJ		0.18224E+09	0.23884E+09	0.16745E+09	0.14516E+09

		SET 5 (FEASIBLE)	SET 6 (FEASIBLE)	*SET 7* (FEASIBLE)
P1	(DV)	0.32269E+07	0.31654E+07	0.31636E+07
SMAX	(OBJ)	0.15416E+09	0.15217E+09	0.15217E+09
F1		0.33129E+07	0.32563E+07	0.32546E+07
SMAXI		0.15242E+09	0.15217E+09	0.15217E+09
SMAXJ		0.15416E+09	0.14899E+09	0.14884E+09

图 5-7　第一次优化数据

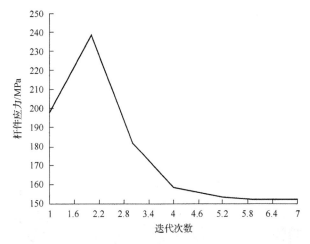

图 5-8　第一次优化图形结果

		SET 1 (FEASIBLE)	SET 2 (FEASIBLE)	SET 3 (FEASIBLE)	SET 4 (FEASIBLE)
P1	(DV)	0.20000E+07	0.42374E+07	0.22914E+07	0.26764E+07
SMAX	(OBJ)	0.15598E+09	0.17627E+09	0.15063E+09	0.14355E+09
F1		0.20331E+07	0.39128E+07	0.22778E+07	0.26012E+07
SMAXI		0.14852E+09	0.12768E+09	0.13689E+09	0.12151E+09
SMAXJ		0.15598E+09	0.17627E+09	0.15063E+09	0.14355E+09

		SET 5 (FEASIBLE)	SET 6 (FEASIBLE)	SET 7 (FEASIBLE)	SET 8 (FEASIBLE)
P1	(DV)	0.30888E+07	0.45075E+07	0.29992E+07	0.30044E+07
SMAX	(OBJ)	0.13595E+09	0.18851E+09	0.13760E+09	0.13751E+09
F1		0.29477E+07	0.41398E+07	0.28724E+07	0.28768E+07
SMAXI		0.12138E+09	0.13084E+09	0.12089E+09	0.12092E+09
SMAXJ		0.13595E+09	0.18851E+09	0.13760E+09	0.13751E+09

图 5-9　第二次优化数据

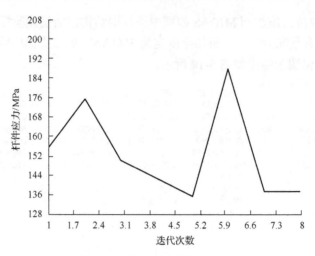

图 5-10　第二次优化图形结果

5.3.3　MIDAS 静力分析结果

在静力分析中未考虑地震作用与温度作用参与组合，考察结构的应力情况与变形情况得出结构的静力性能。在荷载基本组合中，根据钢结构截面验算结果，得出单元最大应力比为 0.9，单元数量为 2 个，其余大部分杆件应力比集中在 0.7～0.8，杆件应力比分布如图 5-11 所示。由图可知，杆件应力比分布均匀，材料强度使用合理。

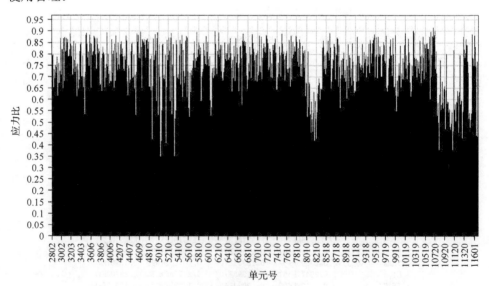

图 5-11　杆件应力比分布

　　根据应力水平判断结构强度与受力合理性，故分别对不同类型单元的应力情况进行分析，分为桁架单元、只受拉单元(索单元)、梁单元。

　　如图 5-12 所示，桁架最大应力约为 232.9MPa，对应工况为 1.35D+1.4(0.7)L。对于桁架单元，风荷载与雪荷载作用的影响较小，恒荷载影响相对较大。考察应力分布情况，双层网壳部分的上弦、下弦及腹杆单元为桁架单元，靠近中心的单元应力低于由双层网壳向上弦单层悬挑部位过渡部分的单元应力，单双层网壳交接处应力水平较大。

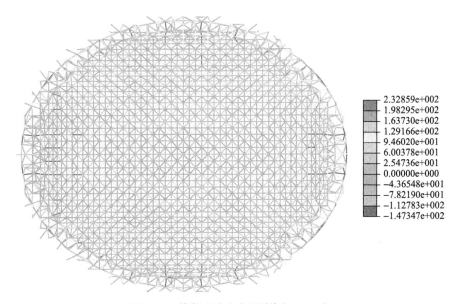

2.32859e+002
1.98295e+002
1.63730e+002
1.29166e+002
9.46020e+001
6.00378e+001
2.54736e+001
0.00000e+000
-4.36548e+001
-7.82190e+001
-1.12783e+002
-1.47347e+002

图 5-12　桁架应力包络图(单位：MPa)

　　预应力钢结构中，拉索强度设计值不应大于索材极限抗拉强度的 40%~55%，重要索取低值，次要索取高值。由图 5-13 可知，在荷载基本组合分析中，索单元最大应力约为 813.8MPa，对应工况为 1.35D+1.4(0.7)L，是其极限抗拉强度的 50%，满足设计要求，材料强度使用合理。对于索单元，风荷载与雪荷载作用的影响较小，恒荷载影响相对较大。考察应力分布情况，索力分布较为均匀，靠近径向索不连续部位的径向索与环向索应力水平稍高。

　　如图 5-14 所示，梁单元最大应力约为 230MPa，对应工况为 1.2D+1.4Wy+与 1.0D+1.4Wy+。对于梁单元，风荷载作用影响相对较大，Y 向风荷载影响更为显著。考察应力分布情况，双层网壳中上弦网壳由双层向单层悬挑部位过渡部分的单元应力水平较大，屋面造型桁架局部杆件长度较小单元的应力水平较大。

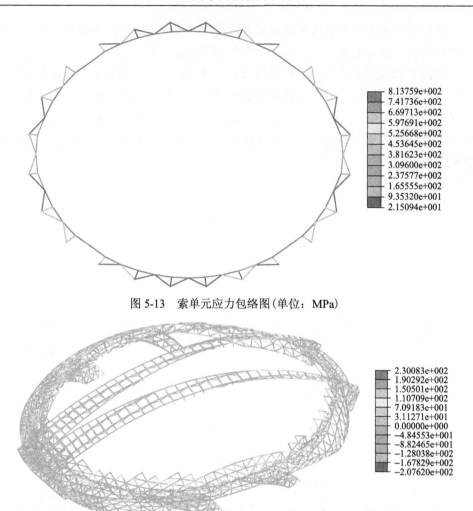

图 5-13　索单元应力包络图（单位：MPa）

图 5-14　梁单元应力包络图（单位：MPa）

　　支座是连接上部屋盖钢结构与下部钢筋混凝土结构的重要部分，是上部结构的支承和向下部结构传递受力的位置。本结构分为两部分支座节点，柱顶支座反力水平直接反映弦支穹顶体系受力的合理性。在荷载基本组合中，包络组合情况下柱顶支座反力与 6m 平台支座反力如表 5-3 所示。设置弹簧支座可有效降低柱顶水平反力，发挥弦支穹顶受力合理的优越性。

　　由表 5-3 可知，静力荷载基本组合作用下，柱顶支座 X 向水平反力最大值为108.27kN，Y 向水平反力最大值为 98.49kN，Z 向反力最大值为 2036.22kN。柱顶支座采用弹簧支座，支座的水平向设计承载力为 1500kN，Z 向设计抗压承载力最大值为 3500kN。温度作用参与荷载组合作用下，支座反力低于支座的设计承载力，预埋件强度也满足要求，因此支座设计满足要求。

表 5-3　包络工况组合下的支座反力　　　　（单位：kN）

节点	柱顶支座反力			节点	柱顶支座反力		
	X 向	Y 向	Z 向		X 向	Y 向	Z 向
148	101.67	20.53	2030.75	455	108.27	18.03	1867.41
152	81.62	−25.67	1548.21	459	88.93	31.74	1313.26
156	71.91	51.99	1439.37	463	75.76	60.71	1388.36
160	−48.81	61.01	1646.14	467	66.97	72.64	1607.36
164	45.21	75.86	1780.42	471	42.75	−87.85	1840.48
168	29.61	−93.99	1493.91	475	29.12	−98.49	1489.92
301	101.76	−20.87	2036.22	585	107.99	−18.02	1876.52
305	81.78	25.67	1550.09	589	88.65	−31.59	1311.34
309	72.25	−51.74	1433.36	593	75.23	−60.59	1399.03
313	−48.84	−60.68	1647.04	597	66.49	−72.59	1611.27
317	44.93	−75.66	1786.42	601	42.52	88.05	1841.68
321	29.63	93.68	1485.58	605	28.99	98.48	1492.09

节点	6m 平台支座反力			节点	6m 平台支座反力		
	X 向	Y 向	Z 向		X 向	Y 向	Z 向
1499	−54.20	38.39	172.83	1695	334.93	77.42	−275.94
1506	197.23	277.70	207.02	1696	59.08	−41.52	159.41
1570	348.44	348.84	392.27	1697	−571.37	−188.81	756.42
1571	384.96	386.05	228.44	1701	−121.09	−95.18	190.90
1572	207.40	578.90	578.66	1702	−225.57	162.34	455.79
1573	289.64	611.65	−104.76	1709	−198.10	−174.42	165.29
1574	554.24	228.78	640.18	1764	−128.61	240.47	759.51
1612	−117.87	186.36	63.15	1766	−50.91	−338.84	283.25
1616	−106.95	67.30	149.47	1774	−224.44	196.36	649.76
1620	−112.25	−52.91	160.06	1796	−22.91	5.29	28.86
1625	116.84	−141.70	121.04	1906	−52.30	−37.93	165.61
1630	341.35	−307.88	148.03	1910	198.92	−276.80	216.34
1635	611.81	−785.64	485.68	1967	351.94	−346.97	387.31
1668	60.18	−52.93	246.74	1968	354.63	−374.67	247.11
1682	162.74	−46.69	138.93	1969	220.32	−573.40	571.98
1684	−394.25	−176.72	562.33	1970	289.14	−611.74	−104.46
1689	−853.21	−606.51	428.24	1971	556.04	−227.25	643.17
1692	468.79	173.08	−258.36	1999	−117.18	−185.72	62.27

续表

节点	6m 平台支座反力			节点	6m 平台支座反力		
	X 向	Y 向	Z 向		X 向	Y 向	Z 向
2003	−106.63	−67.99	149.41	2092	−222.92	−161.07	451.04
2007	−115.40	52.69	163.98	2101	−198.67	173.89	164.56
2012	−118.29	142.05	122.58	2134	−129.26	−240.66	759.31
2017	342.32	309.05	148.51	2139	−50.58	338.14	285.47
2022	613.84	786.52	486.78	2148	−22.62	−5.22	28.51
2055	58.40	51.48	246.53	2149	−224.99	−197.91	653.55
2069	165.31	46.55	138.38	2303	−58.81	115.35	82.26
2071	−392.29	176.91	564.48	2307	−57.94	−114.84	79.47
2076	−850.20	604.48	424.84	2364	433.24	−36.05	−624.45
2079	470.50	−173.91	−261.00	2365	−225.89	−399.79	599.20
2083	335.92	−77.58	−277.01	2366	642.67	−380.90	751.01
2084	58.98	−41.40	158.55	2380	433.51	36.11	−622.16
2085	−570.65	187.06	753.24	2381	−227.46	399.63	600.47
2091	−120.87	94.29	191.49	2382	643.71	380.66	749.41

　　考察结构是否满足正常使用要求需要分析结构节点位移情况,衡量结构刚度。若结构刚度大小适中、分配合理,则节点位移小且符合规律,结构受力合理。在正常使用极限状态分析中,荷载标准组合下结构最大竖向位移如表 5-4 所示,结构的最大竖向位移为−84.8mm,发生的工况为 D+LR,为控制工况,其竖向位移云图如图 5-15 所示。由表 5-4 可知,恒荷载与 Y 向风荷载对结构位移影响较为显著。网壳节点的最大竖向位移小于《空间网格结构技术规程》(JGJ 7—2010)中规定的位移限值 $L/250=500\text{mm}$。因此,该结构具有足够的刚度,静力荷载作用下结构变形值满足正常使用要求。

表 5-4　荷载标准组合下各工况组合对应的最大竖向位移

工况组合	最大竖向位移值/mm	工况组合	最大竖向位移值/mm
1	−84.8	8	−44.4
2	34.4	9	−45.5
3	69.7	10	28.6
4	38.6	11	63.8
5	69.7	12	32.7
6	−45.6	13	63.9
7	−45.5	14	−84.8

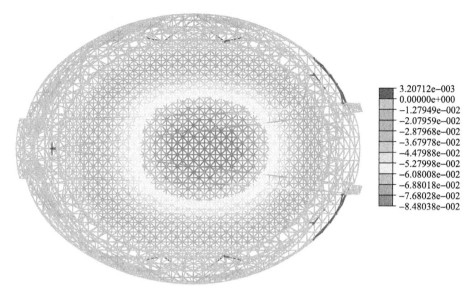

<table>
<tr><td></td><td>3.20712e−003</td></tr>
<tr><td></td><td>0.00000e+000</td></tr>
<tr><td></td><td>−1.27949e−002</td></tr>
<tr><td></td><td>−2.07959e−002</td></tr>
<tr><td></td><td>−2.87968e−002</td></tr>
<tr><td></td><td>−3.67978e−002</td></tr>
<tr><td></td><td>−4.47988e−002</td></tr>
<tr><td></td><td>−5.27998e−002</td></tr>
<tr><td></td><td>−6.08008e−002</td></tr>
<tr><td></td><td>−6.88018e−002</td></tr>
<tr><td></td><td>−7.68028e−002</td></tr>
<tr><td></td><td>−8.48038e−002</td></tr>
</table>

图 5-15　组合 1 竖向位移云图(单位：m)

5.3.4　ANSYS 与 MIDAS 静力分析结果对比

根据 MIDAS 静力分析计算结果，选取各种单元应力最不利工况组合与变形最不利工况组合在 ANSYS 模型中进行分析，将两种软件计算结果进行对比(表 5-5～表 5-7)，发现两种软件计算结果相接近。

表 5-5　基本组合三种最不利工况组合下桁架单元应力对比　(单位：MPa)

工况组合	MIDAS 计算结果		ANSYS 计算结果	
	最大拉应力	最大压应力	最大拉应力	最大压应力
1	232.8	−143.7	191	−147
29	230.4	−110.3	184	−90
28	228.6	−109.9	183	−90

表 5-6　基本组合三种最不利工况组合下梁单元应力对比　(单位：MPa)

工况组合	MIDAS 计算结果	ANSYS 计算结果
10	230.1	217
18	219.1	200
20	230.1	207

表 5-7　标准组合两种最不利工况组合下最大竖向位移对比　（单位：mm）

工况组合	MIDAS 计算结果	ANSYS 计算结果
1	−84.8	−91.7
3	69.7	89

5.4　向心关节轴承节点弦支穹顶结构稳定性能

5.4.1　稳定理论概述

目前在钢结构设计中，整体稳定性能已经成为确定结构承载力的最重要标准之一。结构的整体失稳模式一般可以分为分支性失稳和极值性失稳两大类，失稳路径如图 5-16 所示。理想结构通常发生分支性失稳，但在实际工程中，结构往往具有一定的初始缺陷，一般发生极值性失稳。

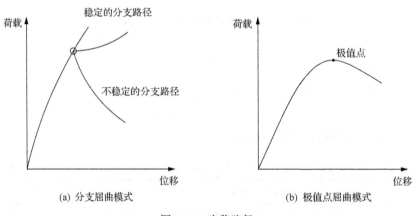

(a) 分支屈曲模式　　　　　　　(b) 极值点屈曲模式

图 5-16　失稳路径

5.4.2　特征值屈曲分析

特征值屈曲分析属于分支性失稳模式，为结构线弹性稳定屈曲分析，是分析理想弹性结构的理论屈曲强度，一般不考虑初始缺陷及非线性效应的影响，其结果对结构整体稳定承载力的预测值远远超过结构的实际稳定承载力，因此一般不以特征值屈曲分析结果作为实际工程设计分析中结构稳定承载力。但特征值屈曲分析计算量小、分析速度快，所以通常用来考察各阶屈曲模态，其结果也是非线性分析的依据，可以估算线性屈曲承载力的最大值。

在结构特征值屈曲分析中，初步确定结构稳定承载力的理论值，通常可取结构第 1 阶屈曲模态特征值，同时取得低阶屈曲模态，为非线性屈曲分析提供参考荷载值，并作为预测结构屈曲荷载的上限。

5.4.3　MIDAS 特征值屈曲分析结果

根据《空间网格结构技术规程》（JGJ 7—2010），球面网壳全过程分析一般按照全跨均布荷载进行。对网壳全过程分析所得的第一处临界荷载值，即可作为网壳极限承载力。

向心关节轴承弦支穹顶结构模型特征值屈曲分析控制荷载取为"1.0×恒荷载+1.0×活荷载"，提取分析所得 40 阶屈曲模态特征值荷载系数及屈曲模态。

向心关节轴承弦支穹顶在第 14 阶第一次出现了整体失稳，特征值为 30.85，屈曲模态如图 5-17 所示。

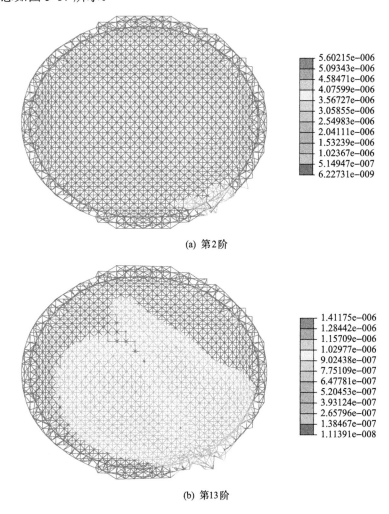

(a) 第2阶

(b) 第13阶

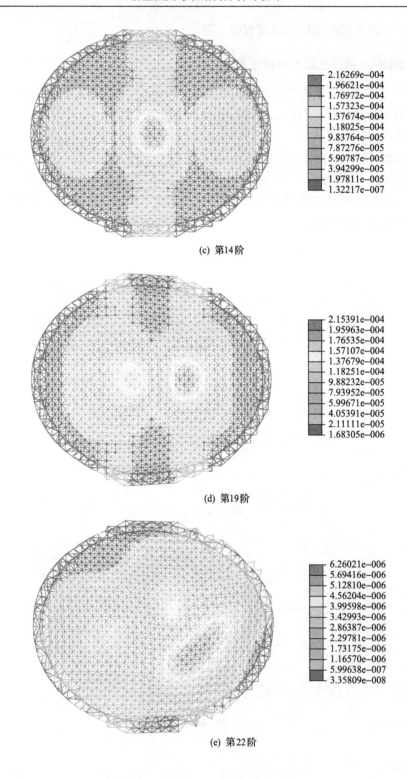

(c) 第14阶

(d) 第19阶

(e) 第22阶

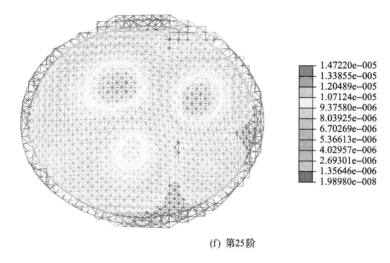

(f) 第25阶

图 5-17　MIDAS 屈曲模态

5.4.4　AYSYS 特征值屈曲分析结果

采用 ANSYS 有限元模型进行特征值屈曲分析，对 MIDAS 的分析结果进行补充与验证。在 ANSYS 中对预应力钢结构(如弦支穹顶)进行特征值屈曲分析时，索单元采用 LINK10 单元模拟，这种分析就是针对非线性单元采用非线性分析获得静力解，从而得到在预应力作用下结构变形后的平衡位置结果，利用此时的刚度矩阵，采用 Block Lanczos 法进行特征值屈曲分析。在第 44 阶发生最接近整体失稳的模态，屈曲模态如图 5-18 所示。

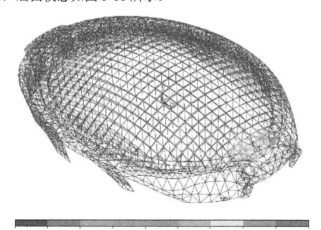

(a) 第1阶

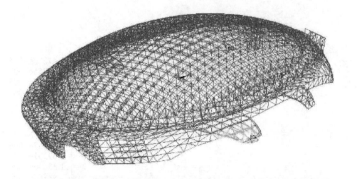

0　　0.114115　0.22823　0.342345　0.45646　0.570575　0.68469　0.798806　0.912921　1.027

(b) 第6阶

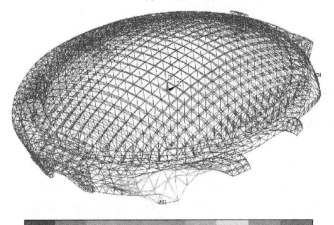

0　　0.110145　0.22029　0.330434　0.440579　0.5507524　0.660869　0.771013　0.881158　0.991303

(c) 第41阶

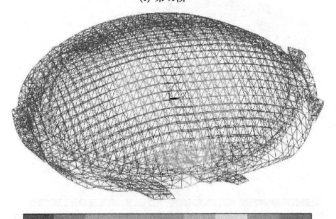

0　　0.262e-03　0.524e-03　0.786e-03　0.001049　0.001311　0.001573　0.001835　0.002097　0.002359

(d) 第44阶

图 5-18　ANSYS 屈曲模态

5.4.5　考虑初始缺陷的几何非线性分析

1）MIDAS 分析结果

根据《空间网格结构技术规程》（JGJ 7—2010），考虑初始缺陷进行几何非线性分析。根据特征值屈曲分析所得第 14 阶整体失稳屈曲向量，给原结构施加初始缺陷。按规范计算初始缺陷最大值为 $L/300$，找到第 14 阶屈曲向量中的位移最大点，得到初始缺陷最大值与屈曲向量最大值的比值，从而得到各节点初始缺陷，并将初始缺陷施加到原结构上。建立非线性荷载工况，进行几何非线性分析，提取位移最大的点作为非线性分析的控制节点。选用位移控制法，不断调试控制位移。荷载-位移曲线如图 5-19 所示。由图可知，几何非线性全过程分析稳定荷载系数为 7，满足规范要求。

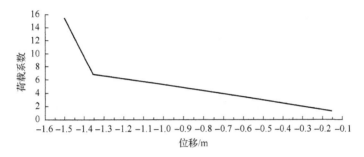

图 5-19　MIDAS 荷载-位移曲线

2）ANSYS 分析结果

在 ANSYS 中进行考虑初始缺陷的几何非线性分析，将结果与 MIDAS 分析结果进行对比，检验其准确性。在 ANSYS 中，采用完全 Newton-Raphson 法进行非线性方程求解，分别针对特征值屈曲模态第 1 阶与第 44 阶引入初始缺陷，求得荷载-位移曲线如图 5-20 所示。由图可知，稳定荷载系数分别为 9.46 和 10.7，满足规范要求。

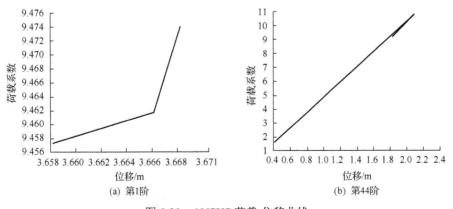

(a) 第1阶　　　　　　　(b) 第44阶

图 5-20　ANSYS 荷载-位移曲线

第6章 扁平椭球形弦支穹顶结构分析与设计

6.1 扁平椭球形弦支穹顶结构设计

6.1.1 项目概况

    天津宝坻体育馆的主馆设在中央，左右两侧为东西副馆，其中，主馆下部为钢筋混凝土框架，屋盖平面投影为椭球形，长轴118m，短轴94m；屋盖中间部分采用弦支穹顶结构体系，该部分长轴103m，短轴79m；长轴方向矢跨比为1/12.9，短轴方向矢跨比为1/9.9；在弦支穹顶周边悬挑近8m的单层网壳结构，屋盖支承在40根钢筋混凝土柱上，主馆建筑效果如图6-1所示。

(a) 鸟瞰图

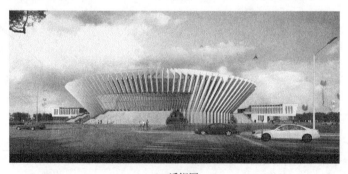

(b) 透视图

图6-1 天津宝坻体育馆主馆效果图

6.1.2　双层网壳结构与弦支穹顶结构方案对比

双层网壳是一种曲面型网格结构，是网壳结构的一种，在大跨度空间结构中占有十分重要的地位。其主要优点如下：①杆件单一，受力合理；②结构刚度大，能够跨越较大的跨度；③杆件均为小型构件，便于工业化生产，施工方便；④分析计算程序成熟，设计简便；⑤布置灵活，外表美观。但双层网壳结构也有一定的缺点：①杆件、节点数量多，视觉效果不好；②焊缝数量大，施工质量不易保证；③网壳厚度随跨度增加，施工时需要大量脚手架，成本提高；④在竖向荷载作用下，支座会产生较大的水平推力。

弦支穹顶结构是一种刚柔结合的新型复合结构，具有许多优点，如弦支穹顶结构受力合理，结构效能高；索预拉力的存在可以抵消部分外荷载的效应，减小支座推力，降低用钢量等。弦支穹顶结构也有一定的不足，如单元种类较多，既有梁单元，也有杆单元和只受拉单元，并且需要预应力找形分析，设计分析与一般网壳相比略显复杂。

根据天津宝坻体育馆主馆建筑外形的要求，屋盖为一扁平椭球壳，可采用多种结构形式，其中方案较为优越的结构形式有双层网壳结构方案和弦支穹顶结构方案，采用 MIDAS 分别建立两种结构方案模型，如图 6-2 和图 6-3 所示。

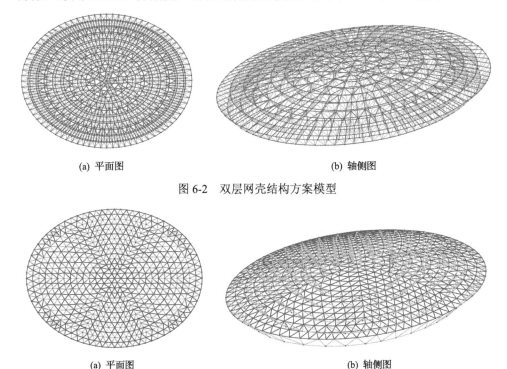

(a) 平面图　　　　　　　　　　　　　　(b) 轴侧图

图 6-2　双层网壳结构方案模型

(a) 平面图　　　　　　　　　　　　　　(b) 轴侧图

图 6-3　弦支穹顶结构方案模型

6.1.3　双层网壳结构与弦支穹顶结构静力性能对比

对双层网壳结构与弦支穹顶结构的静力性能进行分析对比，考虑相同的荷载条件，如表 6-1 所示。两种结构考虑相同的荷载工况组合，共 16 种，如表 6-2 所示。双层网壳结构与弦支穹顶结构均支承在 40 根钢筋混凝土柱上，按照对屋盖结构最有利的方式考虑支承条件，因此两种方案均选择三向铰接来模拟支座条件。

表 6-1　静力分析荷载条件

荷载种类	数值/(kN/m^2)	备注	符号
恒荷载	1.5	初步分析不考虑吊挂荷载	D
屋面活荷载	0.5	雪荷载小于屋面活荷载，故不考虑雪荷载	LR
基本风压	0.4	分为 X 向风、Y 向风	Wx、Wy
正温差荷载	—	升温 30℃	T+
负温差荷载	—	降温 30℃	T–

表 6-2　静力分析荷载工况组合表

编号	荷载工况组合	编号	荷载工况组合
1	1.35D+0.98LR	9	1.2D+1.4T
2	1.2D+1.4LR	10	1.35D+0.98T
3	1.2D+1.4Wx	11	1.2D+1.4LR+0.84Wx+1.0T
4	1.2D+1.4Wy	12	1.2D+1.4LR+0.84Wy+1.0T
5	1.2D+1.4LR+0.84Wx	13	1.2D+0.98LR+1.4Wx+1.0T
6	1.2D+1.4LR+0.84Wy	14	1.2D+0.98LR+1.4Wy+1.0T
7	1.2D+0.98LR+1.4Wx	15	1.2D+0.98LR+0.84Wx+0.98T
8	1.2D+0.98LR+1.4Wy	16	1.2D+0.98LR+0.84Wy+0.98T

注：表中 T 表示升温与降温两种工况。

本节分别对双层网壳结构与弦支穹顶结构进行静力分析，得出两种结构力学性能对比如表 6-3 所示。由表可以看出，双层网壳结构的杆件应力略高于弦支穹顶结构，但两者相差不大；节点位移方面，双层网壳结构的水平位移比弦支穹顶结构偏小，竖向位移比弦支穹顶结构偏大，这是由于双层网壳结构水平刚度较大，竖向刚度偏小；双层网壳结构的支座反力明显大于弦支穹顶结构。综合考虑，弦支穹顶结构的静力性能优于双层网壳结构。另外，温度作用对两种结构静力性能均有显著影响。

表 6-3　双层网壳结构与弦支穹顶结构力学性能对比

对比类别		双层网壳结构		弦支穹顶结构	
		考虑温度	不考虑温度	考虑温度	不考虑温度
杆件最大应力/MPa		290.2	−183.4	267.2	176.8
节点位移/mm	X 向	−21.5	−16.9	−71.3	−26.2
	Y 向	−27.3	−20.2	77.6	42.0
	Z 向	−175.2	−100.9	−109.6	−56.4
	合位移	175.3	101.6	113.2	60.5
支座反力/kN	X 向	3938.0	−1125.2	3284.0	−1230.1
	Y 向	−2691.6	−1563.8	1929.1	812.1
	Z 向	964.4	962.3	650.6	587.3

6.1.4　双层网壳结构与弦支穹顶结构动力性能对比

采用 MIDAS 对双层网壳结构与弦支穹顶结构进行特征值分析，得出两种结构的前 20 阶自振频率，如图 6-4 所示。可以看出，双层网壳结构的自振频率比弦支穹顶结构大，且双层网壳结构自振频率上升趋势明显，而弦支穹顶结构第 1 阶自振频率较小且上升缓慢。由此可知，双层网壳结构的刚度比弦支穹顶结构大。

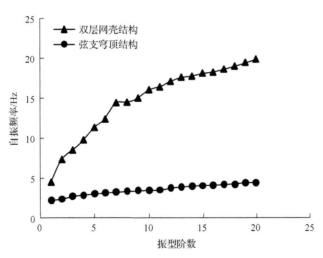

图 6-4　双层网壳结构和弦支穹顶结构前 20 阶自振频率

两种结构的前四阶自振模态如图 6-5 和图 6-6 所示。可以看出，双层网壳结构的低阶模态以扭转模态(第 1、3 阶)为主，而弦支穹顶结构的低阶模态均为平动模态，因此双层网壳结构的抗扭刚度相对较弱。

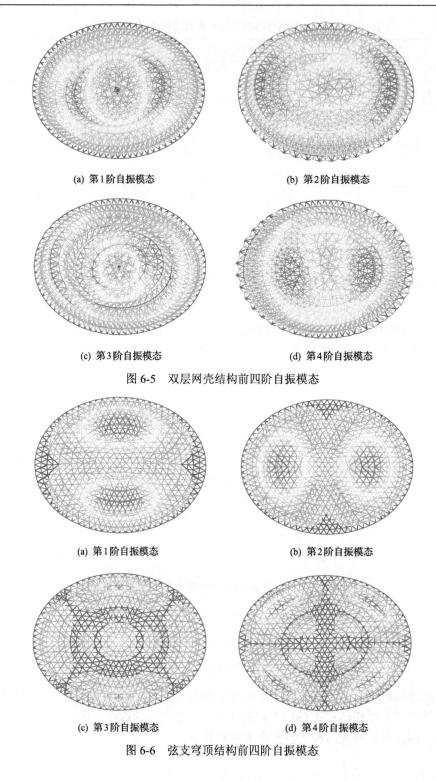

(a) 第1阶自振模态   (b) 第2阶自振模态

(c) 第3阶自振模态   (d) 第4阶自振模态

图 6-5　双层网壳结构前四阶自振模态

(a) 第1阶自振模态   (b) 第2阶自振模态

(c) 第3阶自振模态   (d) 第4阶自振模态

图 6-6　弦支穹顶结构前四阶自振模态

根据《建筑抗震设计规范》（GB 50011—2010），采用振型分解反应谱法对两种结构进行地震作用计算，所选的荷载组合如表 6-4 所示，两种结构抗震性能对比如表 6-5 所示。由表 6-5 可知，在地震作用下，两种结构杆件应力相差不大；结构变形方面，双层网壳结构的水平位移小而竖向位移较大，其原因是双层网壳结构水平向刚度较大而竖向刚度较小；支座水平反力方面，弦支穹顶结构较小。

表 6-4　地震作用计算荷载组合

编号	荷载组合	编号	荷载组合
EQ1	1.0Rx	6	1.2 (D+0.5LR) +1.3SRSS1−0.5Rz
EQ2	1.0Ry	7	1.2 (D+0.5LR) +1.3SRSS2−0.5Rz
SRSS1	$\sqrt{(Rx)^2 + 0.85(Ry)^2}$	8	1.2 (D+0.5LR) +1.3SRSS2−0.5Rz
SRSS2	$\sqrt{(Ry)^2 + 0.85(Rx)^2}$	9	1.2 (D+0.5LR) −1.3SRSS1+0.5Rz
1	1.2 (D+0.5LR) +1.3SRSS1+0.5Rz	10	1.2 (D+0.5LR) −1.3SRSS1+0.5Rz
2	1.2 (D+0.5LR) +1.3SRSS1+0.5Rz	11	1.2 (D+0.5LR) −1.3SRSS2+0.5Rz
3	1.2 (D+0.5LR) +1.3SRSS2+0.5Rz	12	1.2 (D+0.5LR) −1.3SRSS2+0.5Rz
4	1.2 (D+0.5LR) +1.3SRSS2+0.5Rz	13	1.2 (D+0.5LR) −1.3SRSS1−0.5Rz
5	1.2 (D+0.5LR) +1.3SRSS1−0.5Rz	14	1.2 (D+0.5LR) −1.3SRSS1−0.5Rz

注：Rx、Ry、Rz 分别为 X、Y、Z 三个方向的地震作用。

表 6-5　双层网壳结构与弦支穹顶结构抗震性能对比

对比类别		双层网壳结构	弦支穹顶结构
杆件最大应力/MPa		−130.6	−138.4
节点位移/mm	X 向	−11.2	−34.2
	Y 向	14.2	−79.6
	Z 向	−74.1	−61.4
	合位移	74.2	98.0
支座反力/kN	X 向	−989.7	649.3
	Y 向	−1413.7	855.5
	Z 向	701.8	833.6

6.1.5　弦支穹顶结构矢跨比优化

根据前面对双层网壳结构与弦支穹顶结构的对比，弦支穹顶结构在受力、变形、动力特性以及视觉效果方面的性能均优于双层网壳结构，故结构设计时选用弦支穹顶结构。

由于屋盖跨度较大，长轴 103m，短轴 79m，因此选择正确的矢跨比非常重要。根据已有研究成果，随着矢跨比的减小，单层网壳的刚度会有所减小。本节选用五种矢跨比，在边界条件、杆件类型及荷载条件相同的情况下对弦支穹顶结构进行静力分析与自振特性分析，最终选择较优的矢跨比进行结构设计。结构计算所选用的矢跨比如表 6-6 所示。

表 6-6　结构计算选用的矢跨比

编号	长轴/m	短轴/m	矢高/m	长轴矢跨比	短轴矢跨比
1			4	1/25.8	1/19.8
2			6	1/17.2	1/13.2
3	103	79	8	1/12.9	1/9.9
4			10	1/10.3	1/7.9
5			13	1/7.9	1/6.1

本节计算所采用的荷载条件如表 6-7 所示。

表 6-7　矢跨比分析选用的荷载条件

荷载种类	数值/(kN/m²)	备注	符号
恒荷载	1.5	初步分析不考虑吊挂荷载	D
屋面活荷载	0.5	—	LR

荷载组合方式如表 6-8 所示。

表 6-8　矢跨比分析荷载工况组合表

编号	荷载工况组合
1	1.35D+0.98LR
2	1.2D+1.4LR
3	1.0D+1.4LR

对五种矢跨比的弦支穹顶结构进行静力作用计算，得出其杆件内力、节点位移及支座反力的最大值如表 6-9 所示，其变化情况如图 6-7～图 6-9 所示。

表 6-9　双层网壳结构与弦支穹顶结构力学性能对比

对比类别		不同矢跨比结构编号				
		1	2	3	4	5
杆件最大内力/kN		−2553.1	−1761.4	−1349.4	−1099.2	−870.8
节点位移/mm	X向	17.7	10.9	8.78	7.56	9.52
	Y向	51.3	34.9	25.9	20.7	−27.5
	Z向	−197.2	−83.4	−47.5	−30.6	−20.7
	合位移	197.2	83.4	47.6	30.9	30.1
支座反力/kN	X向	−844.8	707.9	701.7	−677.4	649.1
	Y向	−1198.5	−912.1	−713.9	−574.2	−432.1
	Z向	821.8	834.2	848.4	862.7	884.7

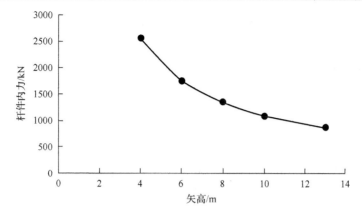

图 6-7 杆件内力与矢高的关系曲线

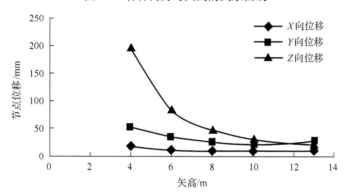

图 6-8 节点位移与矢高的关系曲线

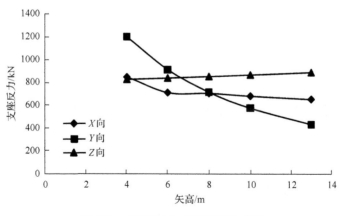

图 6-9 支座反力与矢高的关系曲线

从表 6-9 和图 6-7 可以看出，弦支穹顶结构在相同荷载作用下，随着矢高的增加，杆件内力呈下降趋势，但下降的幅度越来越小。

从表 6-9 和图 6-8 可以看出，随着矢高的增加，弦支穹顶结构 X 向最大位移基本不变，Y 向最大位移先下降后上升，Z 向最大位移下降趋势明显，但下降幅度越来越小。

　　从表 6-9 和图 6-9 可以看出，随着矢高的增加，弦支穹顶结构 X 向最大支座反力呈缓慢下降趋势，Y 向最大支座反力下降趋势明显，Z 向最大支座反力缓慢上升。

　　采用特征值分析方法分析不同矢跨比的弦支穹顶结构前 20 阶自振频率，如图 6-10 所示。由图可知，随着矢跨比的增加，结构的自振频率先减小后增大，且每条自振频率曲线的上升趋势都不平稳，中间会出现较大转折。相比较而言，矢高为 8m 的自振频率曲线最为平缓，刚度变化比较均匀。

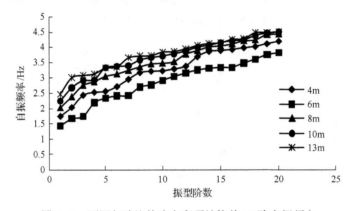

图 6-10　不同矢跨比的弦支穹顶结构前 20 阶自振频率

　　本节对五种矢跨比的弦支穹顶结构的静、动力性能进行了综合对比。在静力特性方面，矢高为 8m 与 10m 的结构杆件内力、节点位移、支座反力均较小，且与结构跨度相比，矢高较小，屋盖仍然呈扁平状，不会占据过大的建筑高度，满足建筑要求；在自振特性方面，各结构的自振频率曲线都出现不同程度的突变，而矢高为 8m 的结构突变最小，刚度变化基本均匀。综合考虑，在结构设计时弦支穹顶结构的矢高选为 8m，长轴方向矢跨比为 1/12.9，短轴方向矢跨比为 1/9.9。

6.2　扁平椭球形弦支穹顶结构静力性能

6.2.1　主要技术条件和设计标准

　　天津宝坻体育馆下部为现浇钢筋混凝土结构，上部屋盖为扁平椭球形弦支穹顶结构，设计使用年限为 50 年，设计基准期为 50 年，建筑结构安全等级为二级，结构重要性系数为 1.0。结构抗震设防分类为乙类，设防烈度为 7 度，设计地震分组为第二组，设计基本地震加速度为 0.15g，场地类别为Ⅲ类，特征周期为 0.55s。

天津宝坻体育馆结构设计时参考的主要技术标准有《建筑结构可靠度设计统一标准》(GB 50068—2001)、《建筑结构荷载规范(2006 版)》(GB 50009—2001)、《混凝土结构设计规范》(GB 50010—2002)、《建筑抗震设计规范》(GB 50011—2010)、《钢结构设计规范》(GB 50017—2003)、《空间网格结构技术规程》(JGJ 7—2010)和《天津市空间网格结构技术规程》(DB 29-140—2011)等。

天津宝坻体育馆屋盖弦支穹顶结构所承受的荷载主要有恒荷载、屋面活荷载、雪荷载、风荷载以及温度荷载与地震作用。

恒荷载包括：①结构构件自重；②屋面檩条、屋面板及室内吊挂等恒荷载共计 1.0kN/m²；③灯具荷载 98N/节点，各种线路沿内环马道 1.2kN/m，沿外环马道 1.0kN/m，另外，屋顶有 18 处吊挂音箱设备，荷载均为 15kN，屋面上有 7 处避雷针设备，荷载均为 0.7kN；④通风管道荷载为沿马道 1.65kN/m；⑤水专业管道为沿中环马道 0.7kN/m，另外，有 6 处水炮为集中荷载，各 0.8kN。各种恒荷载示意图如图 6-11 所示。

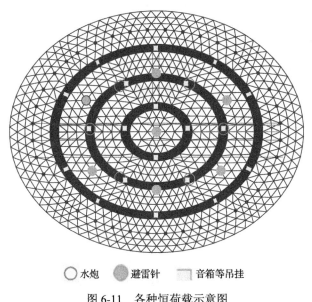

○水炮　●避雷针　□音箱等吊挂

图 6-11　各种恒荷载示意图

活荷载包括：①马道检修荷载为沿马道 1.0kN/m；②不上人屋面活荷载 0.5kN/m²；③雪荷载与风荷载，根据《建筑结构荷载规范(2006 版)》(GB 50009—2001)，按照 50 年一遇，天津市宝坻区的基本雪压为 0.4kN/m²，基本风压为 0.5kN/m²，地面粗糙度为 B 类。

温度荷载：结构的合拢温度控制在 10～15℃，并考虑正负温差各 30℃。

天津宝坻体育馆弦支穹顶屋盖结构所承受的外荷载共有九种荷载工况，如表 6-10 所示。根据规范要求，确定荷载组合。

表 6-10　荷载工况汇总

编号	荷载工况名称	编号	荷载工况名称
1	恒荷载(D)	6	Y向风(Wy)
2	屋面活荷载(LR)	7	半跨雪荷载(S)
3	风压(W_ya)	8	正温差荷载(T+)
4	风吸(W_xi)	9	负温差荷载(T–)
5	X向风(Wx)		

在 MIDAS 中，建立荷载组合并由最不利荷载组合生成对应的荷载工况，通过分析得出结构的静力性能。

6.2.2　MIDAS 模型

屋盖 MIDAS 模型由三维 CAD 模型整体导入并赋予不同的截面与单元类型。其中，弦支穹顶部分由三种单元组成：屋面单层网壳采用梁单元模拟，下层张拉整体结构撑杆采用桁架单元模拟，径向索与环向索采用只受拉桁架单元模拟；弦支穹顶外挑单层网壳部分均采用梁单元模拟；四周桁架部分弦杆采用梁单元模拟，腹杆采用桁架单元模拟。整体屋盖 MIDAS 模型如图 6-12 所示。

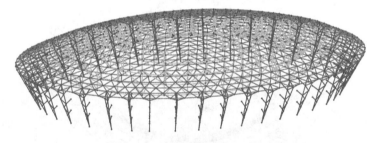

图 6-12　整体屋盖 MIDAS 模型

整个屋盖结构所采用的杆件共有十种规格，其材料和规格如表 6-11 所示。

表 6-11　天津宝坻体育馆屋盖材料及截面规格

编号	材料	规格	编号	材料	规格
1	Q345	Φ219×8 钢管	7	Q345	Φ377×18 钢管
2	Q345	Φ245×8 钢管	8	Q345	Φ500×20 钢管
3	Q345	Φ273×9 钢管	9	Q345	Φ273×12 钢管
4	Q345	Φ299×10 钢管	10	Q345	Φ80 钢拉杆
5	Q345	Φ325×12 钢管	11	半平行钢丝束	Φ7×121 钢丝束
6	Q345	Φ351×16 钢管			

天津宝坻体育馆屋盖支承条件分为柱顶支座与柱侧边支座两部分。其中，柱顶支座为主要支座，承担上部结构的各种荷载，支座反力较大；柱侧边支座主要承受四周幕墙传来的恒荷载和风荷载，支座反力较小。结构支座示意图如图 6-13 所示。

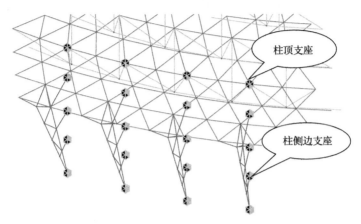

图 6-13   MIDAS 模型结构支座示意图

若将各支座均按照三向固接考虑，则柱顶支座将会产生较大的水平反力，特别是在温度作用下。而由于混凝土柱的高度较大，刚度较弱，不适宜承受过大的水平力，在确定支承条件时，考虑三种情况：①三向完全约束；②将径向约束释放，仅约束环向与竖向；③采用弹性支座，两个水平方向的刚度均为 3000kN/m。

为快速准确地施加屋面荷载，特添加虚面来传递各种荷载，自定义虚面材料，其密度为 0，弹性模量为 1N/m²，这样既避免了虚面自重荷载的输入，也可以通过较小的弹性模量近似模拟屋面刚度，又能达到传递荷载的效果。

结构模型添加外荷载时，首先定义荷载工况，按照设计要求，共定义 9 种荷载工况，分别为恒荷载、屋面活荷载、风荷载(包括风压、风吸以及 X 向风、Y 向风)、半跨雪荷载、温度荷载(包括正温差荷载、负温差荷载)。然后在此基础上，按照荷载条件对应的各种荷载工况施加外荷载。

6.2.3   ANSYS 模型

为了验证 MIDAS 计算结果的准确性，并找出弦支穹顶结构中下层索的最优预应力，在结构 MIDAS 有限元模型的基础上建立 ANSYS 模型进行补充分析。

屋盖 ANSYS 模型由 MIDAS 模型导入，建立整体模型。其中，弦支穹顶结构部分屋面单层网壳采用 BEAM4 单元模拟，下层张拉整体结构撑杆采用 LINK8 单元模拟，径向索与环向索采用 LINK10 模拟；弦支穹顶外挑单层网壳部分均采用 BEAM4 单元模拟；四周桁架部分弦杆采用 BEAM4 单元模拟，腹杆采用 LINK8

单元模拟。整体屋盖 ANSYS 模型如图 6-14 所示。

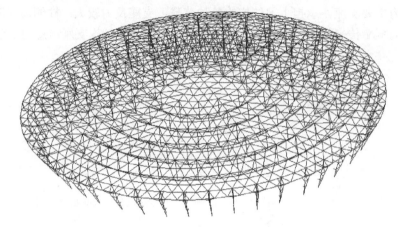

图 6-14　整体屋盖 ANSYS 模型

与 MIDAS 模型相同,天津宝坻体育馆 ANSYS 模型的支承条件同样分为两部分,即柱顶支座与柱侧边支座。结构支座示意如图 6-15 所示。

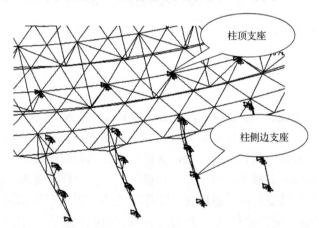

图 6-15　ANSYS 模型结构支座示意图

为了使模型建立方便、快捷、准确,结构分析简便,将所有荷载转化为等效节点荷载并导出荷载文件,运用文件调用的方式将外荷载施加在 ANSYS 有限元模型中进行分析。

6.2.4　预应力优化分析

弦支穿顶的关键技术是索内所施加的最佳预应力。若索内预应力过低,则不能满足结构刚度的要求;若索内预应力过高,则既不能充分发挥预应力的作用,也可能使拉索在使用荷载下达到极限承载力而被破坏。

弦支穹顶结构在满足所有要求的前提下，应使预应力水平尽量降低，这样不仅节省建筑材料，还可降低施工难度，最终达到降低工程造价的目的。

1. MIDAS 预应力优化分析

采用 MIDAS 对弦支穹顶结构进行预应力优化分析主要有两种方法：支座位移控制方法与支座反力控制方法。

支座位移控制方法是利用 MIDAS 寻找最优预应力的一种近似方法，具体步骤为：首先根据以往工程经验确定弦支穹顶结构各圈环索的初始预应力，将有限元模型中柱顶支座径向约束释放，在恒荷载作用下进行分析，得出支座径向位移。若此位移值较大，则调整拉索内预应力值，最终达到支座径向位移的最小值，此时对应的拉索预应力为最优预应力。

本节主要采用支座位移控制方法寻找拉索最优预应力。

根据以往工程实例，对弦支穹顶结构五圈环索由内至外施加 100kN、300kN、500kN、700kN 和 900kN 的预拉力，在恒荷载作用下，柱顶支座水平位移如图 6-16 所示，最大水平位移为 12.1mm。

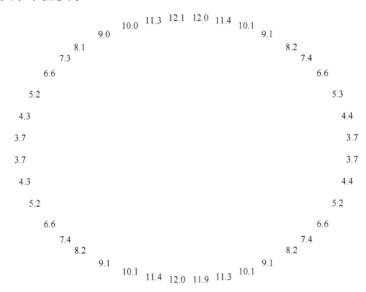

图 6-16　初始预应力条件下柱顶支座水平位移(单位：mm)

在初始预应力条件下，柱顶支座在恒荷载作用下的水平位移较大，需要增大预应力进行调整，最终使恒荷载作用下的支座水平位移最小。采用每圈环索预应力按照 10%的增长幅度进行调试，最终支座水平位移如图 6-17 所示，此时柱顶支座最大水平位移为 7.3mm，对应的环索预拉力值由内至外分别为 146.4kN、439.2kN、732.1kN、1024.9kN、1449.5kN。

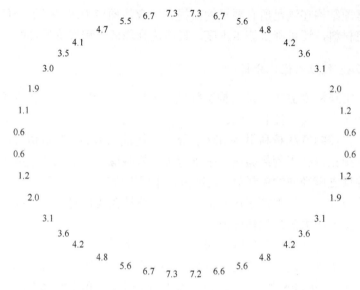

图 6-17　最终预应力条件下柱顶支座水平位移（单位：mm）

2. ANSYS 预应力优化分析

ANSYS 中的优化模块可以进行弦支穹顶结构的预应力优化分析，与 MIDAS 的预应力优化方法相比，该方法较为精确。

采用 ANSYS 进行预应力优化分析具体步骤如下：

首先建立整体结构模型，调用已转化为等效节点荷载的恒荷载文件并求解；再进入优化模块进行优化分析，以杆端应力为目标变量进行优化，循环迭代，最终得出各圈环索的最优预拉力值由内至外分别为 89.9kN、175.4kN、511.2kN、1002.3kN、1673.8kN。ANSYS 预应力优化数据与优化图形结果如图 6-18 和图 6-19 所示。

		SET 9 (FEASIBLE)	SET 10 (FEASIBLE)	*SET 11* (FEASIBLE)
P1	(DV)	0.11924E+06	0.40850E+06	0.48058E+06
P2	(DV)	72881.	23733.	13594.
P3	(DV)	0.83448E+06	0.96494E+06	0.98930E+06
P4	(DV)	0.93456E+06	0.77999E+06	0.71293E+06
P5	(DV)	0.11957E+07	0.12320E+07	0.12402E+07
SMAX	(OBJ)	0.92771E+08	0.90083E+08	0.89216E+08
EA		0.83826E+09	0.83826E+09	0.83826E+09
F1		74183.	87351.	89938.
F2		0.19276E+06	0.18017E+06	0.17540E+06
F3		0.49180E+06	0.50965E+06	0.51115E+06
F4		0.10566E+07	0.10210E+07	0.10023E+07
F5		0.16748E+07	0.16784E+07	0.16738E+07
SMAXI		0.92460E+08	0.89698E+08	-0.89216E+08
SMAXJ		0.92771E+08	0.90083E+08	0.88979E+08

图 6-18　ANSYS 预应力优化数据

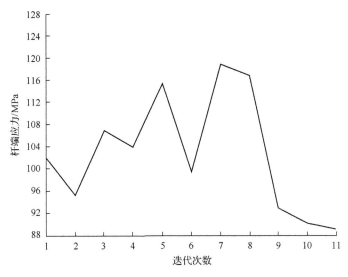

图 6-19 ANSYS 预应力优化图形结果

3. 优化分析结果对比

MIDAS 与 ANSYS 两种有限元软件预拉力优化分析结果如表 6-12 所示。由表可知，MIDAS 与 ANSYS 的预拉力优化分析结果的环索内圈最终预拉力值相差较大，而外圈相差较小。总体而言，除最外圈环索外，ANSYS 的预拉力优化结果比 MIDAS 的优化结果小。将 ANSYS 优化分析所得各圈环索的预拉力施加在 MIDAS 模型中，可得柱顶支座水平位移如图 6-20 所示，其最大水平位移为 6.4mm。

表 6-12 两种有限元软件预拉力优化分析结果对比

环索层数	MIDAS 结果/kN	ANSYS 结果/kN
1	146.4	89.9
2	439.2	175.4
3	732.1	511.2
4	1024.9	1002.3
5	1449.5	1673.8

注：环索由内向外编号，层数为 1～5。

由图 6-17 和图 6-20 的结果对比可以看出，在两种软件预应力优化分析所得的索内预拉力作用下，柱顶支座水平位移相差不大，而 ANSYS 分析所得的预应力水平比 MIDAS 低且效果略好，故设计时采用 ANSYS 的分析结果。

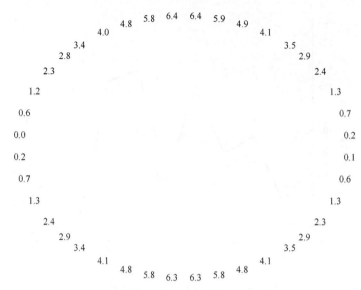

图 6-20　ANSYS 预应力条件下柱顶支座水平位移（单位：mm）

6.2.5　静力分析结果

结构的应力水平和变形性能是判断结构是否安全可靠的重要标准，是结构静力性能的重要组成部分。

1. 无温度作用时静力分析结果

由于弦支穹顶结构中存在非线性单元，对结构进行静力分析时，采用非线性分析类型。无温度作用时，包络工况下的应力云图如图 6-21 所示，位移云图如图 6-22 所示。

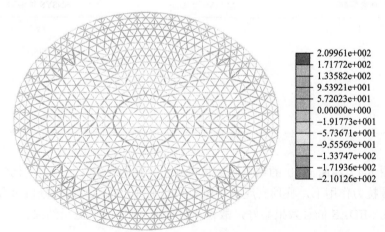

图 6-21　无温度作用时包络工况下的应力云图（单位：MPa）

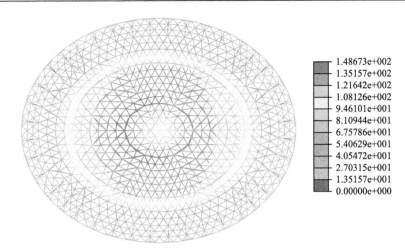

图 6-22　无温度作用时包络工况下的位移云图(单位：mm)

温度作用不参与的组合条件下，最不利荷载组合为"1.2×恒荷载+0.98×半跨雪荷载+1.4×风吸"，对应的最大应力为 210MPa，小于 Q345 钢材的屈服强度，最大位移为 148.7mm，小于短轴跨度(79m)的 1/400，满足规范规定的强度和变形要求。由应力和位移云图可知，最大应力出现在支座及外挑单层网壳处，结构位移由中间向两边逐渐减小。

2. 有温度作用时静力分析结果

根据天津市气象条件，对结构施加±30℃的温度荷载，有温度作用时包络工况下的应力云图与位移云图如图 6-23 和图 6-24 所示。

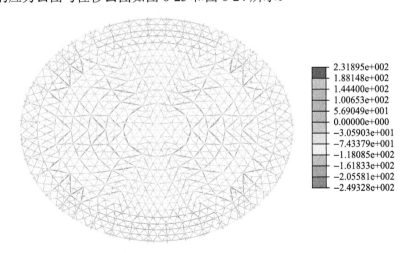

图 6-23　有温度作用时包络工况下的应力云图(单位：MPa)

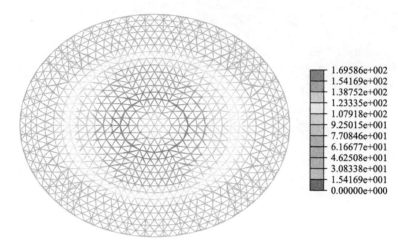

图6-24　有温度作用时包络工况下的位移云图(单位：mm)

　　温度作用参与的组合条件下，最不利荷载组合为"1.2×恒荷载+0.98×屋面活荷载+1.4×风吸+0.98×温度荷载"，在该种荷载组合条件下，最大应力为249.3MPa，最大位移为169.6mm，满足规范规定的强度和变形要求。与温度作用不参与的荷载组合相比，温度作用参与的荷载组合更为不利。结构的应力和位移分布与无温度作用的情况类似，结构最大应力出现在支座附近，最大位移出现在靠近结构中间的部分。

3. 计算结果总结

　　本节主要对天津宝坻体育馆的静力性能进行了计算与分析，并得出相应的结论来指导工程实践。结构静力性能分析主要包括两个方面：一是采用两种有限元软件对结构进行预应力优化分析；二是在预应力优化分析的基础上，考虑多种荷载工况与荷载组合，分析结构的受力性能与变形性能。主要得出以下结论：

　　(1)MIDAS 与 ANSYS 均可实现弦支穹顶结构的预应力优化分析。其中，MIDAS采用支座位移控制方法或支座反力控制方法计算结构各圈环索的预应力，均为近似试算方法，最终得出结构最优预拉力由内至外分别为146.4kN、439.2kN、732.1kN、1024.9kN、1449.5kN；ANSYS 的预应力优化在优化模块中进行分析，设置目标变量，循环迭代，最终得出环索的最优预拉力由内至外分别为89.9kN、175.4kN、511.2kN、1002.3kN、1673.8kN。

　　两种软件相比，ANSYS 的优化分析结果更经济合理，但是二者数值相差不大，且相应的最优预应力施加在结构中所得的效果差别很小。因此，在工程项目的初步设计分析中，可以采用 MIDAS 运用近似方法计算结构的最优预应力，不仅对分析结果影响不大，还能起到节省时间、提高效率的效果。

（2）在静力荷载作用下，不考虑温度作用时，最不利荷载组合为"1.2×恒荷载+0.98×半跨雪荷载+1.4×风吸"，最大应力为 210MPa，最大位移为 148.7mm；考虑温度作用时，最不利荷载组合为"1.2×恒荷载+0.98×屋面活荷载+1.4×风吸+0.98×温度荷载"，最大应力为 249.3MPa，最大位移为 169.6mm。由此可以看出，温度作用对结构的影响显著。

（3）在静力荷载作用下，无论是否考虑温度作用，结构杆件应力均小于 Q345 钢材的设计强度，结构杆件均未发生屈服，处于弹性状态，且结构的最大位移为 169.6mm，满足规范要求。

6.3　扁平椭球形弦支穹顶结构稳定性能

6.3.1　特征值屈曲分析

天津宝坻体育馆屋盖扁平椭球形弦支穹顶结构模型的特征值屈曲分析中，设置屈曲控制数据为"1.0×恒荷载+1.0×活荷载"，计算结果如表 6-13 和图 6-25 所示。

表 6-13　结构前 20 阶屈曲特征值

模态号	特征值	模态号	特征值
1	6.742	11	9.015
2	6.801	12	9.224
3	6.827	13	9.328
4	7.579	14	9.735
5	7.884	15	9.765
6	7.913	16	9.769
7	7.973	17	9.904
8	7.982	18	9.956
9	8.074	19	10.04
10	8.571	20	10.41

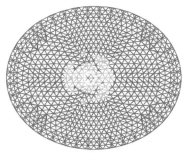
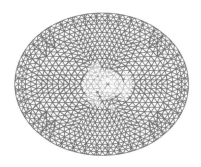

(a) 第1阶　　　　　　　　　　　　　　(b) 第2阶

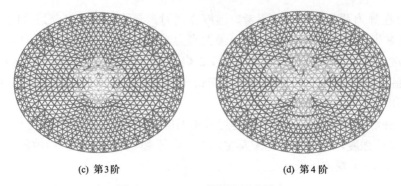

(c) 第3阶　　　　　　　　　　　(d) 第4阶

图 6-25　MIDAS 前四阶屈曲模态

根据以上计算结果分析可知，该屋盖结构的屈曲主要出现在结构中间单层网壳部分，并逐渐向外扩展，该结构中间部分是结构稳定的薄弱环节，设计时应采取适当措施，保证结构安全可靠。

6.3.2　非线性屈曲分析

结构的非线性屈曲分析需要考虑结构的初始缺陷，根据《空间网格结构技术规程》（JGJ 7—2010），结构的最大初始缺陷按照结构跨度的 1/300 取值。

由于整个屋盖结构节点数量较多，对每个节点进行跟踪分析，绘制其荷载-位移曲线的工作量很大且没有必要，本节主要选取几个有代表性的节点进行分析计算，得出结构的稳定承载力。

在 MIDAS 中进行非线性屈曲分析，选定 10 个有代表性的节点作为追踪点，分别为弦支穹顶中部单层网壳上的部分节点以及每圈撑杆对应的代表性节点，如图 6-26 所示。

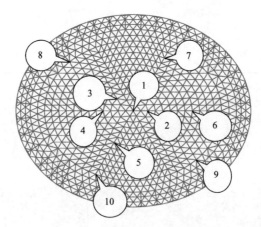

图 6-26　非线性分析代表性节点

非线性分析以"1.0×恒荷载+1.0×活荷载"作为控制荷载绘制其荷载-位移曲

线，分析结果如图 6-27 和表 6-14 所示。

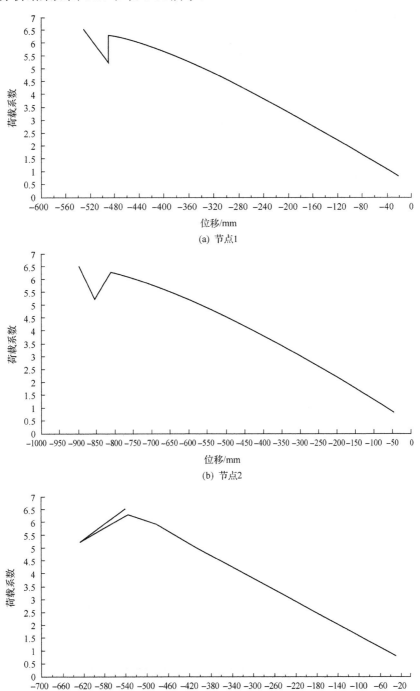

(a) 节点1

(b) 节点2

(c) 节点3

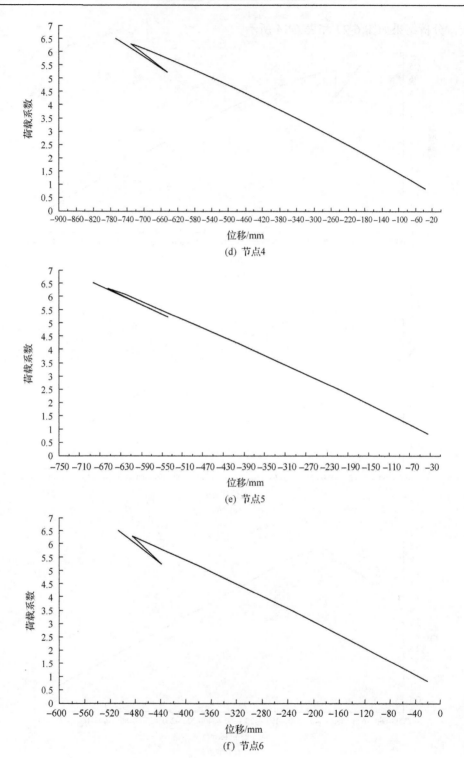

(d) 节点4

(e) 节点5

(f) 节点6

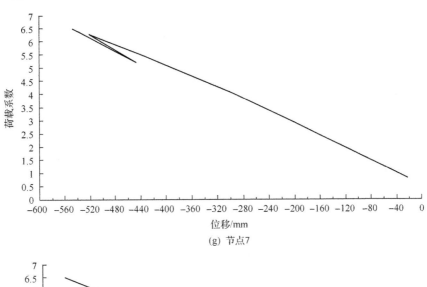

(g) 节点7

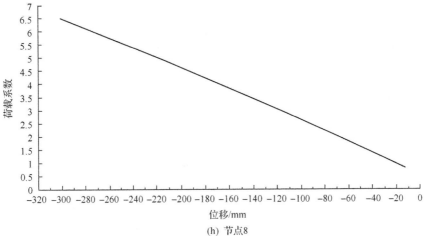

(h) 节点8

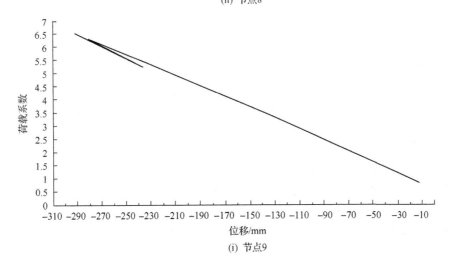

(i) 节点9

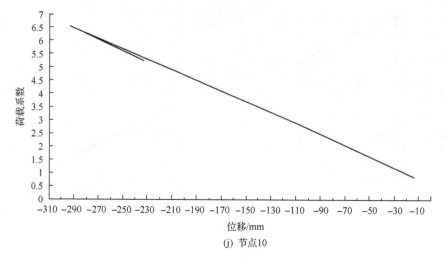

(j) 节点10

图 6-27　各代表性节点的荷载-位移曲线

表 6-14　各代表性节点失稳时竖向位移值汇总

节点号	竖向位移/mm	节点号	竖向位移/mm
1	531.3	6	507.4
2	900.0	7	548.6
3	541.3	8	302.3
4	768.1	9	292.2
5	686.4	10	294.3

由图 6-27 和表 6-14 可以看出,该结构的临界荷载系数为 6.517,大于规范规定的结构整体稳定系数 4.2,因此结构的稳定承载力满足要求;选定的 10 个代表性节点的竖向位移在结构中部单层网壳处较大,越靠近支座,节点竖向位移越小。

10 个代表性节点在结构屋面上均匀分布,其荷载-位移曲线均出现转折,即出现屋盖整体失稳;同时,考虑结构初始缺陷后,非线性屈曲分析结果与特征值屈曲分析结果差别不大,说明弦支穹顶结构具有缺陷不敏感性。

6.4　扁平椭球形弦支穹顶结构抗震性能

6.4.1　结构自振特性分析

自振特性是结构重要的动力特性,它将直接影响动力荷载作用于结构自身产生的效应,同时它是衡量结构质量与刚度是否匹配、刚度是否合理的重要指标。

MIDAS 分析所得的结构自振频率如图 6-28 所示。从图中可以看出,结构的前三阶自振频率较小,且前三阶自振频率差别很小;在第 3 阶振型之后,结构自振频率有突然增大的趋势，说明此处结构振动突然增强；第 4 阶振型之后，结构自振频率平稳上升，在第 10 阶振型之后再次出现微小突变，最后趋于稳定。

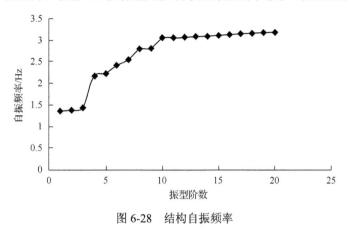

图 6-28 结构自振频率

结构的自振频率和自振周期可以反映结构的刚度状况，但是仅靠数字描述不够直观，而结构的自振模态可以清楚地反映结构的自振特性。图 6-29 为结构的前四阶自振模态。从图中可以看出，结构前三阶自振模态为结构整体平动与转动，从第 4 阶自振模态开始，出现结构屋盖或四周桁架的局部振动，这也可以解释图 6-28 中第 3 阶振型之后出现的频率突变。

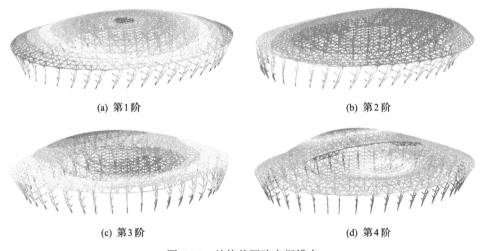

(a) 第1阶   (b) 第2阶

(c) 第3阶   (d) 第4阶

图 6-29 结构前四阶自振模态

由于结构四周桁架平面外刚度很弱，从第 11 阶自振模态开始出现结构四周桁架的局部振动，根据软件计算结果，第 11～40 阶振动均为此处的局部振动，直到第 41 阶振动再重新出现结构屋盖的振动，如图 6-30 所示。由此可以推断出，在结构自振频率变化图中，第 40 阶与第 41 阶自振频率之间还会出现微小突变。

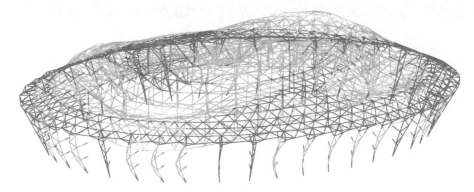

图 6-30　第 41 阶自振模态

6.4.2　振型分解反应谱法分析结构地震作用响应

根据天津宝坻体育馆屋盖弦支穹顶结构的特点，计算其地震作用时不适宜采用底部剪力法，因此采用振型分解反应谱法进行结构地震作用的计算。

1. 地震参数的设置

根据设计条件，在 MIDAS 中输入设计参数，得出本工程特定场地条件下结构的设计反应谱，如图 6-31 所示。

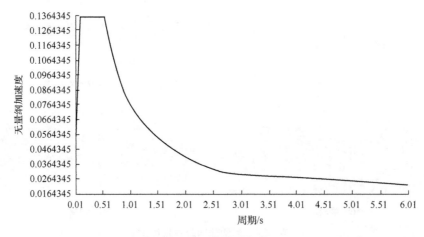

图 6-31　设计反应谱

在 MIDAS 中采用特征值分析方法对结构进行反应谱分析，为了防止过多的局部振动引起振型参与质量达不到规范要求,特采用 Ritz 向量法分析结构的前 100 阶振型。

2. 地震作用分析荷载工况及荷载组合

根据《建筑抗震设计规范》（GB 50011—2010），结构的重力荷载代表值为"1.0×恒荷载+0.5×屋面雪荷载"，并设置三种地震荷载工况 Rx、Ry、Rz。结构抗震验算采用的荷载工况组合如表 6-15 所示。

表 6-15　结构抗震验算采用的荷载工况组合

编号	荷载工况组合	编号	荷载工况组合
EQ1	1.0Rx	16	1.2(D+0.5LR)+1.3SRSS2−0.5Rz+0.28Wy
EQ2	1.0Ry	17	1.2(D+0.5LR)−1.3SRSS1+0.5Rz+0.28W_ya
1	1.2(D+0.5LR)+1.3SRSS1+0.5Rz+0.28W_ya	18	1.2(D+0.5LR)−1.3SRSS1+0.5Rz+0.28W_xi
2	1.2(D+0.5LR)+1.3SRSS1+0.5Rz+0.28W_xi	19	1.2(D+0.5LR)−1.3SRSS1+0.5Rz+0.28Wx
3	1.2(D+0.5LR)+1.3SRSS1+0.5Rz+0.28Wx	20	1.2(D+0.5LR)−1.3SRSS1+0.5Rz+0.28Wy
4	1.2(D+0.5LR)+1.3SRSS1+0.5Rz+0.28Wy	21	1.2(D+0.5LR)−1.3SRSS2+0.5Rz+0.28W_ya
5	1.2(D+0.5LR)+1.3SRSS2+0.5Rz+0.28W_ya	22	1.2(D+0.5LR)−1.3SRSS2+0.5Rz+0.28W_xi
6	1.2(D+0.5LR)+1.3SRSS2+0.5Rz+0.28W_xi	23	1.2(D+0.5LR)−1.3SRSS2+0.5Rz+0.28Wx
7	1.2(D+0.5LR)+1.3SRSS2+0.5Rz+0.28Wx	24	1.2(D+0.5LR)−1.3SRSS2+0.5Rz+0.28Wy
8	1.2(D+0.5LR)+1.3SRSS2+0.5Rz+0.28Wy	25	1.2(D+0.5LR)−1.3SRSS1−0.5Rz+0.28W_ya
9	1.2(D+0.5LR)+1.3SRSS1−0.5Rz+0.28W_ya	26	1.2(D+0.5LR)−1.3SRSS1−0.5Rz+0.28W_xi
10	1.2(D+0.5LR)+1.3SRSS1−0.5Rz+0.28W_xi	27	1.2(D+0.5LR)−1.3SRSS1−0.5Rz+0.28Wx
11	1.2(D+0.5LR)+1.3SRSS1−0.5Rz+0.28Wx	28	1.2(D+0.5LR)−1.3SRSS1−0.5Rz+0.28Wy
12	1.2(D+0.5LR)+1.3SRSS1−0.5Rz+0.28Wy	29	1.2(D+0.5LR)−1.3SRSS2−0.5Rz+0.28W_ya
13	1.2(D+0.5LR)+1.3SRSS2−0.5Rz+0.28W_ya	30	1.2(D+0.5LR)−1.3SRSS2−0.5Rz+0.28W_xi
14	1.2(D+0.5LR)+1.3SRSS2−0.5Rz+0.28W_xi	31	1.2(D+0.5LR)−1.3SRSS2−0.5Rz+0.28Wx
15	1.2(D+0.5LR)+1.3SRSS2−0.5Rz+0.28Wx	32	1.2(D+0.5LR)−1.3SRSS2−0.5Rz+0.28Wy

3. 计算结果比较

根据 MIDAS 计算结果，结构在 X、Y、Z 三个方向的振型参与质量分别为 99.88%、99.84% 和 96.18%，符合规范要求。在地震作用下，各荷载工况组合下结构的最大应力与最大位移如表 6-16 所示，应力云图与位移云图分别如图 6-32 和图 6-33 所示。

从表 6-16 可以看出，地震作用下，对应的最不利荷载组合为 1.2(D+0.5LR)+1.3SRSS2+0.5Rz+0.28W_ya 和 1.2(D+0.5LR)+1.3SRSS2+0.5Rz+0.28Wy，其中，$SRSS2=\sqrt{(Ry)^2+0.85(Rx)^2}$，对应的杆件最大应力为 187.4MPa，节点最大位移为 116.8mm。

表 6-16　各地震荷载工况组合下结构的最大应力与最大位移

荷载工况组合编号	结构最大响应		荷载工况组合编号	结构最大响应	
	应力/MPa	位移/mm		应力/MPa	位移/mm
1	168.1	68.8	17	−150.9	84.0
2	137.6	44.7	18	125.6	53.2
3	158.5	78.2	19	−146.4	81.4
4	172.9	79.7	20	−155.4	105.2
5	187.4	68.7	21	−164.3	85.7
6	149.5	44.7	22	−126.7	54.3
7	166.4	75.6	23	−149.3	82.9
8	187.4	79.4	24	−168.8	107.5
9	160.8	73.5	25	−157.7	88.7
10	131.6	48.9	26	122.3	57.3
11	156.0	80.9	27	−148.8	86.0
12	165.6	83.7	28	−162.2	109.4
13	175.2	73.3	29	−171.2	90.6
14	143.5	48.9	30	−133.0	58.8
15	159.1	79.8	31	−156.1	87.5
16	180.0	83.4	32	−175.7	116.8

　　从图 6-32 和图 6-33 可以看出，最大应力主要出现在四周桁架与网壳的交接处，最大位移出现在网壳中间布置环索的区域内；地震作用下结构应力与位移的反应与静力荷载作用下相比，最大应力与最大位移均较小，因此地震在该结构设计中不起控制作用。

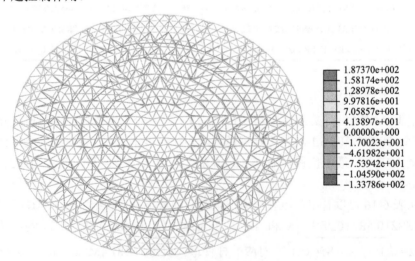

	1.87370e+002
	1.58174e+002
	1.28978e+002
	9.97816e+001
	7.05857e+001
	4.13897e+001
	0.00000e+000
	−1.70023e+001
	−4.61982e+001
	−7.53942e+001
	−1.04590e+002
	−1.33786e+002

图 6-32　地震作用下结构应力云图（单位：MPa）

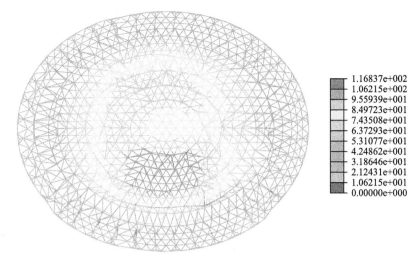

图 6-33　地震作用下结构位移云图(单位：mm)

6.4.3　时程分析法分析结构地震作用响应

由于天津宝坻体育馆屋盖结构为椭球形且矢跨比较小，而且存在非线性单元，与一般结构相比略有不同，因此需要进行动力非线性反应的验算。

1. 时程分析参数设置

本工程进行动力非线性计算所采用的地震波为 1940 年 El-Centro 波，其三个方向的地震波如图 6-34 所示。

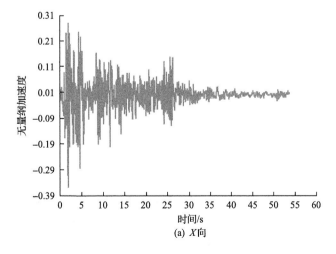

(a) X向

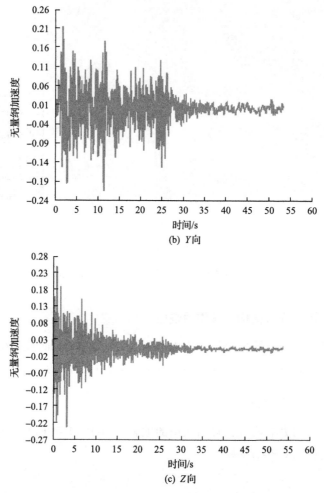

图 6-34　El-Centro 波三个方向地震波

　　在 MIDAS 中进行时程分析时，要对各种参数进行设置。首先定义塑性铰并分配到相应截面；然后设置时程分析数据，包括将重力荷载代表值转化为非线性函数、定义时程分析工况、定义地面加速度等；最后运行分析，得出结构在大震作用下的动力反应。

2. 时程分析结果

　　将三个方向的地震波按照《建筑抗震设计规范》(GB 50010—2010)调整峰值，并按照 $X:Y:Z=1:0.85:0.65$ 及 $X:Y:Z=0.85:1:0.65$ 的比例进行时程分析验算。结构时程分析结果如图 6-35 所示，结构位移云图如图 6-36 所示。

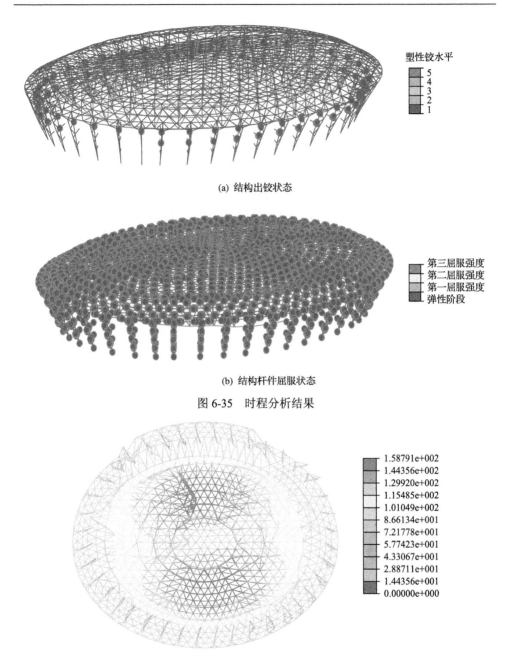

(a) 结构出铰状态

(b) 结构杆件屈服状态

图 6-35　时程分析结果

图 6-36　结构非线性时程分析位移云图(单位：mm)

　　根据图形结果可以看出，结构在非线性弹塑性分析时，仅仅在四周桁架处出铰且为弹性铰，屋盖大部分杆件处于线弹性状态，且结构最大位移为 158.8mm，满足规范规定的变形要求。因此，在大震作用下，结构安全可靠。

6.5　扁平椭球形弦支穹顶结构上部、下部结构协同效应分析

天津宝坻体育馆屋盖采用扁平椭球形弦支穹顶结构，下部主体为现浇钢筋混凝土框架结构，二者在材料、形式、刚度、受力性能等方面均有较大差异，因此有必要建立结构整体模型进行计算分析，确保结构安全可靠。

6.5.1　整体模型的建立

天津宝坻体育馆下部主体结构分为两层，局部三层，主要采用 PKPM 软件对结构进行计算分析。其中，框架柱有三种截面形式，分别为直径 1200mm 圆形截面及 600mm×600mm 和 500mm×500mm 矩形截面，混凝土强度等级均为 C35；框架梁有 10 种截面，均为矩形，截面尺寸为 200mm×450mm、250mm×500mm、300mm×500mm、300mm×600mm、300mm×700mm、350mm×700mm、450mm×700mm、500mm×1000mm、500mm×1200mm、500mm×1500mm，混凝土强度等级均为 C30；混凝土楼板厚度有 5 种，分别为 100mm、120mm、150mm、180mm、200mm，混凝土强度等级均为 C30。

根据已建的下部钢筋混凝土框架结构 PKPM 文件，直接转化为 MIDAS 模型，如图 6-37 所示。

图 6-37　下部混凝土框架结构模型

由于 PKPM 与 MIDAS 不能完全兼容，直接转化得到的 MIDAS 模型还需进一步修改，主要修改以下三个方面：

（1）PKPM 文件中的楼板转化到 MIDAS 文件中时，按照传力路线导入，故所有四边形板自动转化为三角形，如图 6-38 所示。

（2）PKPM 文件转化为 MIDAS 文件时，多条梁交汇处会出现漏板现象，且出现多余节点，如图 6-39 所示。

（3）在体育馆建筑中，观众看台板应为斜板，看台板支承梁应为斜梁，这可以对增加结构刚度起到有利作用，而 PKPM 模型按照标准层建立，斜板和斜梁在结构中得不到体现。

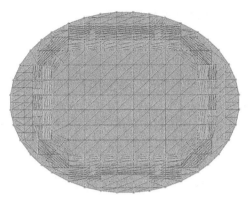

图 6-38　PKPM 按照传力路线导出三角形板示意图

图 6-39　多梁交汇处的漏板现象及多余节点示意图

对以上三个方面进行修改后，得到下部钢筋混凝土框架结构的最终 MIDAS 模型如图 6-40 所示。

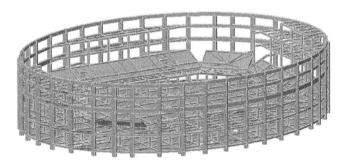

图 6-40　下部钢筋混凝土框架结构的最终 MIDAS 模型

上部扁平椭球形模型与下部主体结构模型建立完成之后，需要完成二者的整合，以便对整体结构进行分析计算。

屋盖结构与下部主体结构的整合主要分为以下几个步骤：

(1) 调整二者连接部分(即混凝土柱顶处与屋盖柱顶支座处)的坐标，使之互相匹配，从而使模型整合后不产生多余节点。

(2)为了模型整合后单元选择与杆件调整的方便，在整合之前按材料的不同完成结构组的划分。

(3)在 MIDAS 中选择合并数据文件，完成两个模型的整合，初步建立结构整体模型。

(4)整体模型初步建立后，不可避免地会在两种材料交接处产生节点不匹配现象，因此需要将距离很小的节点进行强制合并，对初步整体模型进行调整。

(5)支座条件的设置：整个结构在混凝土柱底固支在基础上。

调整后的结构整体模型如图 6-41 所示。

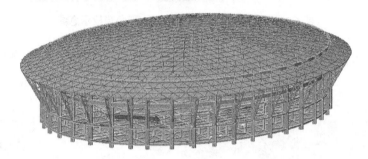

图 6-41　调整后的结构整体模型

整体结构分析中，弦支穹顶部分选用与屋盖单独分析时相同的荷载条件，同样，混凝土主体结构部分也施加对应的恒荷载、活荷载与风荷载，整体模型分析选用的荷载工况共 12 种，如表 6-17 所示。

表 6-17　整体分析荷载工况汇总

编号	荷载工况名称	编号	荷载工况名称
1	恒荷载(D)	7	Y向风(Wy)
2	屋面活荷载(LR)	8	整体结构 X 向风(WX)
3	楼面活荷载(L)	9	整体结构 Y 向风(WY)
4	风压(W_ya)	10	半跨雪荷载(S)
5	风吸(W_xi)	11	正温差荷载(T+)
6	X向风(Wx)	12	负温差荷载(T–)

与屋盖结构单独分析不同之处在于，活荷载部分除了屋面活荷载之外，还按照各部分的具体使用情况增加了每层的楼面活荷载，并在软件中按照横向荷载对体育馆整体结构施加了 X 向和 Y 向风以验证结构的安全性。因此，荷载组合与屋盖钢结构部分单独分析略有不同，共分 110 种荷载工况，其组合情况如表 6-18 和表 6-19 所示。

表 6-18 整体分析荷载工况组合汇总表(不考虑温度作用)

编号	荷载工况组合	编号	荷载工况组合
1	1.35D+0.98(L+LR)	18	1.2D+0.98(L+LR)+1.4Wy
2	1.2D+1.4(L+LR)	19	1.2D+0.98(L+LR)+1.4WX
3	1.2D+1.4W_ya	20	1.2D+0.98(L+LR)+1.4WY
4	1.2D+1.4W_xi	21	1.35D+0.98(L+S)
5	1.2D+1.4Wx	22	1.2D+1.4(L+S)
6	1.2D+1.4Wy	23	1.2D+1.4(L+S)+0.84W_ya
7	1.2D+1.4WX	24	1.2D+1.4(L+S)+0.84W_xi
8	1.2D+1.4WY	25	1.2D+1.4(L+S)+0.84Wx
9	1.2D+1.4(L+LR)+0.84W_ya	26	1.2D+1.4(L+S)+0.84Wy
10	1.2D+1.4(L+LR)+0.84W_xi	27	1.2D+1.4(L+S)+0.84WX
11	1.2D+1.4(L+LR)+0.84Wx	28	1.2D+1.4(L+S)+0.84WY
12	1.2D+1.4(L+LR)+0.84Wy	29	1.2D+0.98(L+S)+1.4W_ya
13	1.2D+1.4(L+LR)+0.84WX	30	1.2D+0.98(L+S)+1.4W_xi
14	1.2D+1.4(L+LR)+0.84WY	31	1.2D+0.98(L+S)+1.4Wx
15	1.2D+0.98(L+LR)+1.4W_ya	32	1.2D+0.98(L+S)+1.4Wy
16	1.2D+0.98(L+LR)+1.4W_xi	33	1.2D+0.98(L+S)+1.4WX
17	1.2D+0.98(L+LR)+1.4Wx	34	1.2D+0.98(L+S)+1.4WY

表 6-19 整体分析荷载工况组合汇总表(考虑温度作用)

编号	荷载工况组合	编号	荷载工况组合
1	1.2D+1.4T	20	1.2D+0.98(L+LR)+0.84WY+1.4T
2	1.35D+0.98T	21	1.2D+1.4(L+S)+0.84W_ya+0.98T
3	1.2D+1.4(L+LR)+0.84W_ya+0.98T	22	1.2D+1.4(L+S)+0.84W_xi+0.98T
4	1.2D+1.4(L+LR)+0.84W_xi+0.98T	23	1.2D+1.4(L+S)+0.84Wx+0.98T
5	1.2D+1.4(L+LR)+0.84Wx+0.98T	24	1.2D+1.4(L+S)+0.84Wy+0.98T
6	1.2D+1.4(L+LR)+0.84Wy+0.98T	25	1.2D+1.4(L+S)+0.84WX+0.98T
7	1.2D+1.4(L+LR)+0.84WX+0.98T	26	1.2D+1.4(L+S)+0.84WY+0.98T
8	1.2D+1.4(L+LR)+0.84WY+0.98T	27	1.2D+0.98(L+S)+1.4W_ya+0.98T
9	1.2D+0.98(L+LR)+1.4W_ya+0.98T	28	1.2D+0.98(L+S)+1.4W_xi+0.98T
10	1.2D+0.98(L+LR)+1.4W_xi+0.98T	29	1.2D+0.98(L+S)+1.4Wx+0.98T
11	1.2D+0.98(L+LR)+1.4Wx+0.98T	30	1.2D+0.98(L+S)+1.4Wy+0.98T
12	1.2D+0.98(L+LR)+1.4Wy+0.98T	31	1.2D+0.98(L+S)+1.4WX+0.98T
13	1.2D+0.98(L+LR)+1.4WX+0.98T	32	1.2D+0.98(L+S)+1.4WY+0.98T
14	1.2D+0.98(L+LR)+1.4WY+0.98T	33	1.2D+0.98(L+S)+0.84W_ya+1.4T
15	1.2D+0.98(L+LR)+0.84W_ya+1.4T	34	1.2D+0.98(L+S)+0.84W_xi+1.4T
16	1.2D+0.98(L+LR)+0.84W_xi+1.4T	35	1.2D+0.98(L+S)+0.84Wx+1.4T
17	1.2D+0.98(L+LR)+0.84Wx+1.4T	36	1.2D+0.98(L+S)+0.84Wy+1.4T
18	1.2D+0.98(L+LR)+0.84Wy+1.4T	37	1.2D+0.98(L+S)+0.84WX+1.4T
19	1.2D+0.98(L+LR)+0.84WX+1.4T	38	1.2D+0.98(L+S)+0.84WY+1.4T

注：表中 T 包含升温与降温两种荷载工况。

6.5.2　整体结构静力性能分析

1. 无温度作用时整体结构静力性能分析

整体模型与单独屋盖模型相似，同样含有只受拉单元，属于非线性单元，因此在 MIDAS 中采用的分析类型为非线性分析。在温度作用不参与组合的条件下，各荷载工况组合条件下整体结构的最大应力如表 6-20 所示，应力云图如图 6-42 所示。

表 6-20　无温度作用时各荷载工况组合下整体结构的最大应力

荷载工况组合编号	最大应力/MPa	荷载工况组合编号	最大应力/MPa
1	−96.0	18	157.5
2	−88.8	19	−89.2
3	−98.4	20	−88.6
4	100.5	21	−92.6
5	133.9	22	−83.9
6	155.9	23	−95.1
7	−82.9	24	−86.8
8	−82.3	25	−103.2
9	−99.9	26	122.7
10	−91.7	27	−85.8
11	−108.0	28	−85.4
12	−120.6	29	−101.4
13	−90.7	30	101.7
14	−90.3	31	121.4
15	−104.8	32	157.5
16	93.7	33	−85.8
17	119.2	34	−85.2

在温度作用不参与荷载组合的条件下，各荷载工况组合条件下整体结构的最大位移如表 6-21 所示，位移云图如图 6-43 所示。混凝土柱位移云图如图 6-44 所示。

根据以上图表可以看出，将屋盖钢结构与下部主体混凝土结构组装为整体后进行整体分析，得出温度作用不参与荷载组合时的最不利荷载组合为"1.2×恒荷载+0.98×（活荷载+屋面活荷载）+1.4×屋盖 Y 向风"，对应的杆件最大应力为 157.5MPa，出现在四周桁架与屋盖交接处，节点最大位移为 85.4mm，出现在屋盖中部靠近中心位置；混凝土柱最大位移为 8.4mm，出现在柱顶，小于柱高 22.65m 的 1/550。整个结构的应力和变形满足规范要求。

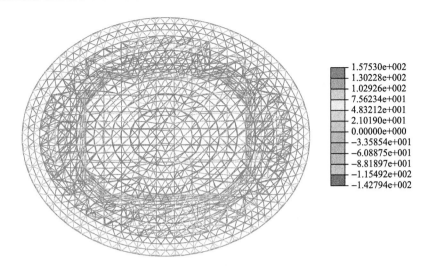

图 6-42　无温度作用时整体结构的应力云图（单位：MPa）

表 6-21　无温度作用时各荷载工况组合下整体结构的最大位移

荷载工况组合编号	最大位移/mm	荷载工况组合编号	最大位移/mm
1	26.7	18	85.4
2	30.8	19	37.2
3	29.6	20	37.4
4	46.1	21	30.0
5	60.2	22	35.6
6	67.9	23	34.5
7	24.3	24	55.6
8	24.7	25	54.8
9	34.1	26	60.9
10	48.2	27	42.3
11	54.0	28	42.5
12	56.4	29	37.0
13	38.0	30	62.3
14	38.3	31	78.8
15	38.6	32	85.4
16	56.1	33	39.8
17	68.9	34	40.1

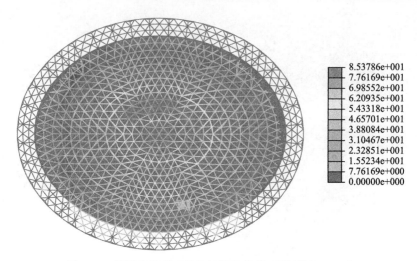

8.53786e+001
7.76169e+001
6.98552e+001
6.20935e+001
5.43318e+001
4.65701e+001
3.88084e+001
3.10467e+001
2.32851e+001
1.55234e+001
7.76169e+000
0.00000e+000

图 6-43　无温度作用时整体结构的位移云图（单位：mm）

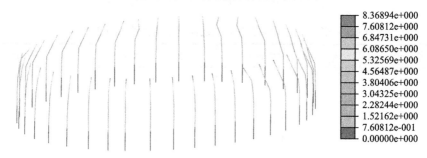

8.36894e+000
7.60812e+000
6.84731e+000
6.08650e+000
5.32569e+000
4.56487e+000
3.80406e+000
3.04325e+000
2.28244e+000
1.52162e+000
7.60812e-001
0.00000e+000

图 6-44　无温度作用时整体结构的混凝土柱位移云图（单位：mm）

2. 有温度作用时整体结构静力性能分析

与屋盖结构单独分析相同，对结构施加±30℃的温度荷载以考虑温度对整体结构静力性能的影响。在温度作用参与荷载组合的条件下，各荷载工况组合下整体结构的最大应力如表 6-22 所示，应力云图如图 6-45 所示。

表 6-22　有温度作用时各荷载工况组合下整体结构的最大应力

荷载工况组合编号	最大应力/MPa		荷载工况组合编号	最大应力/MPa	
	升温	降温		升温	降温
1	−81.9	−86.5	6	−118.9	131.4
2	−90.9	−94.2	7	−92.2	−95.4
3	−101.5	−104.7	8	−91.8	−95.0
4	−93.2	−96.4	9	−106.3	−109.5
5	−109.5	−112.8	10	94.2	100.7

续表

荷载工况组合编号	最大应力/MPa		荷载工况组合编号	最大应力/MPa	
	升温	降温		升温	降温
11	−119.7	−122.9	25	−87.7	−90.5
12	152.3	166.9	26	−87.6	−90.2
13	−90.7	−94.0	27	−102.9	−106.1
14	−90.1	−93.4	28	102.0	107.4
15	−99.4	−104.0	29	119.3	121.7
16	−91.1	−95.7	30	153.7	168.3
17	−107.5	−112.1	31	−87.3	−90.5
18	−117.8	135.9	32	−86.7	−89.9
19	−90.1	−94.7	33	−96.0	−100.6
20	−89.7	−94.4	34	−87.7	96.9
21	−97.2	−99.8	35	−104.1	−108.7
22	−88.3	92.9	36	−118.9	137.3
23	−104.7	−107.9	37	−86.7	−91.3
24	−120.4	133.4	38	−86.4	−90.9

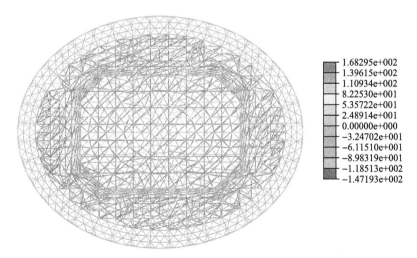

1.68295e+002
1.39615e+002
1.10934e+002
8.22530e+001
5.35722e+001
2.48914e+001
0.00000e+000
−3.24702e+001
−6.11510e+001
−8.98319e+001
−1.18513e+002
−1.47193e+002

图 6-45 有温度作用时整体结构的应力云图(单位：MPa)

在温度作用参与荷载组合的条件下，各荷载工况组合条件下整体结构的最大位移如表 6-23 所示，位移云图如图 6-46 所示。混凝土柱位移云图如图 6-47 所示。

表 6-23　有温度作用时各荷载工况组合下整体结构的最大位移

荷载工况组合编号	最大位移/mm		荷载工况组合编号	最大位移/mm	
	升温	降温		升温	降温
1	42.6	34.4	20	56.6	45.1
2	33.0	27.6	21	48.5	48.9
3	45.2	51.0	22	74.6	54.1
4	65.4	49.8	23	75.0	52.5
5	74.5	53.8	24	82.1	57.9
6	77.4	59.0	25	60.4	44.8
7	53.6	42.3	26	60.5	45.3
8	53.5	42.8	27	41.9	53.8
9	40.0	55.6	28	82.0	60.1
10	75.2	56.1	29	91.5	65.5
11	91.1	65.0	30	106.2	72.6
12	97.8	71.9	31	57.7	42.9
13	53.2	41.1	32	57.9	43.7
14	53.1	42.0	33	49.3	53.2
15	46.5	54.6	34	78.0	47.8
16	71.1	45.5	35	81.2	54.8
17	80.8	57.5	36	86.9	60.3
18	83.6	62.4	37	63.1	43.8
19	56.8	45.2	38	63.5	43.8

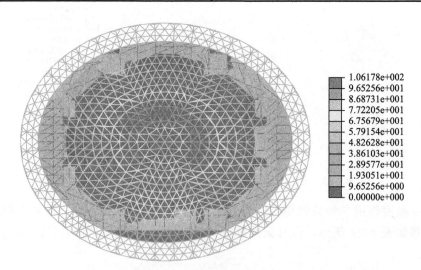

图 6-46　有温度作用时整体结构的位移云图(单位：mm)

图 6-47　有温度作用时整体结构的混凝土柱位移云图(单位：mm)

根据以上图表可以看出，温度作用参与荷载组合时，结构整体静力分析所得的最不利荷载组合为"$1.2×$恒荷载$+0.98×$（活荷载$+$半跨雪荷载）$+1.4×$屋盖 Y 向风荷载$+0.98×$温度荷载"，对应的杆件最大应力为 168.3MPa，多数出现在四周桁架与屋盖交接处，节点最大位移为 106.2mm，出现在屋盖中部靠近中心的位置且升温作用下节点位移普遍高于降温作用；混凝土柱的最大位移为 30.9mm，出现在柱顶，小于柱高 22.65m 的 1/550。整体结构的应力与变形均满足规范要求。

3. 计算结果比较

从以上分析对比可以看出，不考虑温度作用时，结构整体分析的最不利荷载组合为"$1.2×$恒荷载$+0.98×$（活荷载$+$屋面活荷载）$+1.4×$屋盖 Y 向风"，杆件最大应力 157.5MPa，节点最大位移为 85.4mm，柱顶最大位移为 8.4mm；考虑温度作用时，结构整体分析的最不利荷载组合为"$1.2×$恒荷载$+0.98×$（活荷载$+$半跨雪荷载）$+1.4×$屋盖 Y 向风荷载$+0.98×$温度荷载"，杆件最大应力为 168.3MPa，节点最大位移为 106.2mm，柱顶位移为 30.9mm。

无论温度作用是否参与荷载组合，整体结构的最大应力均出现在四周桁架与网壳的交接处，最大位移出现在屋盖中部靠近中心的位置，混凝土柱的最大位移出现在柱顶，整体结构的受力和变形均满足规范要求。二者相比，温度作用参与的荷载组合更为不利。

6.5.3　整体结构动力性能分析

分析整体结构的动力性能，需定义结构的重力荷载代表值，取重力荷载代表值为"$1.0×$恒荷载$+0.5×$屋面雪荷载$+0.5×$楼面活荷载"。整体分析与屋盖单独分析相同，为保证结构的振型参与质量，在 MIDAS 中采用特征值分析方法中的 Ritz 向量法分析结构的动力响应。

MIDAS 分析得到的整体结构的频率变化曲线如图 6-48 所示。从图中可以看出，整体结构自振频率上升趋势基本平稳，但第 9～12 阶振型基本相等且在第 12

阶振型之后出现频率突变，之后频率继续平稳上升。

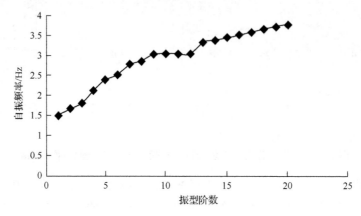

图 6-48　整体结构自振频率变化曲线

利用 MIDAS 对结构整体模型进行分析，得出结构前 20 阶的部分自振模态，如图 6-49 所示。可以看出，第 1 阶自振模态为整体结构的 Y 向平动，第 2 阶自振模态为 X 向平动，第 3 阶自振模态为扭转；第 9～12 阶均为局部微小振动，模态图中无明显特征；第 13 阶自振开始出现屋盖结构局部振动，与图 6-48 得出的结论相对应。

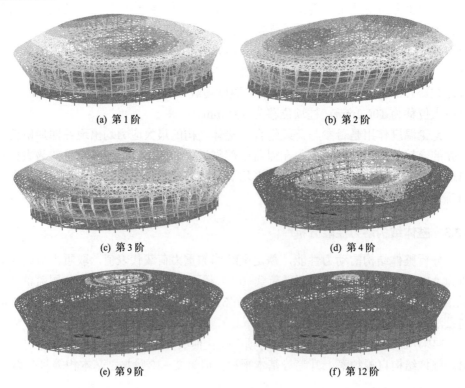

　(a) 第 1 阶　　　　　　　　　　　　　　　　(b) 第 2 阶

　(c) 第 3 阶　　　　　　　　　　　　　　　　(d) 第 4 阶

　(e) 第 9 阶　　　　　　　　　　　　　　　　(f) 第 12 阶

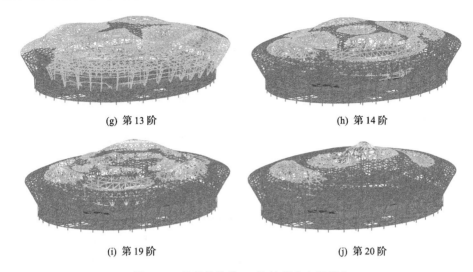

(g) 第 13 阶　　　　　　　　　　　　　(h) 第 14 阶

(i) 第 19 阶　　　　　　　　　　　　　(j) 第 20 阶

图 6-49　整体结构前 20 阶的部分自振模态

6.5.4　整体结构抗震性能分析

采用振型分解反应谱法进行计算分析。由于体育馆主体结构为钢筋混凝土框架结构，考虑填充墙的影响，结构计算时考虑周期折减系数为 0.8。考虑三种地震作用工况 Rx、Ry、Rz，截面抗震验算考虑 48 种荷载工况组合，如表 6-24 所示。

表 6-24　整体结构截面抗震验算荷载工况组合

编号	荷载工况组合
EQ1	1.0Rx
EQ2	1.0Ry
SRSS1	$\sqrt{\left(Rx\right)^2+0.85\left(Ry\right)^2}$
SRSS2	$\sqrt{\left(Ry\right)^2+0.85\left(Rx\right)^2}$
1	1.2[D+0.5(LR+L)]+1.3SRSS1+0.5Rz+0.28W_ya
2	1.2[D+0.5(LR+L)]+1.3SRSS1+0.5Rz+0.28W_xi
3	1.2[D+0.5(LR+L)]+1.3SRSS1+0.5Rz+0.28Wx
4	1.2[D+0.5(LR+L)]+1.3SRSS1+0.5Rz+0.28Wy
5	1.2[D+0.5(LR+L)]+1.3SRSS1+0.5Rz+0.28WX
6	1.2[D+0.5(LR+L)]+1.3SRSS1+0.5Rz+0.28WY
7	1.2[D+0.5(LR+L)]+1.3SRSS2+0.5Rz+0.28W_ya
8	1.2[D+0.5(LR+L)]+1.3SRSS2+0.5Rz+0.28W_xi
9	1.2[D+0.5(LR+L)]+1.3SRSS2+0.5Rz+0.28Wx

续表

编号	荷载工况组合
10	1.2[D+0.5（LR+L）]+1.3SRSS2+0.5Rz+0.28Wy
11	1.2[D+0.5（LR+L）]+1.3SRSS2+0.5Rz+0.28WX
12	1.2[D+0.5（LR+L）]+1.3SRSS2+0.5Rz+0.28WY
13	1.2[D+0.5（LR+L）]+1.3SRSS1−0.5Rz+0.28W_ya
14	1.2[D+0.5（LR+L）]+1.3SRSS1−0.5Rz+0.28W_xi
15	1.2[D+0.5（LR+L）]+1.3SRSS1−0.5Rz+0.28Wx
16	1.2[D+0.5（LR+L）]+1.3SRSS1−0.5Rz+0.28Wy
17	1.2[D+0.5（LR+L）]+1.3SRSS1−0.5Rz+0.28WX
18	1.2[D+0.5（LR+L）]+1.3SRSS1−0.5Rz+0.28WY
19	1.2[D+0.5（LR+L）]+1.3SRSS2−0.5Rz+0.28W_ya
20	1.2[D+0.5（LR+L）]+1.3SRSS2−0.5Rz+0.28W_xi
21	1.2[D+0.5（LR+L）]+1.3SRSS2−0.5Rz+0.28Wx
22	1.2[D+0.5（LR+L）]+1.3SRSS2−0.5Rz+0.28Wy
23	1.2[D+0.5（LR+L）]+1.3SRSS2−0.5Rz+0.28WX
24	1.2[D+0.5（LR+L）]+1.3SRSS2−0.5Rz+0.28WY
25	1.2[D+0.5（LR+L）]−1.3SRSS1+0.5Rz+0.28W_ya
26	1.2[D+0.5（LR+L）]−1.3SRSS1+0.5Rz+0.28W_xi
27	1.2[D+0.5（LR+L）]−1.3SRSS1+0.5Rz+0.28Wx
28	1.2[D+0.5（LR+L）]−1.3SRSS1+0.5Rz+0.28Wy
29	1.2[D+0.5（LR+L）]−1.3SRSS1+0.5Rz+0.28WX
30	1.2[D+0.5（LR+L）]−1.3SRSS1+0.5Rz+0.28WY
31	1.2[D+0.5（LR+L）]−1.3SRSS2+0.5Rz+0.28W_ya
32	1.2[D+0.5（LR+L）]−1.3SRSS2+0.5Rz+0.28W_xi
33	1.2[D+0.5（LR+L）]−1.3SRSS2+0.5Rz+0.28Wx
34	1.2[D+0.5（LR+L）]−1.3SRSS2+0.5Rz+0.28Wy
35	1.2[D+0.5（LR+L）]−1.3SRSS2+0.5Rz+0.28WX
36	1.2[D+0.5（LR+L）]−1.3SRSS2+0.5Rz+0.28WY
37	1.2[D+0.5（LR+L）]−1.3SRSS1−0.5Rz+0.28W_ya
38	1.2[D+0.5（LR+L）]−1.3SRSS1−0.5Rz+0.28W_xi
39	1.2[D+0.5（LR+L）]−1.3SRSS1−0.5Rz+0.28Wx
40	1.2[D+0.5（LR+L）]−1.3SRSS1−0.5Rz+0.28Wy
41	1.2[D+0.5（LR+L）]−1.3SRSS1−0.5Rz+0.28WX
42	1.2[D+0.5（LR+L）]−1.3SRSS1−0.5Rz+0.28WY
43	1.2[D+0.5（LR+L）]−1.3SRSS2−0.5Rz+0.28W_ya
44	1.2[D+0.5（LR+L）]−1.3SRSS2−0.5Rz+0.28W_xi

编号	荷载工况组合
45	1.2[D+0.5(LR+L)]−1.3SRSS2−0.5Rz+0.28Wx
46	1.2[D+0.5(LR+L)]−1.3SRSS2−0.5Rz+0.28Wy
47	1.2[D+0.5(LR+L)]−1.3SRSS2−0.5Rz+0.28WX
48	1.2[D+0.5(LR+L)]−1.3SRSS2−0.5Rz+0.28WY

各荷载工况组合下整体结构的应力云图、位移云图和混凝土柱位移云图如图 6-50～图 6-52 所示。

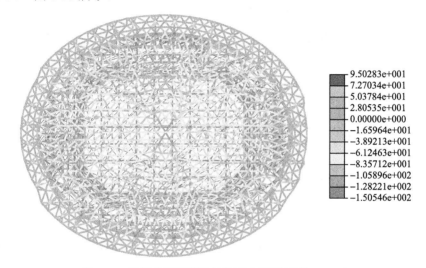

图 6-50　地震作用下整体结构应力云图（单位：MPa）

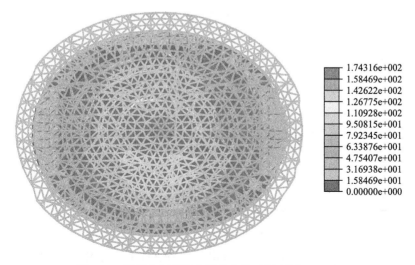

图 6-51　地震作用下整体结构位移云图（单位：mm）

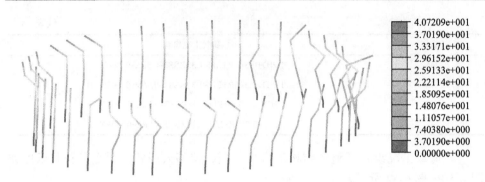

图 6-52　地震作用下混凝土柱位移图云图(单位：mm)

通过对整体结构进行地震作用分析可以看出，结构杆件最大应力为 150.5MPa，出现在屋盖中心位置，节点最大位移为 174.3mm，出现在结构靠近支座处，混凝土柱最大位移为 40.7mm，出现在柱顶，均满足规范要求。与静力作用相比，结构最大应力减小，但最大位移增大。

6.5.5　结构整体分析与屋盖单独分析对比

屋盖结构单独分析与结构整体分析所得结构的各项力学性能不完全相同，本节将对两种分析进行对比，为今后类似的工程实例提供指导。

1. 静力性能对比

考虑与不考虑温度作用两种情况时，结构整体分析与屋盖单独分析所得杆件最大应力与节点最大位移如表 6-25 和表 6-26 所示。

表 6-25　考虑温度作用时整体分析与单独分析静力结果对比

分析类别	杆件最大应力/MPa	节点最大位移/mm
单独分析	249.3	169.6
整体分析	168.3	106.2
偏差/%	32	37

表 6-26　不考虑温度作用时整体分析与单独分析静力结果对比

分析类别	杆件最大应力/MPa	节点最大位移/mm
单独分析	210.0	148.7
整体分析	157.5	85.4
偏差/%	25	43

从表 6-25 和表 6-26 的对比可以看出，静力条件下，无论是否考虑温度作用，屋盖结构单独分析更为不利。主要原因是屋盖单独计算时约束条件考虑较弱，而

整体计算时将屋盖与下部结构连接后，下部混凝土支承条件的刚度较大，特别是混凝土柱顶有环梁约束，使其环向具有较大刚度。

2. 动力性能对比

结构的动力性能对比主要包括两个方面，一是结构自振特性对比，如图 6-53 所示；二是结构地震作用响应对比，如表 6-27 所示。

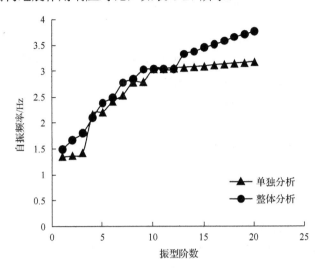

图 6-53　结构自振频率对比

表 6-27　振型分解反应谱法分析结构地震作用对比

分析类别	杆件最大应力/MPa	节点最大位移/mm
单独分析	187.4	116.8
整体分析	150.5	174.3
偏差/%	20	−49

结构整体分析与单独分析相比，自振频率变化趋势一致，整体分析的自振频率高于单独分析，这是因为主体混凝土结构与屋盖钢结构的刚度差别较大，组装成整体后，结构刚度介于二者之间。

采用振型分解反应谱法对结构进行单独分析和整体分析显示，杆件截面的选择方面，单独分析起控制作用，结构变形方面，整体分析起控制作用，这与陈昆等所得的结论具有相同之处。主体混凝土结构比屋盖钢结构质量大，因此混凝土结构吸收大部分地震能量，故整体分析的杆件应力小于单独分析；而混凝土刚度较大，屋盖刚度较小，因此地震作用下结构的变形主要体现在屋盖上，故整体分析的节点位移比单独分析时大。

第7章 非圆建筑球面弦支穹顶结构分析与设计

7.1 非圆建筑球面弦支穹顶结构设计

弦支穹顶结构因其造型美观且结构效能高，近年来被广泛应用于建筑工程，其中较为典型的是球面弦支穹顶，其平面投影为圆形，且支座的水平标高相同。但当结构平面投影的形状为多边形或由多段不同直径圆弧构成的不规则曲线时，现有的典型球面弦支穹顶结构无法满足要求，需要提出新的弦支穹顶构成形式。

基于此提出一种适用于非圆平面建筑的新型球面弦支穹顶结构。该体系能够采用位于不同标高的支座，将受力性能较好的球面弦支穹顶结构应用到平面投影不规则的建筑中。

7.1.1 结构方案比选

非圆建筑球面弦支穹顶是球面弦支穹顶的一种特殊形式，具有球面弦支穹顶的部分特征。为了更好地理解球面弦支穹顶体系的优缺点，本章以河北北方学院体育馆工程为基本模型进行论述。该体育馆结构跨度为 84m，屋顶结构平面投影不规则，屋顶钢结构高度要求在 6m 左右，短轴方向矢跨比约为 1/14，属于扁平屋盖。根据该体育馆造型、空间使用功能和视觉美观要求，结合结构受力特点，可以初步考虑用网架、双向平面桁架、双向张弦梁和典型球面弦支穹顶四种不同的结构方案。采用有限元软件对这四种方案进行建模，计算说明不同结构方案的性能，计算结果如表 7-1 所示。

表 7-1　四种结构方案计算结果

方案	网架	双向平面桁架	双向张弦梁	球面弦支穹顶
用钢量估算/t	334.4	387.7	403.8	388.3
支座竖向反力(最大值/最小值)/kN	227.4/1143.7	359.4/1323.9	588.5/961.9	433.6/834.6
支座水平反力最大值/kN	114.8	54.1	53.4	63.8
最大挠度/mm	312	221	176	221
建筑美观性	差	一般	较好	好

由表 7-1 可知，球面弦支穹顶结构选型方案用钢量、支座水平反力最大值和最大挠度适中，支座竖向反力极值相差较小，且在建筑美观性方面具有显著优势。因此，选用弦支穹顶结构体系进行深化设计。

7.1.2　结构布置的形成

虽然弦支穹顶结构有着独特的优势，但是球面弦支穹顶不能满足非圆平面体育馆的设计要求。因此，本章提出一种适用于非圆平面建筑的新型球面弦支穹顶，其结构布置形成的基本设计思路如下：

(1) 根据建筑平面布局轮廓，确定轮廓的轴线(图 7-1(a))。

(2) 根据确定的建筑轴线和建筑矢高，建立跨度接近双向轴线长度的典型单层球面网壳结构模型(图 7-1(b))。

(3) 根据结构柱的定位，填补完善典型单层球面网壳结构和轮廓之间的空隙位置杆件(图 7-1(c))。

(4) 根据轮廓形状位置，去除截断典型单层球面网壳结构超过轮廓范围的杆件(图 7-1(d))，并计算单层网壳结构各点的坐标值。

(5) 根据上部单层网壳结构，布置相应的下部索杆体系，使其组合成非圆建筑球面弦支穹顶体系(图 7-1(e))。

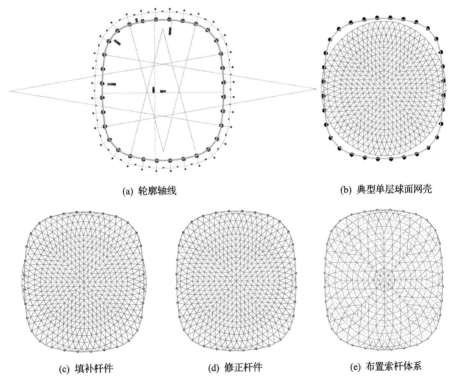

(a) 轮廓轴线　　　　　　　　　(b) 典型单层球面网壳

(c) 填补杆件　　　　　　(d) 修正杆件　　　　　　(e) 布置索杆体系

图 7-1　非圆建筑球面弦支穹顶形成过程

总体来说，非圆建筑球面弦支穹顶结构除最外圈径向拉杆外，其他的径向拉杆、撑杆和环索设计与球面弦支穹顶基本相同。

　　按照上述步骤结合河北北方学院体育馆工程形成的新型球面弦支穹顶结构体系的平面、立面和剖面布置图如图 7-2 所示。平面投影轮廓轴线由八段圆弧组成，长轴尺寸 89.89m，短轴尺寸 82.674m，短轴方向矢高 4.104m，长轴方向矢高 4.876m。其上部单层网壳采用 K8+联方型网格布置，共设置了五道环索和撑杆。

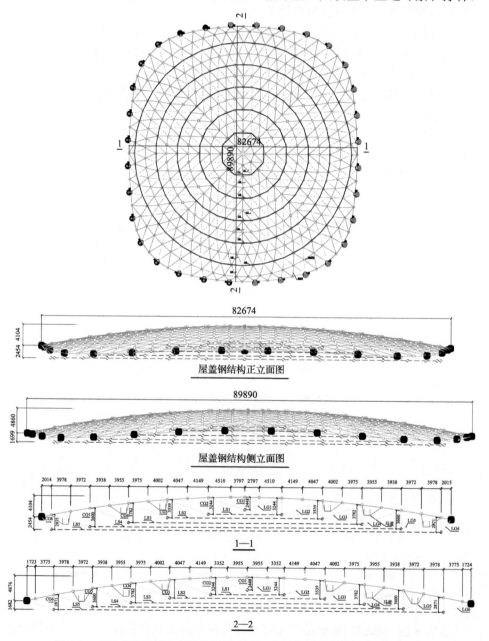

图 7-2　非圆建筑球面弦支穹顶结构平面、立面和剖面布置图（单位：mm）

7.2　非圆建筑球面弦支穹顶结构静力性能

因为非圆建筑球面弦支穹顶结构并非完全中心对称，所以与球面弦支穹顶结构相比，其静力性能不尽相同。本节对非圆建筑球面弦支穹顶结构基本静力性能进行分析。

7.2.1　计算分析模型

1. 模型建立

采用有限元分析软件 MIDAS 建立该新型弦支穹顶结构的计算模型，其中上部单层球面网壳杆件采用梁单元，撑杆采用桁架单元，材质均为 Q345B；环向拉索和径向拉杆均采用只拉单元，材质分别为 1670MPa 级高强钢丝束和 GLG550 级钢拉杆；周圈支承在 32 根混凝土柱顶，约束条件为 Z 向固定约束、X 向和 Y 向弹性约束，水平向约束弹簧刚度初选为 3000kN/m(线性)。所有的单层网壳和撑杆截面均为圆钢管，单层网壳杆件计算长度系数在平面内为 0.9，在平面外为 1.5，撑杆计算长度系数取 1.0。该新型弦支穹顶结构布置接近于一般球面弦支穹顶结构的中心对称特点，故采取每圈杆件截面一致的布置方式。其中，网壳杆件规格为 Φ219×7、Φ245×8、Φ273×8、Φ351×10、Φ402×12 和 Φ450×14；撑杆规格为 Φ219×7；环向拉索规格为 Φ90、Φ67 和 Φ52；径向拉杆规格为 Φ80、Φ60 和 Φ40。计算模型如图 7-3 所示。

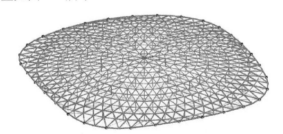

图 7-3　计算模型

2. 荷载条件

结构承受的荷载主要有恒荷载、活荷载、风荷载、温度作用和地震作用。其中，恒荷载包括：结构构件自重；屋面恒荷载 0.7kN/m²；环索预拉力从外向内依次为 1800kN、900kN、600kN、300kN 和 150kN。活荷载包括：屋面活荷载 0.5kN/m²；预留吊挂 0.1kN/m²。风荷载为：基本风压 0.55kN/m²，地面粗糙度类别为 B 类，高度系数为 0.824，风振系数参照相关场馆经验取为 1.5，体型系数按照《建筑结构荷载规范》（GB 50009—2012)选取。温度作用包括正温度荷载(25℃)和负温度荷载(−25℃)。地震作用的参数是：场地类别为Ⅲ类，抗震设防烈度为 7 度，设计基本加速度为 0.15*g*，设计地震分组为第二组。

选用 10 种典型的荷载组合进行分析，如表 7-2 所示。

表7-2 荷载组合表

序号	组合	备注
1	DL	全跨恒荷载
2	DL+LL	全跨恒荷载+全跨活荷载
3	DL+LL1	全跨恒荷载+长轴半跨活荷载
4	DL+LL2	全跨恒荷载+短轴半跨活荷载
5	DL+LL+WL	全跨恒荷载+全跨活荷载+全跨风荷载
6	DL+T+	全跨恒荷载+全跨正温度荷载
7	DL+T−	全跨恒荷载+全跨负温度荷载
8	Rx	*X* 向地震荷载
9	Ry	*Y* 向地震荷载
10	Rz	*Z* 向地震荷载

7.2.2 静力性能分析结果

按照 7.2.1 节的模型和荷载组合，对非圆建筑球面弦支穹顶结构进行静力分析。由于篇幅所限，仅取部分荷载工况分析结果进行说明。

1. 全跨和半跨荷载工况

在全跨和半跨荷载情况下，结构的静力性能有一定的区别。以 DL+LL、DL+LL1、DL+LL2 和 DL+LL+WL 荷载工况为例进行计算，得到的计算结果如表 7-3 所示。可以看出，在全跨恒荷载+半跨活荷载布置下，结构的各项静力性能均小于全跨恒荷载+全跨活荷载布置。

表7-3 非圆建筑球面弦支穹顶结构静力分析结果

分析工况	最大竖向位移/mm	撑杆最大内力/kN	环索最大内力/kN	网壳最大轴力/kN
DL+LL	−248	−493	3355	1997
DL+LL1	−232	−477	3224	1772
DL+LL2	−247	−424	3232	1890
DL+LL+WL	−155	−394	2670	1138

因为非圆建筑球面弦支穹顶结构具有双轴对称特性，所以选取 1/4 部分的撑杆、环索和支座进行静力分析，其布置图如图 7-4～图 7-6 所示，静力性能如图 7-7～图 7-9 所示。

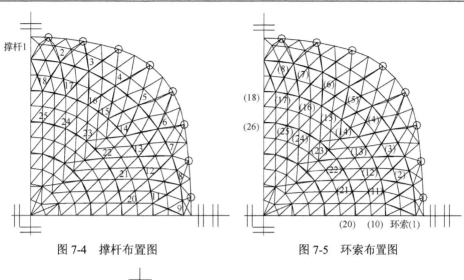

图 7-4　撑杆布置图　　　　　　　　　　　图 7-5　环索布置图

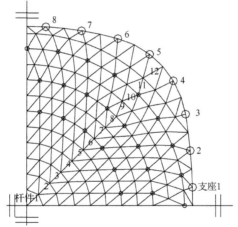

图 7-6　支座布置图

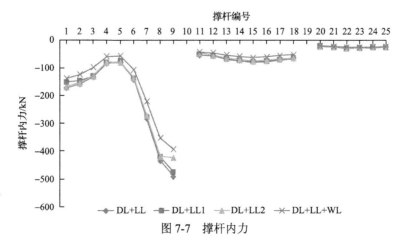

图 7-7　撑杆内力

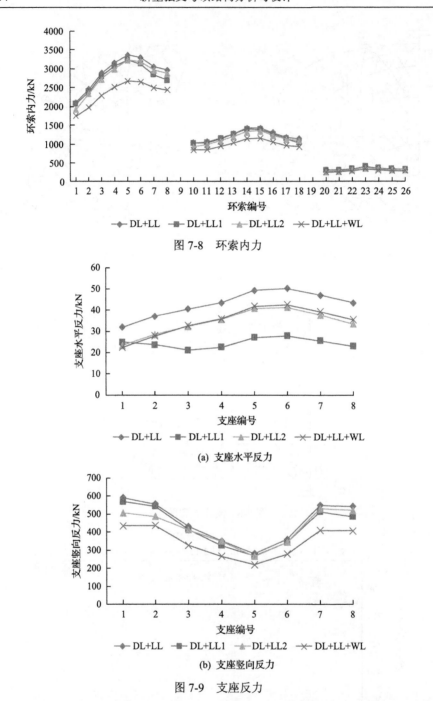

图 7-8 环索内力

(a) 支座水平反力

(b) 支座竖向反力

图 7-9 支座反力

图 7-7 和图 7-8 中，从左往右第一组曲线反映最外圈撑杆和环索内力，第二组曲线反映第二圈撑杆和环索内力，第三组曲线反映第三圈撑杆和环索内力。

由图 7-7 可知，最外圈撑杆内力较大，差异性较大，且对称轴位置的撑杆内力较大而圆角处较小；其他圈撑杆内力较小且差异性较小。

由图 7-8 可知，从外圈到内圈，环索内力逐渐减小，且差异性不断减小；在同一圈环索中，对称轴位置的环索内力较小而圆角处较大。

通过比较图 7-7 和图 7-8 的计算结果可以发现，对于非圆建筑球面弦支穹顶结构，除最外圈的撑杆和环索之外，其他圈撑杆和环索内力差异性较小，较为均匀。

从图 7-9 可以看出，在不同位置处，相应的支座水平反力和竖向反力并不完全均匀，有一定的变化。支座水平反力在对称轴位置较小，而支座竖向反力在对称轴位置较大。DL+LL1 荷载工况下的支座水平反力小于 DL+LL2 荷载工况，支座竖向反力规律则相反。

2. 温度荷载工况

非圆建筑球面弦支穹顶结构属于超静定结构，因此温度变化会引起结构温度变形，从而造成温度应力。在 DL、DL+T+ 和 DL+T– 荷载工况下，非圆建筑球面弦支穹顶结构的最大竖向位移如表 7-4 所示。从表中可以看出，正温度作用可以减小结构的最大竖向位移，而负温度作用会加大结构的最大竖向位移。

表 7-4　温度作用对结构最大竖向位移的影响

分析工况	最大竖向位移/mm
DL	−141
DL+T+	−137
DL+T–	−146

在温度作用下，非圆建筑球面弦支穹顶结构的网壳杆件内力、环索内力和支座反力如图 7-10～图 7-12 所示。

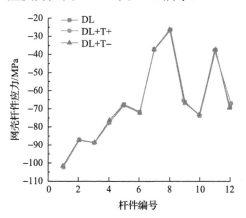

图 7-10　温度作用对网壳杆件应力的影响

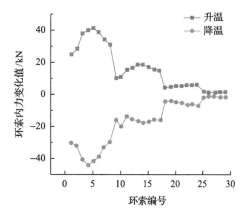

图 7-11　温度作用对环索内力的影响

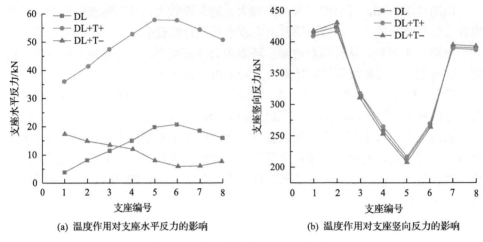

(a) 温度作用对支座水平反力的影响　　　　(b) 温度作用对支座竖向反力的影响

图 7-12　温度作用对支座反力的影响

从图 7-10 可以看出,正负温度作用都不会引起网壳杆件应力较为明显的变化。从图 7-11 可以看出,正负温度作用对不同圈环索内力的作用不尽相同。最外圈环索内力较大且差异性大,而最内圈环索内力较小且差异性小。由最外圈环索到最内圈环索,环索内力不断减小,且差异性不断减小。

由图 7-12 可知,正温度作用对支座水平反力有显著影响,而负温度作用对支座水平反力影响相对较小。正负温度作用基本不会引起支座竖向反力的变化。

7.2.3　静力性能的参数化分析

系统的参数化分析可以较为全面地了解非圆建筑球面弦支穹顶结构的静力性能,为类似结构设计和工程实践提供一定的参考依据。本节主要考虑矢跨比、撑杆长度、撑杆截面、环索初拉力、环索截面积、径向拉杆直径和支座水平刚度等参数对结构静力性能的影响。

1. 矢跨比对结构静力性能的影响

在保持其他参数不变的基础上,通过改变非圆建筑球面弦支穹顶结构矢高的方法来改变结构的矢跨比。其中,初始模型的矢跨比为 1/20,其他模型的矢跨比为 1/10、1/15 和 1/25。

如图 7-13 所示,非圆建筑球面弦支穹顶结构的最大竖向位移受矢跨比影响较大。随着矢跨比的减小,在各荷载工况下,结构的最大竖向位移不断增大。当矢跨比较大时,在 DL+LL、DL+LL1 和 DL+LL2 荷载工况下,结构的最大竖向位移大小相近;但是随着矢跨比的减小,全跨恒荷载+半跨活荷载工况对结构最大竖向位移的影响变大。

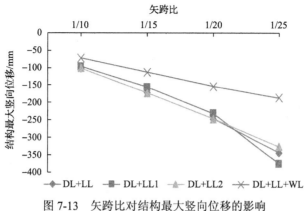

图 7-13　矢跨比对结构最大竖向位移的影响

从图 7-14 可以看出，随着矢跨比的减小，网壳杆件最大轴力基本不变。

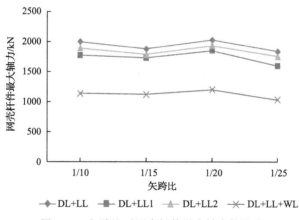

图 7-14　矢跨比对网壳杆件最大轴力的影响

从图 7-7 和图 7-8 可以看出，在结构的参数化分析中主要分析最外圈环索和撑杆内力随参数的变化规律。图 7-15 为最外圈撑杆内力、环索内力和环索节点不平衡力的最值。其中，折线图表示相应数据的最大值，柱状图代表相应数据的最小值，下同。

从图 7-15(a)可以看出，随着矢跨比逐渐变小，最外圈撑杆内力的最大值不断增大，而最外圈撑杆内力的最小值发生方向改变的情况，由受拉变为受压。从图 7-15(b)可以看出，随着矢跨比减小，最外圈环索内力的最大值线性增大，而最外圈环索内力的最小值几乎不变。从图 7-15(c)可以看出，随着矢跨比减小，最外圈环索节点不平衡力的最大值变大，且在矢跨比较小时半跨活荷载工况下将产生较大的最外圈环索节点不平衡力。

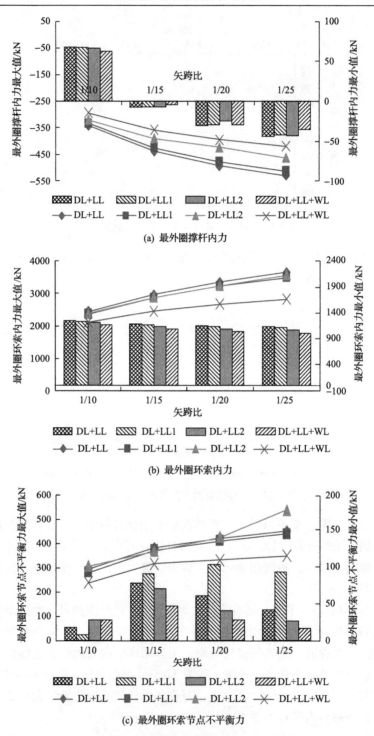

(a) 最外圈撑杆内力

(b) 最外圈环索内力

(c) 最外圈环索节点不平衡力

图 7-15　矢跨比对最外圈撑杆内力、环索内力和环索节点不平衡力的影响

从图 7-16 可以看出，随着矢跨比的减小，支座水平反力的最大值先增大后减小，而支座竖向反力的最大值则缓慢增大。总体来说，活荷载全跨布置工况下的支座水平和竖向反力大于其他荷载工况下。

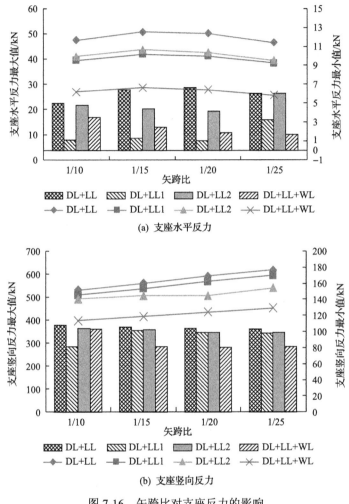

(a) 支座水平反力

(b) 支座竖向反力

图 7-16　矢跨比对支座反力的影响

2. 撑杆长度对结构静力性能的影响

保持其他参数不变，参考基本有限元模型的撑杆长度，研究不同撑杆长度对非圆建筑球面弦支穹顶结构静力性能的影响。

从图 7-17 可以看出，随着撑杆长度不断增加，在各荷载工况下结构的最大竖向位移显著减小，且减小的幅度不断变小。

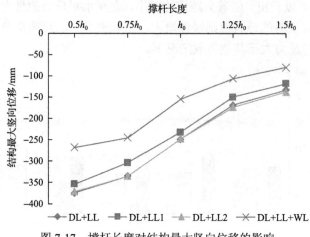

图 7-17　撑杆长度对结构最大竖向位移的影响

　　由图 7-18 可知，随着撑杆长度不断增大，网壳杆件最大轴力不断减小。在 DL+LL 荷载工况下，网壳杆件最大轴力最大；在 DL+LL+WL 荷载工况下，网壳杆件最大轴力最小。

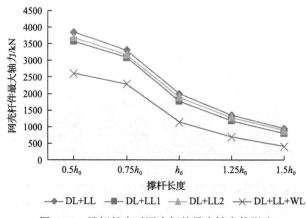

图 7-18　撑杆长度对网壳杆件最大轴力的影响

　　由图 7-19(a)可知，随着撑杆长度不断增大，最外圈撑杆内力最大值逐渐增大，而最外圈撑杆内力最小值发生方向改变的情况，由受拉变为受压。从图 7-19(b)可以看出，最外圈环索内力的最大值和最小值都随着撑杆长度的增加而减小。由图 7-19(c)可知，随着撑杆长度增大，最外圈环索节点不平衡力最大值减小。

　　从图 7-20 可以看出，随着撑杆长度不断增加，支座水平反力的最大值逐渐减小，而支座竖向反力的最大值缓慢增加。总体而言，活荷载全跨布置工况下的支座水平和竖向反力大于其他荷载工况下。

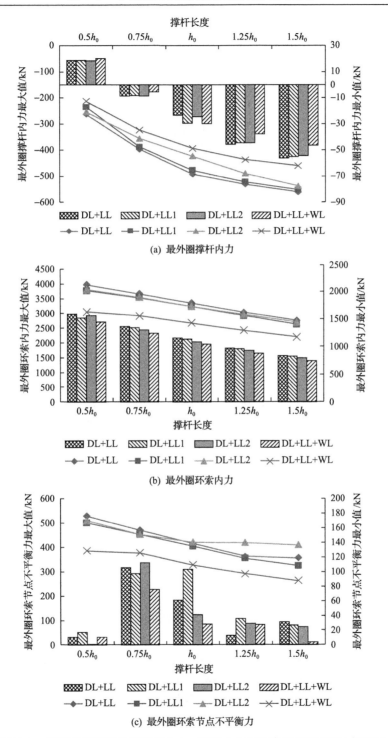

(a) 最外圈撑杆内力

(b) 最外圈环索内力

(c) 最外圈环索节点不平衡力

图 7-19　撑杆长度对最外圈撑杆内力、环索内力和环索节点不平衡力的影响

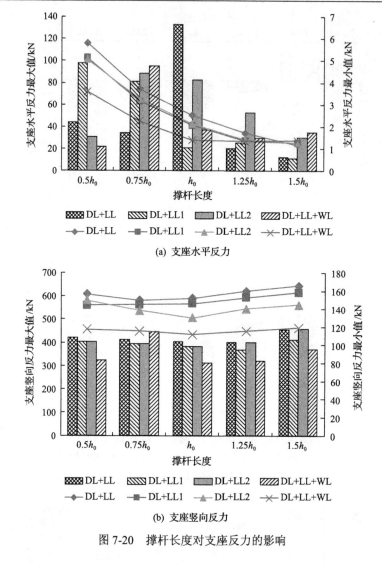

(a) 支座水平反力

(b) 支座竖向反力

图 7-20　撑杆长度对支座反力的影响

3. 撑杆截面对结构静力性能的影响

在其他参数保持不变的前提下，改变撑杆的截面，来考察其对非圆建筑球面弦支穹顶结构静力性能的影响。

从图 7-21 可以看出，撑杆截面的改变对结构变形的影响不明显。在 DL+LL+WL 荷载工况下，结构的最大竖向位移最小。

如图 7-22 所示，网壳杆件最大轴力随撑杆截面的变化不明显。在 DL+LL 荷载工况下，网壳杆件最大轴力最大；在 DL+LL+WL 荷载工况下，网壳杆件最大轴力最小。

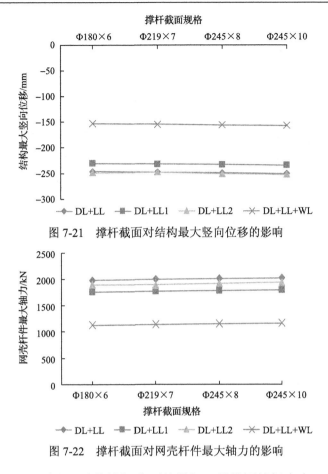

图 7-21　撑杆截面对结构最大竖向位移的影响

图 7-22　撑杆截面对网壳杆件最大轴力的影响

从图 7-23 可以看出，随着撑杆截面的增加，最外圈撑杆内力、环索内力和环索节点不平衡力基本不变。

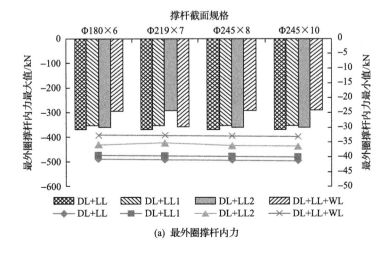

(a) 最外圈撑杆内力

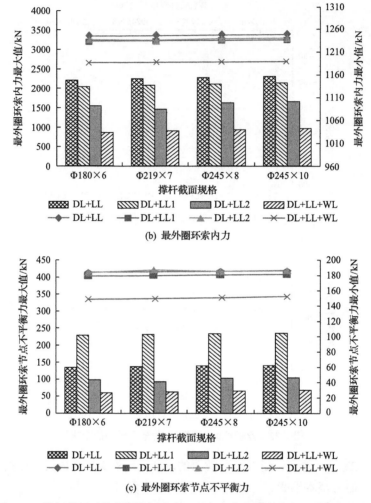

(b) 最外圈环索内力

(c) 最外圈环索节点不平衡力

图 7-23　撑杆截面对最外圈撑杆内力、环索内力和环索节点不平衡力的影响

从图 7-24 可以看出，随着撑杆截面的增加，支座水平反力和竖向反力变化不明显。

4. 环索初拉力对结构静力性能的影响

在保持其他参数不变的基础上，以基本模型的环索初拉力为标准，来研究不同环索初拉力对非圆建筑球面弦支穹顶结构静力性能的影响。

从图 7-25 可以看出，随着环索初拉力不断增大，在各荷载工况下，结构最大竖向位移逐渐减小。在 DL+LL1 荷载工况下，结构最大竖向位移减小幅度更大。

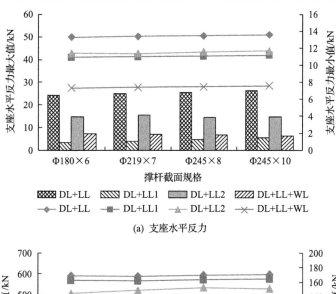

(a) 支座水平反力

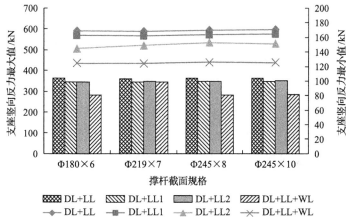

(b) 支座竖向反力

图 7-24　撑杆截面对支座反力的影响

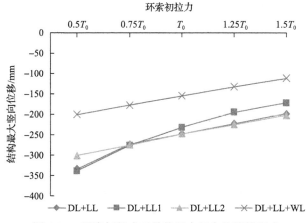

图 7-25　环索初拉力对结构最大竖向位移的影响

从图 7-26 可以看出，随着环索初拉力的增大，网壳杆件最大轴力不断减小。在 DL+LL 荷载工况下，网壳杆件最大轴力最大；在 DL+LL+WL 荷载工况下，网壳杆件最大轴力最小。

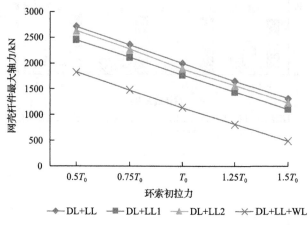

图 7-26 环索初拉力对网壳杆件最大轴力的影响

如图 7-27(a)和(b)所示，随着环索初拉力的增大，最外圈撑杆内力和环索内力的最大值和最小值均增大。如图 7-27(c)所示，随着环索初拉力的增大，最外圈环索节点不平衡力的最大值除在短轴和长轴半跨活荷载工况布置下呈先减小再增大的趋势外，在其他荷载工况下均增大，而最外圈环索节点不平衡力的最小值显著减小。

从图 7-28 可以看出，随着环索初拉力的增大，支座水平反力的最大值减小，而支座竖向反力最大值略微减小。总体上，活荷载全跨布置工况下的支座反力大于其他荷载工况。

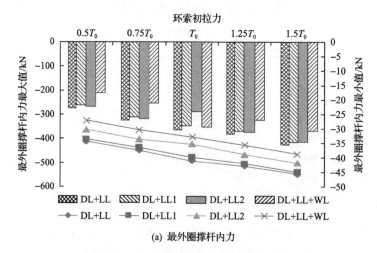

(a) 最外圈撑杆内力

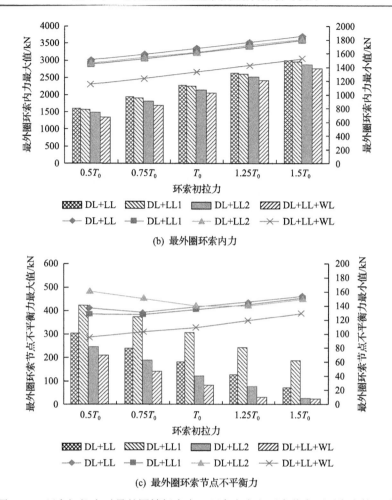

(b) 最外圈环索内力

(c) 最外圈环索节点不平衡力

图 7-27　环索初拉力对最外圈撑杆内力、环索内力和环索节点不平衡力的影响

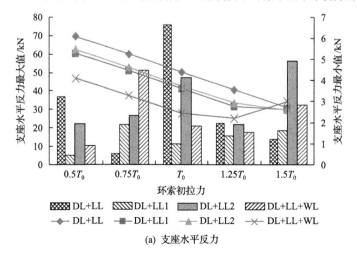

(a) 支座水平反力

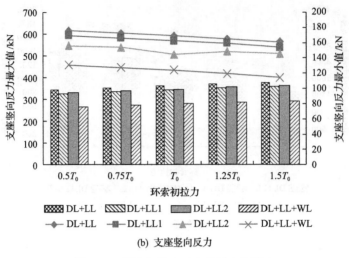

(b) 支座竖向反力

图 7-28　环索初拉力对支座反力的影响

5. 环索截面积对结构静力性能的影响

保持其他参数不变的条件下，通过改变环索的截面积来研究其对非圆建筑球面弦支穹顶静力性能的影响。

如图 7-29 所示，随着环索截面积的增大，结构最大竖向位移减小。分析 DL+LL、DL+LL1 和 DL+LL2 这三种荷载工况可以发现，当环索截面积较小时，三种荷载工况的最大竖向位移有所差别；但当环索截面积增大到一定程度时，三者差别不大。

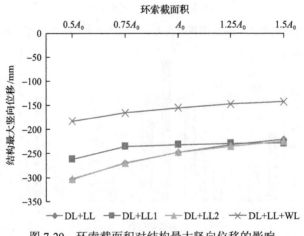

图 7-29　环索截面积对结构最大竖向位移的影响

由图 7-30 可知，网壳杆件最大轴力随着环索截面积的增大而减小。在 DL+LL

荷载工况下，网壳杆件最大轴力最大；在 DL+LL+WL 荷载工况下，网壳杆件最大轴力最小。

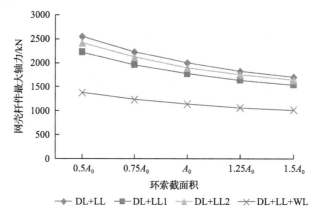

图 7-30　环索截面积对网壳杆件最大轴力的影响

　　如图 7-31(a)所示，随着环索截面积的增加，最外圈撑杆内力的最大值和最小值基本不变。由图 7-31(b)可知，最外圈环索内力最大值随环索截面积的增大而增大，最小值随环索截面积的增大而减小。由图 7-31(c)可知，环索截面积越大，最外圈环索节点不平衡力的最大值越大，最小值越小。

　　由图 7-32 可知，随着环索截面积的增加，支座水平反力最大值和最小值减小，而支座竖向反力最大值呈先略微减小后增大的趋势，最小值基本不变。总体上，活荷载全跨布置荷载工况下的支座水平反力和竖向反力大于其他荷载工况。

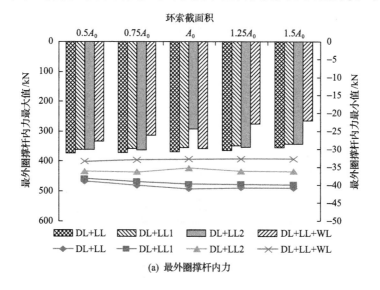

(a) 最外圈撑杆内力

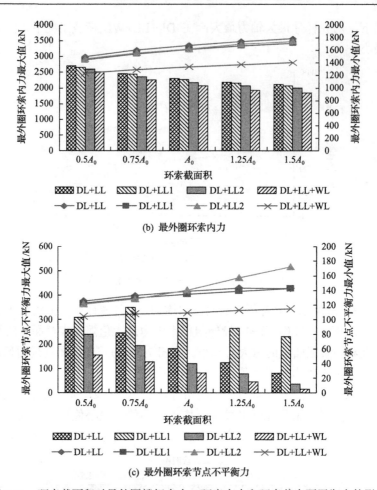

(b) 最外圈环索内力

(c) 最外圈环索节点不平衡力

图 7-31　环索截面积对最外圈撑杆内力、环索内力和环索节点不平衡力的影响

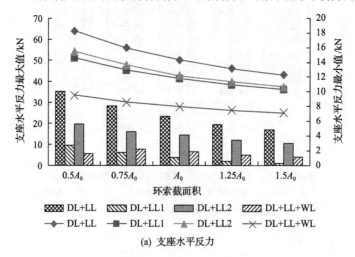

(a) 支座水平反力

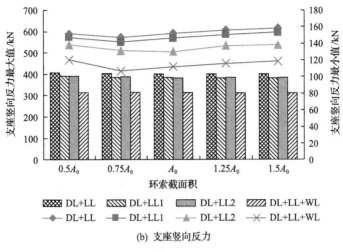

(b) 支座竖向反力

图 7-32　环索截面积对支座反力的影响

6. 径向拉杆直径对结构静力性能的影响

在基本模型的基础上，通过改变径向拉杆的直径来研究其对非圆建筑球面弦支穹顶结构静力性能的影响。

由图 7-33 可知，随着径向拉杆直径的增大，在各荷载工况下，结构最大竖向位移变化不大，且 DL+LL、DL+LL1 和 DL+LL2 三种荷载工况下的结构最大竖向位移相近。

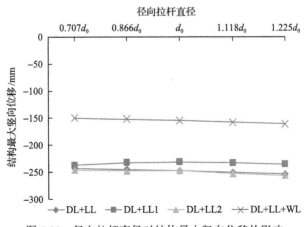

图 7-33　径向拉杆直径对结构最大竖向位移的影响

从图 7-34 可以看出，网壳杆件最大轴力随径向拉杆直径的变化并不显著。在 DL+LL 荷载工况下，网壳杆件最大轴力最大；在 DL+LL+WL 荷载工况下，网壳杆件最大轴力最小。

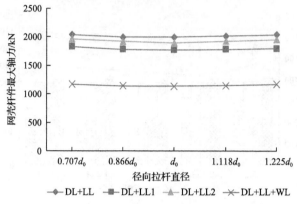

图 7-34 径向拉杆直径对网壳杆件最大轴力的影响

从图 7-35 可以看出，随着径向拉杆直径的增大，最外圈撑杆内力最值、最外圈环索内力的最值和最外圈环索节点不平衡力最值基本上都略微增大。

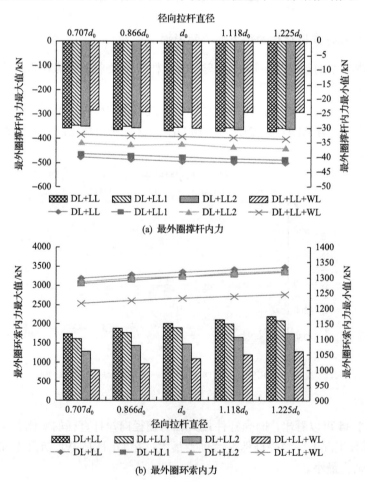

(a) 最外圈撑杆内力

(b) 最外圈环索内力

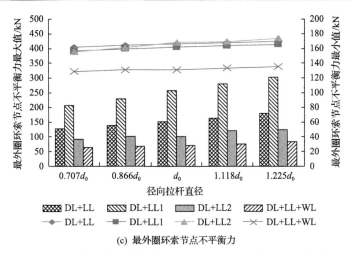

(c) 最外圈环索节点不平衡力

图 7-35　径向拉杆直径对最外圈撑杆内力、环索内力和环索节点不平衡力的影响

　　由图 7-36 可知，随着径向拉杆直径的增大，支座水平反力和竖向反力基本不变。总体上，活载全跨布置工况下的支座水平反力和竖向反力大于其他荷载工况。

7. 支座水平刚度对结构静力性能的影响

　　在保持其他参数不变的基础上，以基本模型的支座水平刚度为基础，研究不同支座水平刚度对非圆建筑球面弦支穹顶结构静力性能的影响。

　　由图 7-37 可知，随着支座水平刚度的增大，在各荷载工况下，结构最大竖向位移略微减小，当支座水平刚度达到+∞时，最大竖向位移达到最小值。在 DL+LL、DL+LL1 和 DL+LL2 这三种荷载工况下，结构最大竖向位移相差不大，而在 DL+LL+WL 荷载工况下，结构最大竖向位移最小。

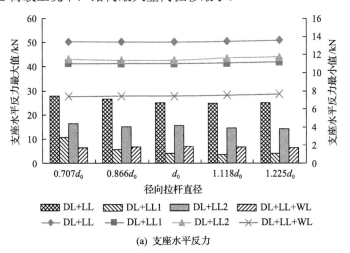

(a) 支座水平反力

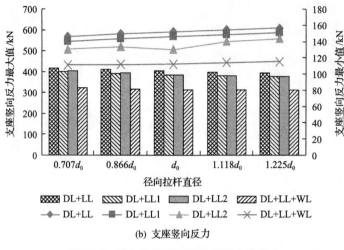

(b) 支座竖向反力

图 7-36　径向拉杆直径对支座反力的影响

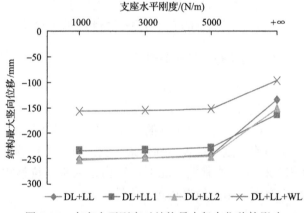

图 7-37　支座水平刚度对结构最大竖向位移的影响

从图 7-38 可以看出，网壳杆件最大轴力随支座水平刚度的增大而略微减小，在 DL+LL 荷载工况下，网壳杆件最大轴力最大；在 DL+LL+WL 荷载工况下，网壳杆件最大轴力显著减小。

从图 7-39 可以看出，随着支座水平刚度的增大，最外圈撑杆内力最大值、最外圈环索内力最大值及最外圈环索节点不平衡力最大值都略微减小，且在支座水平刚度增大到+∞时达到极值。

由图 7-40 可知，随着支座水平刚度的增加，支座水平反力最大值和最小值都略微增大；而支座竖向反力最大值略微减小，最小值的变化规律不明显。总体上，活荷载全跨布置工况下的支座水平反力和竖向反力大于其他荷载工况。

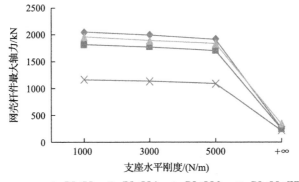

图 7-38　支座水平刚度对网壳杆件最大轴力的影响

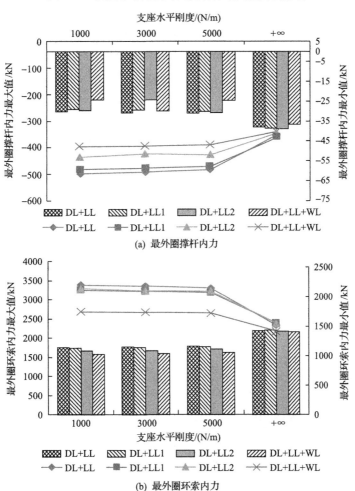

(a) 最外圈撑杆内力

(b) 最外圈环索内力

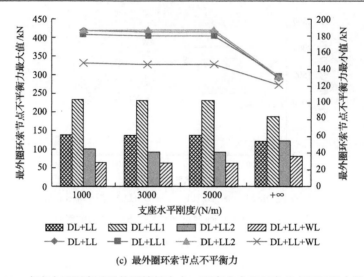

(c) 最外圈环索节点不平衡力

图 7-39　支座水平刚度对最外圈撑杆内力、环索内力和环索节点不平衡力的影响

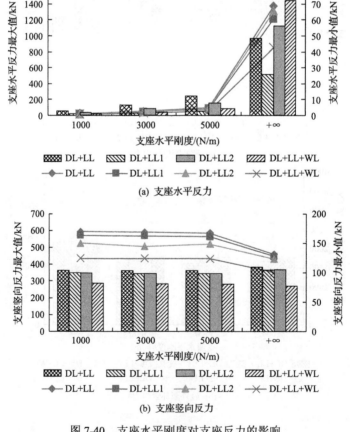

(a) 支座水平反力

(b) 支座竖向反力

图 7-40　支座水平刚度对支座反力的影响

8. 参数化分析小结

综上所述，通过对上述多种参数的详细分析，可知：

(1)随着矢跨比、撑杆长度、环索初拉力、环索截面积和支座水平刚度的增大，新型球面弦支穹顶结构最大竖向位移减小；撑杆截面和径向拉杆直径对结构最大竖向位移的影响很小。

(2)网壳最大轴力随着撑杆长度、环索初拉力、环索截面积和支座水平刚度的增大而减小，不随矢跨比、撑杆截面和径向拉杆直径变化。撑杆内力和环索内力随着矢跨比和支座水平刚度的增大而减小，随着环索初拉力和径向拉杆直径的增大而增大，不随撑杆截面变化，随撑杆长度和环索截面积的变化复杂。环索节点不平衡力随着矢跨比、撑杆长度和支座水平刚度的增大而减小，随着环索初拉力、环索截面积和径向拉杆直径的增大而增大，不随撑杆截面变化。

(3)随着矢跨比的增大，支座水平反力先增大后减小，而支座竖向反力减小；随着撑杆长度的增大，支座水平反力减小，而支座竖向反力增大；随着环索截面积的增大，支座水平反力减小，支座竖向反力先减小后增大；随着撑杆截面和径向拉杆直径的增大，支座水平反力和竖向反力基本不变；随着环索初拉力的增大，支座水平反力和竖向反力减小；随着支座水平刚度的增大，支座水平反力增大，而支座竖向反力减小。

7.3　非圆建筑球面弦支穹顶结构动力特性及抗震性能

在明确非圆建筑球面弦支穹顶结构静力性能的基础上，对其动力特性和抗震性能进行进一步的研究。

7.3.1　自振特性

结构的动力响应不仅与激励的性质有关，还与结构的自振特性有关，结构的自振特性是其本身固有的重要力学性能，也是衡量结构质量和刚度是否匹配、刚度是否合理的重要指标。因此，研究结构的自振性能有着重要的意义。本章以 7.2 节所述结构为基本模型并考虑节点刚度的影响，如图 7-41 所示。

1. 初始模型自振频率

对弦支穹顶结构而言，节点刚度对结构的动力性能有较大影响。采用刚臂+杆端释放自由度相结合的方法来模拟不同的节点刚度。杆端约束的释放比例代表约束释放后残留约束能力的百分比。选取的刚臂长度为 300mm，释放比率为 0.01、0.05、0.1、0.2、0.5 和 1，释放比率越大则节点刚度越大。初始模型考虑刚臂长度，但不进行杆端约束释放。

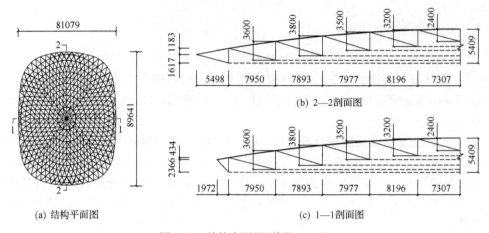

(a) 结构平面图　　　　　　　　　　　　　(c) 1—1剖面图

图 7-41　结构布置图(单位：mm)

图 7-42 为初始模型前 30 阶自振频率。由图可知，随着模态阶数的增加，非圆建筑球面弦支穹顶结构的自振频率逐渐增加，且变化平稳。

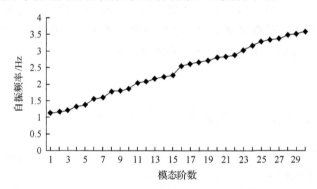

图 7-42　初始模型前 30 阶自振频率

2. 参数选取

对非圆建筑球面弦支穹顶结构的动力性能进行参数化分析，选取的计算参数如表 7-5 所示。用 MIDAS 建模分析时，预应力通过设置初应变来引入，分析时考虑非线性的影响。

表 7-5　结构计算参数选取

计算参数	初始取值	参数化分析取值
矢跨比	$f_0=1/20$	1/15、1/20、1/25
撑杆长度/m	$h_0=2.4$、3.2、3.5、3.8、3.6、2.8	$0.5h_0$、h_0、$1.5h_0$
环索预拉力/kN	$T_0=1800$、900、600、300、150	$0.5T_0$、T_0、$1.5T_0$
支座水平刚度/(kN/m)	2500	1000、2500、5000

3. 参数化分析

如图 7-43 所示，随着释放比率的增大，结构基频和竖向振动频率不断增大；随着矢跨比的增大，结构基频和竖向振动频率增大。

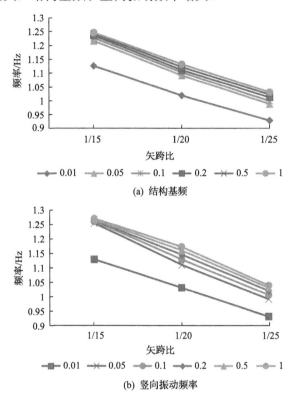

(a) 结构基频

(b) 竖向振动频率

图 7-43　不同矢跨比下节点刚度对结构频率的影响

从图 7-44 可以看出，随着释放比率的增大，结构基频和竖向振动频率不断增大；随着撑杆长度的增大，结构基频和竖向振动频率先减小后增大。

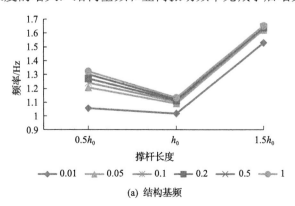

(a) 结构基频

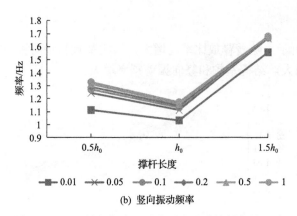

(b) 竖向振动频率

图 7-44　不同撑杆长度下节点刚度对结构频率的影响

由图 7-45 可知，随着释放比率的增大，结构基频和竖向振动频率不断增大；但是结构基频和竖向振动频率不受环索预应力的影响。

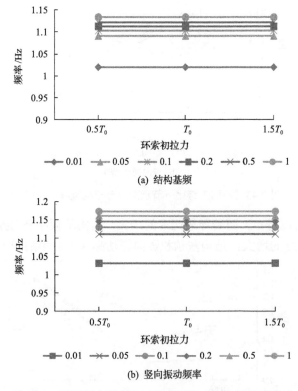

(a) 结构基频

(b) 竖向振动频率

图 7-45　不同环索预应力下节点刚度对结构频率的影响

由图 7-46 可知，支座水平刚度为 2500kN/m 和 5000kN/m 时，随着释放比率的增大，结构基频和竖向振动频率不断增大；支座水平刚度为 1000kN/m 时，结构基频和竖向振动频率随释放比率的增加缓慢增加。结构基频和竖向振动频率随着支座水平刚度的增大而增大。

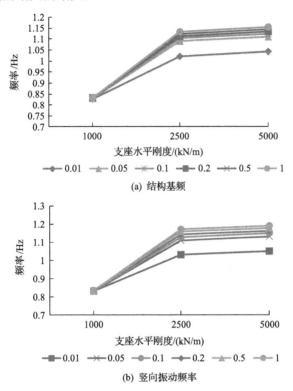

(a) 结构基频

(b) 竖向振动频率

图 7-46　不同支座水平刚度下节点刚度对结构频率的影响

7.3.2　抗震性能

1. 参数选取

根据 7.2 节的模型，在地震作用下对结构的抗震性能进行分析。本节采用时程分析法计算地震作用下结构的动力响应，把 1.0×恒荷载+0.5×活荷载转化为质量块施加到弦支穹顶结构的节点上。按照峰值、频谱特性和地震动持时的要求，选取 Holly_t 波为地震波，并调整该地震波的峰值，使之与规范设防烈度要求的峰值相等，如图 7-47 所示。

参数分析时考虑 Rx（X 向水平地震作用）、Ry（Y 向水平地震作用）和 Rz（竖向地震作用）三种分析工况。

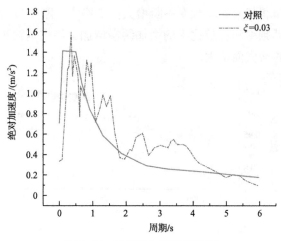

图 7-47　地震波加速度反应谱

2. 结果分析

在上述三种荷载工况下，对初始取值模型进行分析。由于该新型弦支穹顶结构具有双轴对称的特性，选取整体结构 1/4 部分的环索进行分析，得到的结果如表 7-6 所示。本章选取的新型弦支穹顶结构响应均为相应数据的最大值。

表 7-6　初始取值下新型弦支穹顶结构响应

分析工况	最大竖向位移/mm	网壳杆件最大轴力/kN	环索最大内力/kN
Rx	−47.50	−242.44	162.75
Ry	−61.82	−428.99	245.23
Rz	−64.06	−241.61	442.43

图 7-48 中，1～8 号环索属于第 1 圈（从外往里数）；10～18 号环索属于第 2 圈；20～26 号环索属于第 3 圈；28～32 号环索属于第 4 圈；34～36 号环索属于第 5 圈。在地震作用下，最外圈环索内力值较大且差异性大，其他圈环索内力值较小且差异性小。

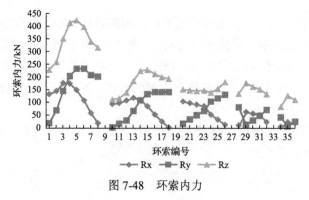

图 7-48　环索内力

7.4 非圆建筑球面弦支穹顶结构稳定性能

稳定性是弦支穹顶结构设计中突出的问题。虽然弦支穹顶结构的稳定性比单层网壳结构好,但是随着结构跨度的不断增大,稳定性问题会变得更加突出。本节以 7.2 节的模型为例,讨论非圆建筑球面弦支穹顶结构的稳定性问题。

7.4.1 特征值屈曲分析

选择 DL+LL 荷载工况对不考虑初始缺陷的非圆建筑球面弦支穹顶结构进行屈曲模态分析。前 10 阶屈曲模态特征值如图 7-49 所示。由图可知,第 1 阶屈曲模态特征值为 5.28。随着模态阶数不断增大,非圆建筑球面弦支穹顶结构的屈曲特征值缓慢增大。

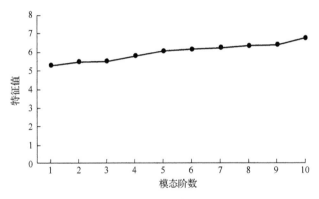

图 7-49 前 10 阶屈曲模态特征值

选取非圆建筑球面弦支穹顶结构的前四阶屈曲模态进行分析,如图 7-50 所示。由图可见,前四阶屈曲模态的结构在弦支穹顶上部网壳的中心位置屈曲变形。

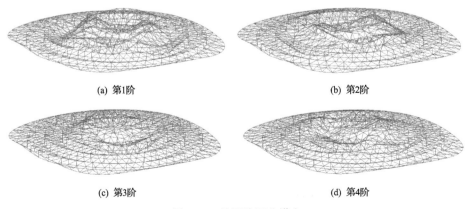

(a) 第1阶   (b) 第2阶

(c) 第3阶   (d) 第4阶

图 7-50 前四阶屈曲模态

7.4.2 非线性屈曲分析

上述分析得到非圆建筑球面弦支穹顶结构的第 1 阶屈曲模态。为了考虑初始几何缺陷对结构的影响，以第 1 阶屈曲模态数据为基础进行结构全过程分析，并取结构跨度的 1/300 为缺陷计算最大值。

因为非圆建筑球面弦支穹顶结构对称，本章仅选取 1/4 结构来布置测点。图 7-51 给出了 5 个关键节点的位置。

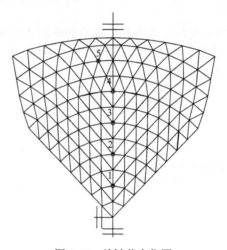

图 7-51　关键节点位置

图 7-52 为 5 个关键节点的荷载-位移曲线。在 DL+LL 荷载工况下，5 个关键节点的荷载-位移曲线均体现出结构失稳时的荷载系数大于规范的限值。

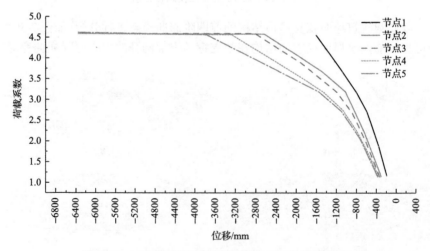

图 7-52　DL+LL 荷载工况下关键节点荷载-位移曲线

7.5　不同类型弦支穹顶结构力学性能对比分析

7.5.1　对比分析模型的建立

为研究不同类型弦支穹顶结构的施工方法、张拉方案、张拉次序等问题，考虑以圆形、椭圆形和圆角方形(即非圆建筑球面弦支穹顶)三种典型的弦支穹顶结构(图 7-53)为例来分析其构成特征和受力性能,三种典型结构的基本信息如表 7-7 所示。

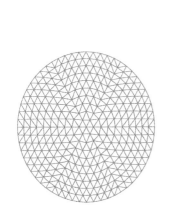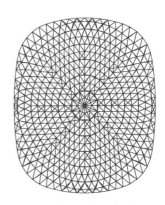

(a) 圆形弦支穹顶　　　　　　(b) 椭圆形弦支穹顶　　　　　　(c) 圆角方形弦支穹顶

图 7-53　三种典型弦支穹顶结构示意图

表 7-7　三种典型弦支穹顶结构基本信息

结构类型	平面尺寸	最大矢高/m	环索圈数	下部支承数量	分类
圆形弦支穹顶	90m×90m	7.0	4	30	凯威特型
椭圆形弦支穹顶	92m×73m	7.5	4	26	凯威特型
圆角方形弦支穹顶	90m×83m	5.7	5	32	凯威特型

在对比分析时，因为很难保证弦支穹顶结构各变量保持一致，所以在比较时通过对数据进行标准化处理来消除不同弦支穹顶结构之间的差异性。数据标准化处理的 min-max 转换函数为

$$X^* = \frac{X - X_{\min}}{X_{\max} - X_{\min}} \tag{7-1}$$

式中，$X_{\max}$ 表示数据的最大值；$X_{\min}$ 表示数据的最小值。

数据的标准化处理通过对原始数据进行线性变换，使结果值映射到[0, 1]区间。在需要时，可将最小值用一个比较小的数据代替以更好地反映数据的分布特征。

7.5.2　不同类型弦支穹顶结构受力性能分析

采用 ANSYS 建立有限元模型，上部单层网壳构件采用 BEAM188 单元模拟；对于竖向撑杆和径向拉杆，其连接节点简化为铰接，采用 LINK8 单元模拟；环向拉索为只拉单元，采用 LINK10 单元模拟。对于弦支穹顶的四周约束，简化处理时可采用径向释放，环向和竖向约束，但实际情况多是弹簧支座，这里采用 COMBIN14 单元模拟。使用 ANSYS 的 APDL 语言分别建立三种典型弦支穹顶结构分析模型，如图 7-54 所示。上部单层网壳主要构件规格为 Φ159×6、Φ180×6、Φ203×6、Φ219×7、Φ245×7/8、Φ273×8、Φ299×8/10 等。

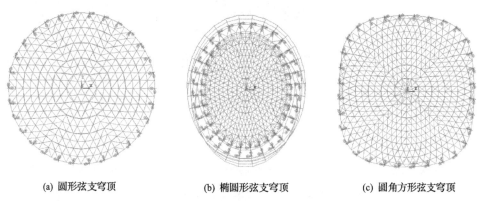

(a) 圆形弦支穹顶　　　　　　(b) 椭圆形弦支穹顶　　　　　　(c) 圆角方形弦支穹顶

图 7-54　三种典型弦支穹顶结构分析模型

上述分析模型的荷载为自重+预应力，分析计算时，由于构件规格、预应力大小、下部支承数量和结构形式等的不同，网壳位移、支座反力和环索索力等数据结果在比较时没有绝对的意义。本节主要目的是比较趋势的不同以及变化规律的不同，且经过归一化处理后，已经消除结果数据内部的差异，所以基本参数的细微差别对研究结果影响较小。

1. 网壳位移对比分析

因为网壳位移绝对值较小，所以没有对其进行归一化处理。如图 7-55 所示，总体上，圆形弦支穹顶的网壳位移呈均匀的阶梯分布，说明位移沿网壳中心向边缘均匀变化；椭圆形弦支穹顶的网壳位移呈不均匀台阶式变化，且较小位移值和较大位移值占据较大比例，中间值偏少，说明其位移分布比圆形弦支穹顶更不均匀；圆角方形弦支穹顶的网壳位移与椭圆形弦支穹顶相似，但不均匀程度较大，说明其位移分布更不均匀。

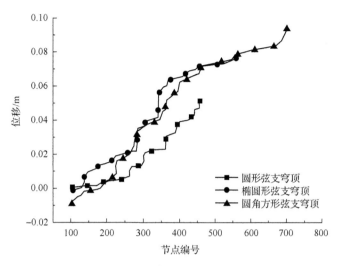

图 7-55　网壳位移对比分析图

2. 环索索力对比分析

由图 7-56 可知，对于圆形弦支穹顶，第 1~4 圈环索索力分布较为均匀，仅在第 3 圈（最大值 912kN，最小值 899kN）和第 4 圈（最大值 2360kN，最小值 2310kN）有较小幅度的变化；对于椭圆形弦支穹顶，环索索力总体上沿长轴对称分布，第 1 圈和第 2 圈环索索力分布较为不均匀，经处理后（$x_i = X_i / \max\{X_i\}$），其差值为 0.2 左右，第 3 圈（最大值 883kN，最小值 69kN）和第 4 圈（最大值 1448.7kN，最小值 1175.6kN）环索索力相对前两圈变化较为剧烈；对于圆角方形弦支穹顶，由于第 1 圈和第 2 圈环索接近圆形，索力分布较为均匀，第 3 圈（最大值 413kN，最小值 29.7kN）和第 4 圈（最大值 1120kN，最小值 891kN）环索索力分布比椭圆形弦支穹顶更不均匀。总的来说，圆形弦支穹顶的各圈环索索力分布较为均匀，椭圆形弦支穹顶第 1 圈和第 2 圈环索由于折角较大，其索力分布比其他两种弦支穹顶更不均匀，而圆角方形弦支穹顶的第 3 圈和第 4 圈环索索力变化幅度最大。

通过以上对三种典型弦支穹顶的网壳位移和环索索力进行对比分析后发现，圆形弦支穹顶变化均匀，在选择张拉方法时，可优先考虑张拉环索的方法施加预应力；对于椭圆形弦支穹顶，相对于圆形弦支穹顶，其变化较为不均匀，当跨度较小且索力不大时，可选择张拉环索的方法，其他情况可优先考虑张拉径向索的方法；对于圆角方形弦支穹顶，若环索形状接近圆形，可选择张拉环索，其他情况应优先考虑张拉径向索。

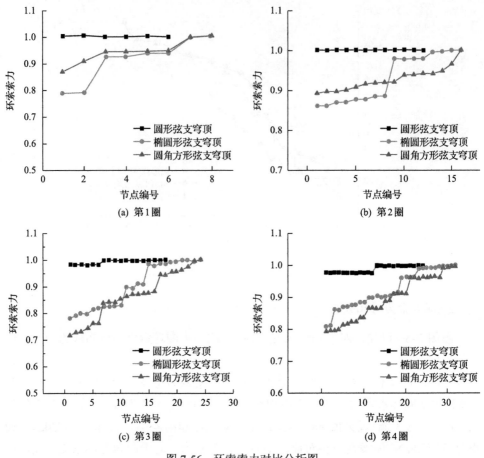

图 7-56 环索索力对比分析图

第 8 章　不连续支承的椭球面弦支
穹顶结构分析与设计

8.1　不连续支承问题

8.1.1　不连续支承问题的提出

弦支穹顶作为一种自平衡空间结构形式，在实际工程中应用越来越广泛。但弦支穹顶结构的布置形式决定了其对结构规则性、完整性、对称性，特别是对连续支承的要求较高。在实际工程中，大跨度屋盖结构尤其是体育场馆，因为建筑功能需求，如局部开洞、局部大空间等情况时有出现，支承柱的位置是否能均匀布置于屋盖结构之下难以得到保证，往往出现局部支承不连续的情况，目前对这种情况的弦支穹顶结构受力性能的研究较少，何种结构形式可以合理地解决此问题也没有明确的答案。

8.1.2　不连续支承解决方案

针对弦支穹顶结构在实际应用中可能出现的局部支承不连续的情况，分无辅助支承与有辅助支承两种情况，提出了两个方案。

方案一：下部结构提供单圈混凝土柱作为支承柱，缺柱部分无法形成辅助支承结构，仅靠调整弦支穹顶杆件来解决局部支承不连续的问题。

方案二：下部结构除单圈混凝土柱可作为支承柱外，在缺柱部分附近有其他混凝土柱、墙可以提供支承，利用这些位置的混凝土柱、墙等设置局部辅助支承体系，使用局部辅助支承体系协同其他混凝土柱共同支承弦支穹顶。

为研究两种方案的可行性，以跨度 80m、矢跨比 1/12、32 个支承点的标准圆形凯威特型弦支穹顶为例进行探讨。

1. 基本分析模型的建立

使用 MIDAS 建立模型并进行初始静动力分析，网壳形式为 K8，下部索杆共 5 环。支座采用三向铰接支座，基本分析模型如图 8-1 所示。网壳杆件采用梁单元，撑杆采用桁架单元，拉索、拉杆采用只受拉单元。

选取的荷载包括自重、均布恒荷载 (D) $0.5kN/m^2$、均布活荷载 (L) $0.5kN/m^2$、预应力 (P) 和三向地震作用。

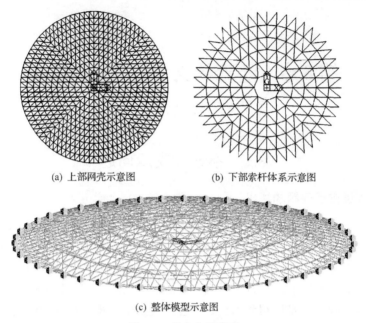

(a) 上部网壳示意图　　　　　　(b) 下部索杆体系示意图

(c) 整体模型示意图

图 8-1　基本分析模型

经过计算，上部网壳杆件及撑杆采用 Q345B 钢材，网壳杆件选用 Φ180×8 钢管,撑杆选用 Φ159×6 钢管；环向拉索采用 1670MPa 级拉索；径向拉杆采用 550MPa 级钢拉杆，规格为 Φ60；预拉力从内环至外环依次为 200kN、400kN、600kN、800kN、1000kN。结构最大应力比分布如图 8-2 所示，位移云图如图 8-3 所示。

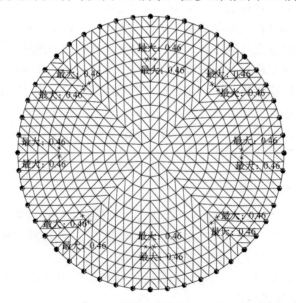

图 8-2　结构最大应力比分布

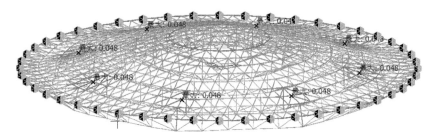

图 8-3　结构位移云图(单位：m)

使用 ABAQUS 对结构进行稳定性分析，网壳杆件采用 B31 单元，撑杆采用 T3D2 单元；拉索、拉杆采用 T3D2 单元并设置为只受拉单元。采用降温法施加预应力，选取 D+L+P 作为屈曲分析荷载工况。

考虑几何及材料双重非线性，进行荷载-位移全过程分析，按"一致缺陷模态法"考虑初始缺陷，依据《空间网格结构技术规程》(JGJ 7—2010)要求，按短向跨度的 1/300(266mm)作为初始缺陷最大值在模型上施加初始缺陷，并以第 1 阶屈曲模态中位移最大值点作为位移控制点，得到控制点的荷载-位移曲线如图 8-4 所示。

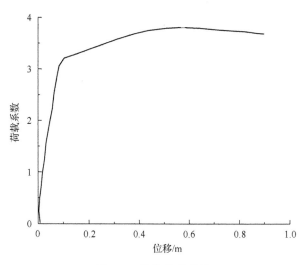

图 8-4　荷载-位移曲线

2. 不连续支承解决方案

针对上述案例，以缺 2 根柱和 4 根柱两种情况进行讨论，分别使用方案一和方案二来处理缺柱问题。支承柱布置图如图 8-5 所示，下面详细叙述计算分析过程，并通过结果来定性判断两个方案的可行性。

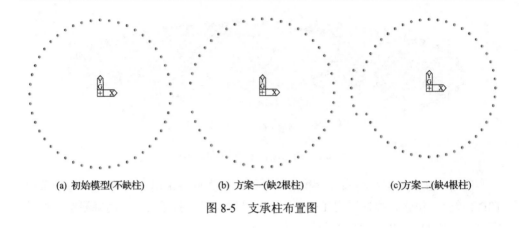

(a) 初始模型(不缺柱)　　　　　(b) 方案一(缺2根柱)　　　　　(c)方案二(缺4根柱)

图 8-5　支承柱布置图

3. 方案一分析结果

在荷载及其他条件都不变的情况下，仅调整弦支穹顶杆件规格，得到的结果如图 8-6~图 8-9 所示。对于双重非线性分析，考虑缺柱部分造成失稳的问题会从模态上反映出来，所以对于初始缺陷分布使用两种模态进行分析。图 8-8、图 8-9 分别给出了第 1 阶和第 7 阶模态以及分别按照两种模态确定初始缺陷分布后考虑材料几何双重非线性得到的荷载-位移曲线，第 1 阶和第 7 阶模态分别代表整体振动与缺柱部分局部振动两种情况。

从图 8-6~图 8-9 可以看到，最大应力比为 0.78，最大位移为 73mm，不大于屋盖跨度的 1/300(72800/300=243mm)，满足规范要求；第 1 阶模态为整体振动，特征值为 6.9497，第 7 阶模态为局部振动，特征值为 8.2564，远大于第 1 阶模态，但是失稳点对应的荷载系数为 3.78，小于使用第 1 阶模态作为初始缺陷分布所得到的荷载系数(3.82)；从荷载-位移曲线中可以看到，使用第 7 阶模态作为初始缺

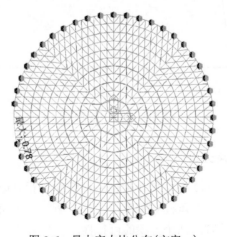

图 8-6　最大应力比分布(方案一)

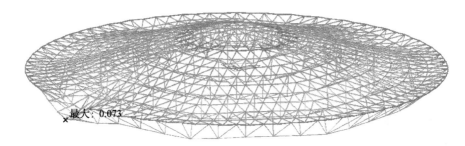

图 8-7　结构位移云图(方案一)(单位：m)

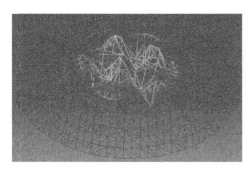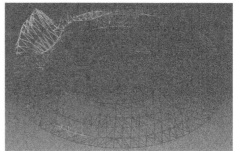

(a) 第1阶模态(特征值6.9497)　　　　　　　(b) 第7阶模态(特征值8.2564)

图 8-8　屈曲模态及特征值(方案一)

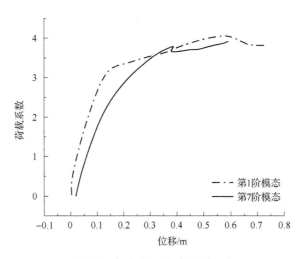

图 8-9　荷载-位移曲线(方案一)

陷分布所得到的荷载-位移曲线与不缺柱的弦支穹顶曲线有所不同，在达到极值前，没有位移增大显著而承载力增大不多的平滑段，形态与单层网壳类似，从破坏形态上为缺柱局部竖向位移不断增大，直至出现一根杆件破坏，随之缺柱局部坍塌。总体上，可以认为方案一是可行。

4. 方案二分析结果

在荷载条件不变的情况下，对于缺 4 根柱的情况，模拟缺柱附近有其他的柱，利用这些柱子建立局部辅助支承体系，使用局部辅助支承体系协同其他混凝土柱共同支承弦支穹顶，局部辅助支承体系与屋盖整体支承体系如图 8-10 和图 8-11 所示，整体有限元模型如图 8-12 所示。

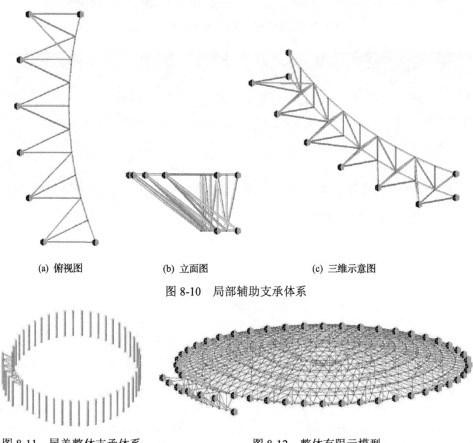

　　(a) 俯视图　　　　　　(b) 立面图　　　　　　(c) 三维示意图

图 8-10　局部辅助支承体系

图 8-11　屋盖整体支承体系　　　　　　图 8-12　整体有限元模型

经过 MIDAS 静动力分析和 ABAQUS 稳定性计算，得到的结果如图 8-13～图 8-15 所示。

从图 8-13～图 8-15 可以看到，最大应力比为 0.501，最大位移为 54mm，不大于屋盖跨度的 1/300（72800/300＝243mm），满足规范要求；双重非线性分析中失稳点对应的荷载系数为 4.05，满足网格规程要求。从荷载-位移曲线中可以看到，使用局部辅助支承体系的弦支穹顶结构的荷载-位移曲线与连续支承的弦支穹顶结构差距不大，可以认为方案二是可行的。

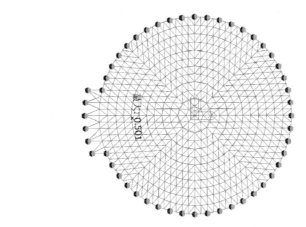

图 8-13　最大应力比分布(方案二)

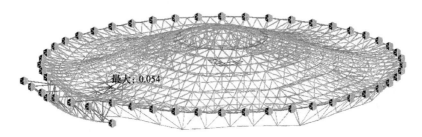

图 8-14　结构位移云图(方案二)(单位：m)

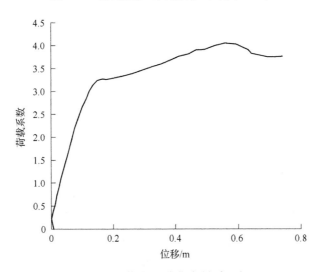

图 8-15　荷载-位移曲线(方案二)

　　由于方案二是在缺柱部分附近有其他混凝土柱、墙可以提供支承的弦支穹顶，使用这些位置的混凝土柱、墙构建局部桁架或其他结构体系，作为局部辅助支承体系协同其他混凝土柱共同支承弦支穹顶，其适用范围较为广泛，下面着重分析方案一的适用条件。

5. 方案一适用条件分析

方案一为仅调整弦支穹顶杆件规格的方案，为了较为精确地确定该方案的适用范围，为以后的工程提供合理的建议，针对此方案中最核心的两项结构参数——缺柱数量和跨度，设置参数分析方案并总结其影响规律。

缺柱数量为缺柱问题的直接变量，针对缺柱数量的多少，对不同跨度的弦支穹顶进行研究，用 MIDAS 建立模型并进行初始取值与静动力验算，使用 ABAQUS 对结构进行稳定性分析。下面主要列出 40m、80m、120m 三种跨度的不连续支承弦支穹顶使用方案一的结果对比(表 8-1～表 8-3、图 8-16～图 8-18)，表 8-4 列出了 7 种跨度下选取的限值缺柱与不缺柱弦支穹顶的结果对比。

表 8-1　跨度 40m 的不连续支承弦支穹顶结果对比

对比参数	不缺柱	缺 1 根柱	缺 2 根柱	缺 3 根柱	缺 4 根柱
最大杆件规格	$\Phi180\times8$	$\Phi180\times8$	$\Phi180\times8$	$\Phi245\times12$	$\Phi245\times12$
D+L+P 位移/mm	6	20	32	76	74
最大水平反力/kN	86	171(1.99)	300(3.49)	910(10.58)	1297(15.08)
用钢量/(kg/m²)	61.55	61.55	61.55	62.85	62.90
极限荷载系数	10.81	10.58	10.39	1.96	—

注：括号中数据为当前数据与不缺柱时的比值，缺 4 根柱时稳定分析不收敛。

表 8-2　跨度 80m 的不连续支承弦支穹顶结果对比

对比参数	不缺柱	缺 1 根柱	缺 2 根柱	缺 3 根柱	缺 4 根柱
最大杆件规格	$\Phi180\times8$	$\Phi219\times10$	$\Phi219\times10$	$\Phi402\times14$	$\Phi500\times16$
D+L+P 位移/mm	48	49	66	101	110
最大水平反力/kN	283	438(1.55)	615(2.17)	1897(6.70)	2637(9.32)
用钢量/(kg/m²)	64.27	64.27	64.31	64.80	65.13
极限荷载系数	3.80	3.79	3.78	3.42	3.15

注：括号中数据为当前数据与不缺柱的比值。

表 8-3　跨度 120m 的不连续支承弦支穹顶结果对比

对比参数	不缺柱	缺 1 根柱	缺 2 根柱	缺 3 根柱
最大杆件规格	$\Phi245\times12$	$\Phi245\times12$	$\Phi500\times16$	$>\Phi630\times16$
D+L+P 位移/mm	131	131	131	—
最大水平反力/kN	569	803(1.41)	1666(2.93)	—
用钢量/(kg/m²)	86.57	86.57	86.98	—
极限荷载系数	4.43	4.42	4.42	—

注：括号中数据为当前数据与不缺柱的比值，缺 3 根柱时，杆件超过 $\Phi630\times16$ 仍不能满足基本受力要求。

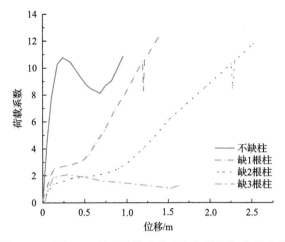

图 8-16　跨度 40m 的不连续支承弦支穹顶荷载-位移曲线

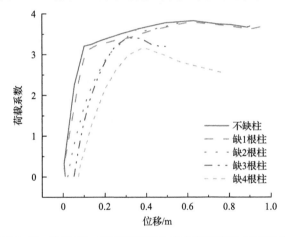

图 8-17　跨度 80m 的不连续支承弦支穹顶荷载-位移曲线

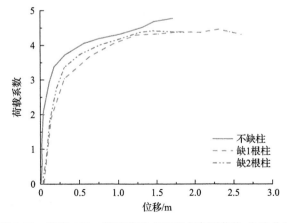

图 8-18　跨度 120m 的不连续支承弦支穹顶荷载-位移曲线

表 8-4　不同跨度下选取的限值缺柱与不缺柱弦支穹顶结果对比

跨度/m	缺柱数量	最大杆件规格	D+L+P 位移/mm	最大水平反力/kN	用钢量/(kg/m²)	极限荷载系数
40	0	Φ180×8	6	86	61.55	10.81
	2	Φ180×8	32	300(3.49)	61.55(1.000)	10.39
53.3	0	Φ180×8	17	137	62.34	8.83
	2	Φ325×12	89	1162(8.48)	62.84(1.008)	8.52
66.6	0	Φ180×8	48	283	92.75	6.78
	2	Φ325×12	82	1380(4.88)	93.26(1.005)	6.52
80	0	Φ180×8	48	283	64.27	3.80
	3	Φ402×14	101	1897(6.70)	64.80(1.008)	3.42
93.3	0	Φ180×8	84	352	64.98	3.24
	3	Φ560×16	84	2165(6.15)	66.73(1.027)	3.22
106.6	0	Φ219×10	100	518	87.98	4.24
	2	Φ450×14	97	1653(3.19)	88.68(1.008)	4.25
120	0	Φ245×12	131	569	86.57	4.43
	2	Φ500×16	131	1666(2.93)	86.98(1.005)	4.42

综合上述分析结果可以得出：

（1）随缺柱数量的增加，缺柱局部位移逐渐增大，但对弦支穹顶其他部分影响不大，当最大位移点位于缺柱位置时，随缺柱数量的增加，位移增大显著。

（2）水平反力随缺柱数量的增大产生较大变化，从数值上看，缺柱两端的两根柱的水平及竖向反力有可能成为结构是否能够成立的控制因素。

（3）缺柱只影响缺柱局部少部分杆件的应力，以增大环杆应力为主，对整体用钢量影响不大，可以忽略不计。

（4）缺柱对结构稳定性的影响较为复杂，根据缺柱局部刚度的大小不同，表现也各不相同，在诸多案例中甚至存在缺柱后，随着局部杆件规格变大，导致缺柱后刚度超过原结构，极限荷载系数小幅增大的现象。

综上可知，对于跨度不同的结构，虽然最终的控制变量各不相同，但不同跨度下，对于缺柱数量不大于2根的弦支穹顶，采用此方案均较为合理。因此可以认为，缺柱数量不大于2根时，弦支穹顶可以使用方案一作为缺柱问题的解决方案。

8.2　不连续支承弦支穹顶应用案例分析

8.2.1　工程背景

天津中医药大学体育馆是2017年第十三届全运会场馆之一，坐落于天津市静海区。体育馆的建筑效果图如图8-19所示。体育馆中心区域的平面投影形状为长轴103m、短轴84m的椭圆，整体投影形状不规则。体育馆结构地上部分建筑共有4层，层高分别为5.1m、5.7m、5.3m和4.8m，屋盖顶部标高24m。体育馆结构主体为钢筋混凝土框架结构，由 58 根混凝土柱和钢结构屋盖及外立面幕墙组成。钢结构通过焊接球支座或预埋件与主体结构相连。屋盖混凝土支承柱位置示意图如图 8-20 所示。

图 8-19　体育馆建筑效果图

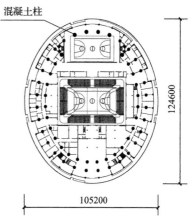

图 8-20　屋盖混凝土支承柱位置
示意图(单位：mm)

8.2.2　技术难点

主场区屋盖为曲面屋盖，外装饰幕墙由三条直线旋转形成，与主场区屋盖相接，其造型限制了 58 根支承柱柱顶标高最大值。支承柱布置分为两圈，外圈柱共32 根，均匀分布在长轴 105m、短轴 91.5m 的椭圆上，内圈柱分布在长轴 92m、短轴 73m 的椭圆上，由于在北部训练馆位置需要大跨度空间，在相应位置抽掉 6 根柱，其他对应外圈柱的位置各有 1 根，共 26 根柱。经过放样确定，如果以外圈柱作为曲面屋盖的支承柱，屋盖曲面会被外装饰面切割，局部有 6m 的落差，切割面位置示意图如图 8-21 所示。以内圈柱作为曲面屋盖的支承柱，则在北部训练馆的位置缺少 6 根柱。混凝土支承柱示意图如图 8-22 所示。

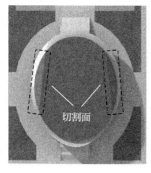

图 8-21　切割面位置示意图

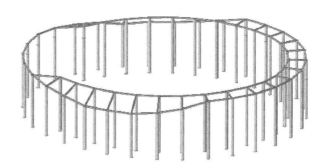

图 8-22　混凝土支承柱示意图

8.3　不连续支承弦支穹顶结构方案比选

1. 屋盖钢结构选型影响因素

在屋盖钢结构选型时主要考虑以下两方面因素：

(1)建筑需求。如图 8-19 所示，体育馆主场区屋盖为曲面屋盖，外装饰幕墙由三条曲线组成，与屋盖相连，外装饰幕墙的造型限制了混凝土柱的高度。

(2)支承柱的布置。受建筑造型的影响，屋盖钢结构需选取内圈柱作为屋盖支承，则在北部训练馆区域会少 6 个支承点，不产生连续支承问题。

2. 屋盖支承方案的确定

根据体育馆的特点，如果采用以外圈柱支承曲面屋盖、曲面屋盖被切割成平面的处理方法，对矢高为短向跨度 1/9 的网壳进行分析后发现，结构受力不合理；如果采用以内圈柱支承曲面屋盖、在北部训练馆处设置和外圈柱相连的局部加强桁架来支承曲面屋盖的方法，如图 8-23 所示，根据模拟运算结果，这种方法结构传力明确合理，故选取这种方法为最终支承方案。

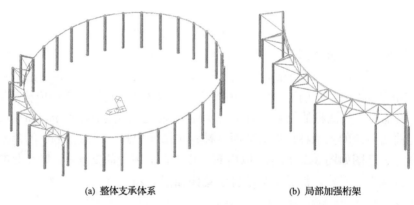

　　　　(a) 整体支承体系　　　　　　　　　　　　(b) 局部加强桁架

图 8-23　整体支承体系与局部加强桁架示意图

3. 屋盖结构方案比选

为满足建筑造型要求，该工程曲面屋盖形式可以选取弦支穹顶、单层网壳、局部双层网壳、辐射式桁架四种方案，其结构模型如图 8-24 所示。

对四种结构方案进行对比计算分析，结果如表 8-5 所示。从表中可以看出，四种方案中弦支穹顶结构传递到下部结构的水平反力相对较小，屋盖刚度较大，用钢量适中，因此选取弦支穹顶结构进行深入分析。

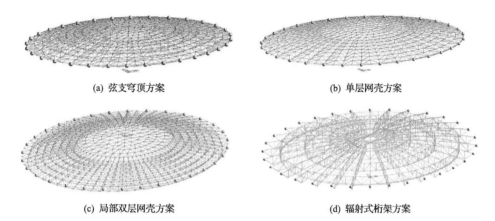

(a) 弦支穹顶方案　　　　　　　　　　　　(b) 单层网壳方案

(c) 局部双层网壳方案　　　　　　　　　　(d) 辐射式桁架方案

图 8-24　四种方案结构模型

表 8-5　钢屋盖结构方案结果对比

屋盖形式	弦支穹顶	单层网壳	局部双层网壳	辐射式桁架
最大水平反力(恒+活)/kN	110	200	120	140
结构竖向变形(恒+活)/mm	96	220	163	138
杆件用钢量估算/t	400	450	370	410

　　针对弦支穹顶结构方案，考虑建筑平面尺寸和矢高等因素，最终屋盖曲面设为矢高 6.5m 的椭球抛物面。在对弦支穹顶上部网壳的网格划分和下部索杆体系布置等进行优化后，确定上部网壳按照凯威特-施威德勒型方式建立，网壳杆件最长 4.6m，最短 2.1m，平均 3.5m 左右，共 13 环。下部索杆体系采用联方型索杆体系，布置方式为稀索体系，环索间隔 1 环布置，共布置 5 环，撑杆高度 4.5m。

4. 周圈幕墙支承钢结构方案比选

　　周圈幕墙支承钢结构选型主要考虑以下三方面因素：

　　(1)建筑造型。整个装饰造型由三条直线旋转而成，直线交点旋转形成的环的位置需要有环向杆件作为支承结构；装饰面中有镂空部分，结合镂空位置的边界，需另设置一圈环向杆件进行支承。

　　(2)装饰面龙骨布置需求。装饰面由细长的铝板间隔布置而成，支承铝板的龙骨由于截面大小的限制，跨度不能超过 7m。

　　(3)幕墙支承钢结构对弦支穹顶受力性能的影响。

　　综合考虑以上三方面因素，提出了两种方案：方案一，沿环梁与混凝土支承柱形成平面桁架结构，径向由系杆连接；方案二，沿径向与混凝土支承柱形成平面桁架结构，环向作为系杆形成空间体系。两种方案的示意图如图 8-25 所示。

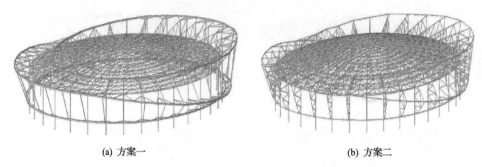

(a) 方案一　　　　　　　　　　　　　　(b) 方案二

图 8-25　外装饰部分钢结构方案示意图

对比分析方案一和方案二可知，两种方案均能满足结构受力和建筑要求，用钢量差别较小。而方案二可以明显改善弦支穹顶结构的受力性能，增加其整体刚度。

为进一步分析方案二对结构的影响，去掉其径向桁架，留下弦支穹顶部分，形成方案三。分析方案二和方案三弦支穹顶部分的力学性能，结果如表 8-6 所示。

表 8-6　外檐支承钢结构方案结果对比

方案	方案二	方案三
结构最大竖向位移(恒+活)/mm	94	155
最大杆件应力比	0.85	1.2

由表 8-6 可知，方案三的结构最大竖向位移和最大杆件应力比均大于方案二，因此方案二为优选方案，即选取幕墙支承钢结构为由沿径向与主体混凝土柱形成的平面桁架和环向杆件作为系杆共同形成的空间外桁架体系，并与屋盖弦支穹顶协同受力，从而形成不连续支承的椭球面弦支穹顶整体结构(图 8-25(b))。

8.4　不连续支承的椭球面弦支穹顶结构静力性能

8.4.1　模型建立

采用 MIDAS 建立不连续支承的椭球面弦支穹顶整体结构有限元模型(图 8-26)，其中弦支穹顶部分网壳杆件采用梁单元，撑杆采用桁架单元，拉索、拉杆采用只受拉单元，外桁架部分的上下弦杆及环梁采用梁单元，腹杆采用桁架单元，局部辅助支承体系部分采用桁架单元。弦支穹顶周圈共 32 个支座设置为水平双向弹簧支座，竖向完全约束，26 个支座设置为铰接支座；外桁架及局部桁架在柱侧与支承柱相连，共 70 个支承点，设为铰接支座。通过优化分析，水平双向弹簧支座刚度预取值为 3000kN/m。

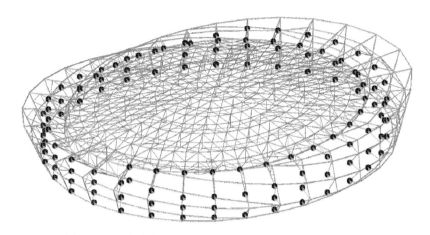

图 8-26　不连续支承的椭球面弦支穹顶整体结构有限元模型

8.4.2　荷载工况

结合工程当地自然环境条件与实际屋面建筑做法，分析计算时考虑的主要荷载工况如下：

(1)恒荷载(D)：结构自重，屋面恒荷载 0.7kN/m²，马道自重 0.5kN/m²，马道上设备重量约 3.0kN/m，铝板幕墙恒荷载 0.2kN/m²。

(2)活荷载(L)：屋面活荷载 0.5kN/m²，预留吊挂 0.3kN/m²，马道活荷载 0.5kN/m²。

(3)风荷载(W)：按天津市 50 年一遇基本风压 0.6kN/m²；风压高度变化系数取值 1.4；风振系数取值 2.0；对于屋顶结构，矢跨比 f/l =0.089＜1/4，均为风吸，体型系数取值−1.0；对于外部桁架结构体系，迎风面体型系数取值+0.8，背风面体型系数取值−0.5，两侧体型系数取值−0.7。

(4)温度作用(T)：±30℃。

(5)地震作用(X 向地震作用 Rx，Y 向地震作用 Ry，平面最不利方向地震作用 Rxy，Z 向地震作用 Rz)：抗震设防烈度为 8 度，设计基本地震加速度为 0.20g。

根据《建筑结构荷载规范》(GB 50009—2012)和《建筑抗震设计规范》(GB 50011—2010)的相关规定，在进行结构分析时考虑的荷载基本组合共 28 种。

8.4.3　静力性能分析结果

1. 支座、预应力及杆件优化调整

对弹簧支座刚度及弦支穹顶拉索预应力进行优化计算，初始弹簧支座刚度选取为 3000kN/m，优化考虑以下几个因素：①1.0D+1.0L 荷载工况组合下支座位移尽量小；②支座水平反力尽量小；③弹簧支座规格尽量少；④弹簧支座规格尽量为市场常见规格。

弦支穹顶初始拉索预拉力从内环向外环依次选取为 300kN、700kN、1500kN、2500kN，考虑以下几个方面进行预应力优化：①结构变形满足《空间网格结构技术规程》(JGJ 7—2010)要求；②杆件截面满足材料强度要求；③支座水平反力尽量小；④拉索预拉力及拉索的最大拉力尽量小。

针对上述几个方面，对弹簧支座刚度及弦支穹顶拉索预拉力进行反复调整，直至两项数值都满足上述各项要求，同时根据《钢结构设计规范》(GB 50017—2003)，利用 MIDAS 进行杆件截面验算，主要结果如下：

(1)弹簧支座刚度调整为 2000kN/m。

(2)环向拉索采用半平行钢丝束或高钒索，强度等级为 1670MPa，规格从内环至外环依次为 Φ7×37、Φ7×73、Φ7×73 和 Φ7×109，预拉力从内环至外环依次为 200kN、500kN、1500kN 和 2000kN。

(3)径向拉杆采用 550MPa 级钢拉杆，规格从内环至外环依次为 Φ40、Φ40、Φ60、Φ60 和 Φ80。

(4)其余杆件均采用 Q345B 钢材，弦支穹顶单层网壳部分杆件规格主要有 Φ114×4.5、Φ159×6、Φ180×6、Φ245×8、Φ273×8、Φ299×10、Φ351×10 和 Φ402×10，撑杆规格为 Φ180×8，外桁架部分杆件规格主要有 Φ114×4.5、Φ159×6、Φ180×6、Φ245×8、Φ299×6 和 Φ299×10。杆件最大应力比为 0.85，符合规范要求。

2. 结构变形

经计算，钢结构在恒荷载、活荷载作用下的变形如图 8-27 所示。由图可见，恒荷载作用下屋盖弦支穹顶结构最大变形约为 47mm，出现在弦支穹顶部分，且不大于屋盖跨度的 1/300(72800/300=243mm)，满足规范要求。

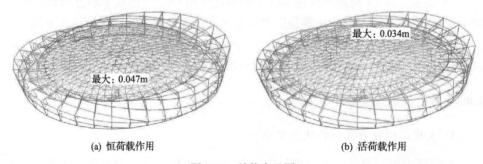

　　(a) 恒荷载作用　　　　　　　　　　　(b) 活荷载作用

图 8-27　结构变形图

8.5　不连续支承的椭球面弦支穹顶结构动力特性

结构前 50 阶振型的频率和周期分布如图 8-28 所示，前 4 阶振型如图 8-29 所示。由图 8-28 和图 8-29 可知，结构频率在第 4 阶前明显提高，在第 10 阶后缓慢增加。这说明结构刚度分布合理。在结构前 50 阶振型中，第 2 和 8 阶振型为整体转动，第 7、13 和 28 阶振型为整体平动，第 25、29、32、33、34、38、39、44 和 46 阶振型为外桁架局部振动，而其余振型为竖向振动。

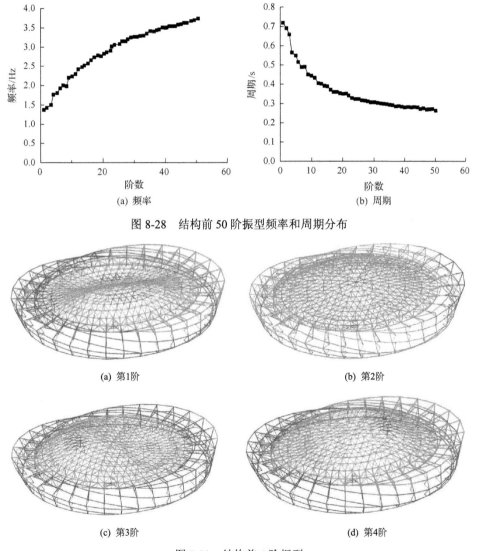

(a) 频率　　　　　　　　　　　　　　　　(b) 周期

图 8-28　结构前 50 阶振型频率和周期分布

(a) 第1阶　　　　　　　　　　　　　　　(b) 第2阶

(c) 第3阶　　　　　　　　　　　　　　　(d) 第4阶

图 8-29　结构前 4 阶振型

8.6　不连续支承的椭球面弦支穹顶结构稳定性能

8.6.1　计算模型

本节主要针对弦支穹顶部位进行稳定性分析。选取 DL+LL 荷载工况进行屈曲分析，运用 ABAQUS 建立弦支穹顶模型，如图 8-30 所示。

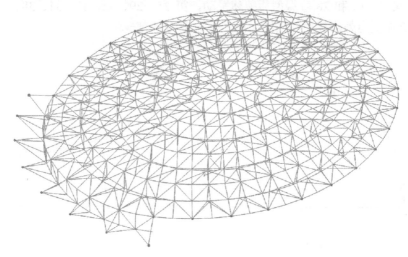

图 8-30　弦支穹顶模型

考虑在半跨活荷载作用下，弦支穹顶结构的稳定性可能比全跨活荷载情况更加不利，同时考虑到结构模型单轴对称，所以选取四种不同活荷载布置方案进行对比。在四种方案中，恒荷载均为全跨布置，活荷载各不相同，即方案一为全跨活荷载，方案二为长轴上半跨活荷载，方案三为长轴下半跨活荷载，方案四为短轴半跨活荷载。各加载方案如图 8-31 所示。

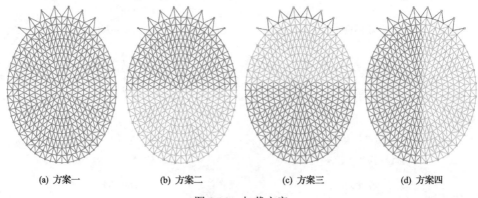

(a) 方案一　　　　　(b) 方案二　　　　　(c) 方案三　　　　　(d) 方案四

图 8-31　加载方案

8.6.2　特征值屈曲分析

经过有限元分析，得到结构前 6 阶屈曲模态特征值，如表 8-7 所示。

表 8-7　各方案特征值

方案	第 1 阶	第 2 阶	第 3 阶	第 4 阶	第 5 阶	第 6 阶
方案一	3.4634	3.5414	4.2988	4.3274	4.4656	4.5823
方案二	4.0380	4.2061	4.6823	4.8174	5.0171	5.1618
方案三	4.0742	4.2037	4.7409	4.9743	5.0478	5.1830
方案四	4.0721	4.1868	4.5230	4.9119	5.0038	5.0690

8.6.3　双重非线性分析

针对仅考虑几何非线性和同时考虑几何及材料双重非线性这两种情况，进行荷载-位移全过程分析。运用一致模型缺陷法考虑初始缺陷，参考第 1 阶特征值屈曲模态，得到初始缺陷的分布，按照短向跨度的 1/300（243mm）作为初始缺陷最大值在模型上设置初始缺陷，并以第 1 阶屈曲模态中位移最大值点作为位移控制点，分别得到四种方案各控制点的荷载-位移曲线，如图 8-32 所示。

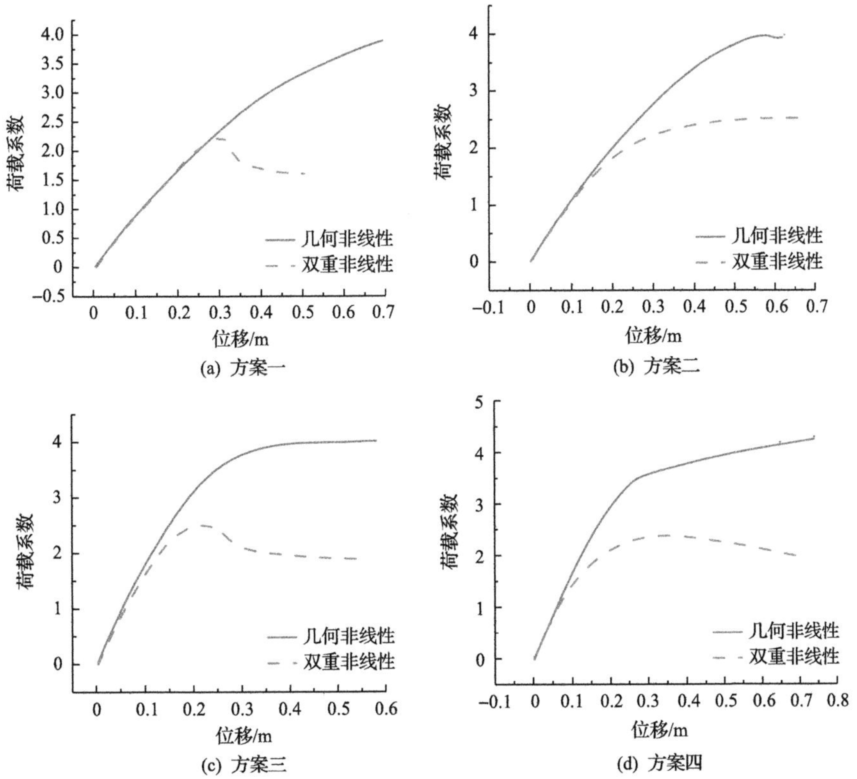

(a) 方案一　　　　　　　(b) 方案二

(c) 方案三　　　　　　　(d) 方案四

图 8-32　各方案控制点荷载-位移曲线

由图 8-32 可知，恒荷载数值相对较大，半跨活荷载的影响相对较小，在全跨恒荷载和半跨活荷载的条件下，双重非线性分析中各个失稳点的荷载系数均大于2，满足规范要求。

第9章　弦支穹顶结构断索效应研究

弦支穹顶结构中，预应力索杆体系的引入提高了结构的效率，但是也应该注意到拉索突然失效时其对结构的反作用影响。在弦支穹顶结构设计中，拉索的设计应力一般不超过索材极限抗拉强度的 40%～55%，具有比较大的强度储备，在没有意外的情况下一般不会出现断索现象。但是，弦支穹顶结构由于可以创造大空间，多用于大型体育馆、会展中心等建筑，在恐怖袭击、节点施工缺陷、索体内部严重锈蚀等意外情况下可能会出现断索的情况。由于拉索在工作时处于高应力状态，其在突然破断时会将拉索中蕴藏的巨大应变能在瞬间释放，对其附近杆件及整体结构造成巨大的动力冲击作用。另外，某一拉索破断势必会造成原有自平衡体系的破坏，对结构应力分布和周边支承构件造成影响，严重的情况下甚至会引起结构的局部破坏甚至连续性倒塌。

本章对直径为 10.8m 的滚动式索节点弦支穹顶缩尺模型开展断索动力效应研究，主要目的是探索主要环索构件发生突然破断时，断索效应对结构力学性能和结构安全的影响，以及拉索在索撑节点处的滑移对结构内力重分布的影响。试验中，采用动态应变测试系统和高速摄像系统对断索瞬间结构杆件的应变波动、节点位移和杆件运动情况均进行测量记录，研究断索产生的动力响应及其对结构的影响。同时，基于 ANSYS/LS-DYNA，采用显式有限元动力分析方法开展局部断索数值模拟研究，其有效性和准确性通过与试验数据进行对比来进行验证。本章还提出动力放大系数和动力因子两个指标对弦支穹顶结构断索对杆件引起的动力冲击效应进行简化评估，并根据显式动力分析的结果，提取结构中数百根重要杆件的计算结果，利用统计学相关知识分别得到动力放大系数和动力因子的建议值，可用于弦支穹顶结构设计中对断索情况的简化计算和考虑。

9.1　试验方案及概况

9.1.1　试验模型概况

本章试验模型为山东茌平体育馆的 1∶10 缩尺模型，模型的具体信息已在第 4 章中详细描述，此处不再赘述。本章中，将弦支穹顶模型下部的 7 圈环索进行编号，从最外圈到最内圈分别是 1 号、2 号、…、7 号。

试验模型中索撑下节点为滚动式张拉索节点，前述章节中已经对此模型的一系列静力加载试验进行了论述，研究了此结构的静力性能，也验证了此种节点的有效性。然而，在断索的情况下，由于巨大的动力冲击，索扣可能会出现无法完全限制拉索发生滑移的现象，可能导致拉索的松弛和索力重分布。

9.1.2 试验方案

模型断索试验共考虑了两大类断索情况：一类是弦支穹顶模型受载状态下单根环索局部断索试验，研究结构服役过程中单根拉索出现断索时结构的响应；另一类是弦支穹顶模型无载状态下单根环索单独局部断索试验，研究不同张拉力下断索对结构的冲击作用和不同拉索节点约束情况下的冲击作用。

弦支穹顶模型受载状态下的单根环索局部断索试验考虑了两种情况，分别是3号环索局部断索试验和1号环索局部断索试验。3号环索位于中间部位，其索力水平也处于中间水平，1号环索位于最外圈，其索力水平最高，这两个位置可作为代表。

弦支穹顶模型无载状态下单根环索单独局部断索试验针对弦支穹顶模型的3号环索，在整个模型其他圈环索不张拉不受力、模型不施加吊挂荷载的状态下进行3号环索单独局部断索试验。试验中，结合环索张拉装置的张拉能力和试验时的安全状况以及撑杆下节点的约束状况，共考虑了4种不同的张拉力和3种不同的节点约束情况，具体试验方案如表9-1所示。

表9-1　3号环索单独局部断索试验方案

方案编号	拉索节点约束情况	张拉控制值/N	张拉控制应变/$\mu\varepsilon$
方案1	索扣全拧紧	1500	28.8
方案2	索扣全拧紧	3000	57.5
方案3	索扣全拧紧	4500	86.3
方案4	索扣全拧紧	6000	115.1
方案5	索扣半拧紧	3000	57.5
方案6	无索扣	3000	57.5

方案1、2、3、4用来对比不同张拉力的影响，拉索节点处索扣均全部拧紧，共设置了4个水平的张拉控制力，分别为1500N、3000N、4500N和6000N；方案2、5、6用来对比撑杆下节点不同约束状况的影响，张拉控制力相同，拉索节点约束分别为索扣全拧紧、索扣半拧紧和无索扣三种情况，如图9-1所示。

(a) 撑杆下节点锁扣全拧紧　　　　　　(b) 撑杆下节点索扣半拧紧

(c) 撑杆下节点不设置索扣

图 9-1　撑杆下节点约束情况

9.2　试验装置及测量仪器

　　整个试验过程包括张拉环索施加预应力、索力测量、施加节点荷载、环索局部断索等步骤。为了保障试验的顺利进行，设计了多个相关的试验装置，包括用于环索预应力张拉的张拉装置、用于测量环索索力的测量装置和用于实现环索瞬间断开的断索装置等。同时，试验中对杆件的静态应变、动态应变、节点加速度和杆件运动情况等均进行了测量记录，使用了包括静态应变仪、动态应变仪、加速度传感器和高速摄像机等多种测量仪器。

9.2.1　环索张拉装置

　　弦支穹顶模型共包含 7 圈环索，从最外圈到最内圈分别为第 1 圈、第 2 圈、⋯、第 7 圈，其中第 1~4 圈环索每圈均设置 4 个张拉点，第 5 圈环索设置 2 个张拉点，第 6 和 7 圈环索每圈设置 1 个张拉点，环索张拉点布置图如图 9-2 所示。环索张拉装置在第 4 章已经详细描述，此处不再赘述。张拉现场图如图 9-3 所示。

9.2.2　索力测量装置

　　此次试验采用 4.6.2 节描述的索力测量装置，试验中，索力测量装置中的钢板厚度 d=5.5mm，宽度 b=20mm，经材性试验可得弹性模量 E=237GPa，假设测得上下两个钢板上应变的平均值为 ε，则索力 $F=2E\varepsilon bd=5.214\times10^{6}\varepsilon$。

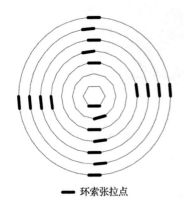

——环索张拉点

图 9-2　环索张拉点布置图

图 9-3　同圈环索四个张拉点同时同步张拉现场

9.2.3　断索装置

本章系列试验的核心是断索，即使拉索在指定的时间能够突然断开，结合此次试验，开发了能够使建筑结构拉索瞬间断开的安全高效、控制便捷且能有效模拟拉索瞬间断开的断索装置。此装置可满足远程控制的要求，且能使拉索在指定时间瞬间断开，同时此装置能够重复使用。

该装置设置在拉索的两个断头之间，包括与一个断头连接的卡头和与另一个断头连接的卡座。卡头包括与相应断头连接的单孔夹片锚具和卡柱。卡座包括与相应断头连接的单孔夹片锚具、连接座和一对钳夹板，钳夹板的中部与连接座铰接，前部形成与卡柱适配的卡口，后部由凸轮传动，凸轮上连接有施力部件，扳把通过焊缝与施力部件连接，因此该装置可通过扳把带动施力部位，并使凸轮转动(图 9-4)。

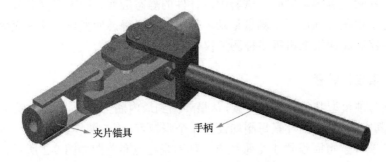

夹片锚具　　　　　　手柄

图 9-4　断索装置三维模型示意图

使用时，在拟断索点处将拉索打断，首先将拉索的一个断头与卡头的单孔夹片锚具 I 连接，将拉索的另一个断头与卡座的单孔夹片锚具 II 连接；然后，将卡柱放置在两块钳夹板的卡口中并卡紧，此时整个装置组装完毕并已处于锁定状态，对拉索进行张拉，施加预应力至预定水平(图 9-5)。试验时，通过拉动扳把带动凸轮顺时针转动，螺钉滑动至凸轮的凹槽中，钳夹板卡口端张开，拉索在预拉力的作用下带动卡柱瞬间从卡口中脱离，实现了拉索瞬间断开的模拟(图 9-6)。针对本次试验设计制作的断索装置采用机加工制造装置各部分零件，通过装配得到了实际装置，连接到弦支穹顶结构中，如图 9-7 和图 9-8 所示。

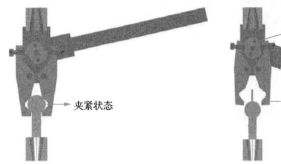

图 9-5　断索装置断索前剖面图　　　图 9-6　断索装置断索后剖面图

图 9-7　连接到实际结构中的断索装置锁定状态

图 9-8　连接到实际结构中的断索装置打开状态

9.2.4　应变测量仪器

应变测量仪器包括静态应变仪和动态应变仪。其中，静态应变仪用于张拉过程中对拉索索力进行测量，在环索张拉时控制张拉力达到设计水平，同时也可以得到张拉和加载过程中所有测点的内力变化，试验中采用了 2 台扬州晶明科技有限公司生产的 JM3813 型静态应变仪。动态应变仪用于对断索瞬间杆件的内力波动时程及节点加速度时程进行测量，试验中使用了 2 台江苏泰斯特电子设备制造有限公司生产的 TST5912 型动态信号测试分析系统，共包含 18 个通道，动态应变仪如图 9-9 所示。

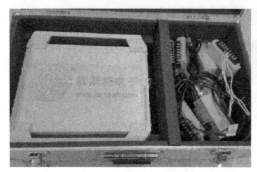 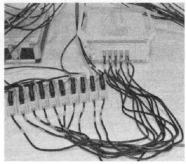

(a) 仪器机箱　　　　　　　　　　　　　(b) 仪器测量中

图 9-9　动态应变仪

9.2.5　加速度测量仪器

为捕捉断索引起的结构振动响应，试验中采用加速度传感器连接动态信号测试分析系统来捕捉结构的振动。对节点加速度的测量采用 WKD0451-002 型电容式加速度传感器，该传感器重量轻，试验时紧紧固定在网壳节点顶面，不会对结构造成影响，如图 9-10 所示。

图 9-10　加速度传感器现场布测图

9.2.6　图像测量仪器

试验中，断索瞬间，断索点附近的结构将会产生较大的振动，为了捕捉断索瞬间断索点附近结构杆件的运动情况，采用高速摄像机对断索点局部区域进行照片采集。高速摄像机采用美国 Integrated Design Tools 公司生产的 Y-SERIES 高速摄像机（图 9-11），最大拍摄速度为 3750 帧/s。试验中实际选用的拍摄速度为 500 帧/s，即每秒钟采集 500 张图像。为保证拍摄照片的角度和质量，摄像机与断索点应基本处于同一水平面，因此在布机位处搭设了脚手架，脚手架上搭设木板，用于放置摄像机和操控摄像机的计算机，如图 9-12 所示。高速摄像机现场布设如图 9-13 所示。

图 9-11　Y-SERIES 高速摄像机

图 9-12　高速摄像机调试与采集

图 9-13　高速摄像机现场布设图

由于摄像机内存有限，试验中在实际选定的拍摄像素和拍摄速度下，摄像机仅能连续拍摄约 30s，因此摄像机开始拍摄的时机选取非常重要。如果开始拍摄的时间过早，则可能在断索瞬间或断索后结构振动过程中摄像机内存已达拍摄上限而停止工作；如果开始拍摄的时间过迟，则可能无法捕捉到断索瞬间的动态过程。为了较好地做好摄像机开始时机的控制和把握，在摄像机和试验各准备工作完成并调试完成后，于断索之前 1～2s 启动摄像机开始拍摄，以捕捉断索前、断索瞬间和断索后的全过程。

9.3　弦支穹顶模型受载状态下单根环索局部断索试验

弦支穹顶模型受载状态下单根环索局部断索试验主要模拟结构在役过程中发

生断索的情况，研究在役结构断索响应。试验之前，要确定模型的荷载及施加方式、索撑体系中环索的预应力、预应力施工张拉控制值，并根据试验目的及测量仪器的条件确定测点布置。

9.3.1　试验准备

本节主要确定试验中的模型荷载、预应力水平及施工张拉控制值，同时也进行断索前后弦支穹顶结构模型的静态模拟，用以对试验结果进行对比和参考。

1. 试验模型荷载及施加方式

为了更准确地模拟结构在服役状态突然断索，对上部网壳施加一定的荷载，模拟原网壳上部的恒荷载。工程中，上部网壳恒荷载为 $0.4kN/m^2$，模型的荷载相似比为 $2:1$，因此模型荷载取为 $0.8kN/m^2$。与 4.5.1 节相同，采用吊挂沙袋的加载方式，在上部网壳均匀对称地选取 80 个加载点，加载点布置如图 4-59(a)所示，据单层网壳承受均布荷载 $0.8kN/m^2$ 折算，每个加载点施加 0.6kN 的集中力。

2. 预应力优化

弦支穹顶结构内的预应力如果施加不当，不仅不能起到减小上部网壳位移和支座反力的效果，反而会对结构受力有不利作用，因此结构应在满足所有要求的前提下，使预应力水平尽量低。在试验之前，根据试验时的加载情况，采用 ANSYS 有限元分析中的优化模块，以上部网壳的最大杆件应力最小为优化目标对试验模型的 7 圈环索预应力设计值进行优化计算。ANSYS 的优化模块采用了设计变量、状态变量和目标函数这三大优化变量来描述优化过程，通过对目标函数添加罚函数将约束问题转化为非约束问题，利用目标函数和优化变量罚函数的导数在设计空间进行搜索。在本次优化过程中，设定下部 7 圈环索的索力 $[F_i]$ ($i=1,2,\cdots,7$) 为设计变量，设定结构的最大竖向位移 $u_{z,max}$ 为状态变量，设置上部网壳杆件的最大应力 σ_{max} 为目标函数。

在预应力优化时，首先采用随机搜索法得到大致的预应力水平，同时根据优化结果选取预应力水平相对较低的一组作为大致解，然后采用零阶方法得到最优预应力值，并进行等步长搜索更加精确的结果，在此基础上，采用一阶方法进行优化得到最终的预应力水平。按照此优化方法，试验模型在荷载作用下得到下部 7 圈环索的最优预应力值，如表 9-2 所示。

表 9-2　试验模型在荷载作用下环索预应力优化结果

环索编号	7	6	5	4	3	2	1
优化索力值/N	407.9	741.6	1290.7	2504.7	2195.4	4088.9	8203.4
实际索力值/N	410	750	1300	2500	2200	4100	8200

表 9-2 所列结果为模型在试验荷载作用下的索力值。但是，在环索张拉施工时，结构并未施加吊挂荷载，因此在 ANSYS 中，由上述试验荷载作用下的索力值可以算出相应的拉索初始应变，在 ANSYS 中，对环索施加相应的初始应变，计算弦支穹顶模型在自重作用下各环索的索力值，如表 9-3 所示。

表 9-3　试验模型在自重作用下环索索力值

环索编号	7	6	5	4	3	2	1
环索索力值/N	197	755	1761	2369	2138	4026	5325

3. 张拉施工模拟

在平体育馆采用环索张拉的施工成型方法，弦支穹顶结构一般设置多圈环索，因此不同的张拉顺序将影响结构预应力分布以及拉索预应力的损失。因此，在进行环索预应力张拉之前，必须进行预应力的张拉施工模拟分析，确定合适的张拉顺序和张拉控制值，并了解张拉过程中结构内力的变化，对结构体系的形成过程进行安全控制。

针对本次试验，张拉环索是在网壳无上部荷载的情况下进行的，且张拉环索后需达到表 9-3 所示的环索索力，故需进行张拉施工模拟，采用施工反分析法进行计算，具体利用 ANSYS 进行分析计算。计算时，借助 ANSYS 本身的单元生死功能，利用杀死和激活单元来模拟结构杆件的消去和添加，利用 ANSYS 这种单元生死功能，结合上述施工反分析法可以简单而有效地进行弦支穹顶结构的张拉施工模拟。

针对从内圈到外圈和从外圈到内圈的张拉顺序分别进行张拉施工模拟，得到张拉施工时的环索预应力张拉控制值，如表 9-4 所示。

表 9-4　张拉施工环索预应力张拉控制值

环索编号	7	6	5	4	3	2	1
由外向内张拉/N	197	637	1448	1786	1632	3590	4503
由内向外张拉/N	22	263	1135	1870	1283	3098	5325
张拉完成后索力/N	197	755	1761	2369	2138	4026	5325

4. 断索有限元静态模拟

为了了解结构杆件在断索前后的内力情况，为断索试验提供对比和参考，在 ANSYS 中进行断索前后弦支穹顶结构模型的有限元静态分析，其中断索后的有限元静态分析采用生死单元法来实现。利用 ANSYS 的单元生死功能，可以简单地进行断索后结构的静力性能分析。虽然生死单元法无法得到断索过程中杆件内力的动态变化，但是可以得到缺少拉索杆件时结构的力学性能，提供一定的参考和对比。

有限元模型中，由于实际结构上部单层网壳结构采用焊接球节点，上部单层结构杆件之间的连接应简化为刚接，采用梁单元模拟，试验模型中采用了 BEAM188 单元，立柱和环梁同样为受弯构件，也采用 BEAM188 单元；撑杆与上部单层网壳之间的连接简化为铰接，且由于实际模型中撑杆与环索之间的连接节点处采用的滚动式张拉索节点较为复杂，有限元模型中采用铰接节点进行简化模拟，因此撑杆采用 LINK8 单元模拟，拉索具有只拉不压的特性，采用 LINK10 单元模拟，下部立柱的柱脚均为固接约束。材料方面，除环索外，其他杆件材料均为 Q345 级普通钢材，环索采用半平行钢丝束，强度等级为 1670MPa。环索的张拉力通过初始应变进行施加。弦支穹顶结构的有限元模型如图 9-14 所示。静态模拟结果在下面的试验结果图中均以虚线示出。

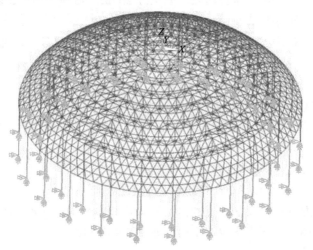

图 9-14　弦支穹顶结构有限元模型示意图

9.3.2　试验测点布置

本次系列试验中主要进行杆件应变测量和图像采集。应变测量采用静态应变仪和动态应变仪进行测量，图像采集采用高速摄像机捕捉图像。试验测量场地布置图如图 9-15 所示，高速摄像机架设在断索点的正前方。

此次试验由于是断索试验，需采集部分测点的动态应变数据以得到断索瞬间测点处的应力变化，故应变测量分为动态应变测量和静态应变测量，分别采用动态应变仪和静态应变仪进行测量。试验中使用动态应变仪 2 台，共有 18 个通道。动态应变的测点布置需考虑到仪器的通道数量，不能设置过多，在有限的通道数下测出尽可能全面的试验数据。

以 3 号环索断索试验的动态应变测量为例说明本次试验动态测点的布置。

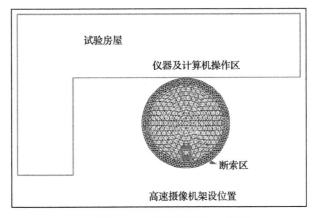

图 9-15 试验测量场地布置图

(1) 索力测量。每个测点处设 2 个应变片，每次断索设 8 个索力动态测点，其中 4 个索力动态测点位于断索圈环索上，编号为 HS*-#D，其中*代表环索号，#代表每圈环索中测点的顺序编号；另外 4 个索力动态测点分别位于 2 号环索和 4 号环索上。3 号环索的 4 个索力动态测点分别为 HS3-1D、HS3-2D、HS3-3D 和 HS3-4D，2 号环索的 2 个动态测点分别为 HS2-1D 和 HS2-2D，4 号环索的 2 个动态测点分别为 HS4-1D 和 HS4-2D，2 号环索和 4 号环索上的动态测点反映 3 号环索断索时对这两圈环索索力的影响。

(2) 网壳杆件内力测量。每个测点处设 2 个应变片，每次断索设置 1 个网壳杆件内力动态测点，编号为 WQ-*D，取位于断索点上方的环向杆件，其中*代表环索号。3 号环索断索时网壳杆件内力动态测点的编号为 WQ-3D。

(3) 撑杆杆件内力测量。每个测点处设 2 个应变片，每次断索设置 1 个撑杆杆件内力动态测点，编号为 CG-*D，位于断索点附近，其中*代表环索号。3 号环索断索时撑杆内力动态测点编号为 CG-3D。

(4) 斜拉杆杆件内力测量。斜拉杆由于受轴向力作用且杆件直径很小，每个测点处设 1 个应变片，每次断索设置 3 个斜拉杆杆件内力动态测点，编号为 XS-#D，位于断索点附近，其中#仅代表测点序号。3 号环索断索时斜拉杆内力动态测点编号为 XS-1D、XS-2D、XS-3D。

(5) 静态应变测量。测点的布置主要遵循以下两个原则：第一，为了掌握张拉时各圈环索的张拉力，需对每圈环索设置一定数量的静态测点；第二，所有的动态测点在断索前都需要进行静态的测量，以把握断索前杆件的应力水平，在断索前将这些点均由静态应变仪挪接至动态应变仪。

(6) 环索的静态应变测量。测点编号为 HS*-#，其中*代表环索号，#代表每圈环索中静态应变测点的顺序编号。

各类杆件应变测点的布置图分别如图 9-16～图 9-18 所示。

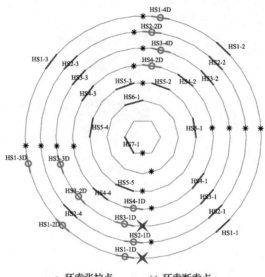

图 9-16　环索应变测点布置图

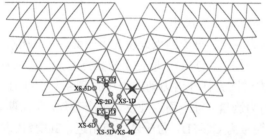

图 9-17　斜拉杆及撑杆应变测点布置图

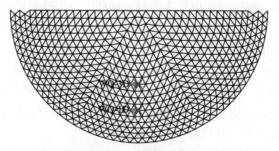

图 9-18　上部网壳杆件应变测点布置图

9.3.3 试验过程及试验现象

本次局部断索系列试验是在结构全跨加载的情况下进行瞬间断索，用以模拟结构在服役状态下的响应。

1. 试验过程

首先安装环索并在断索点处安装断索装置，使断索装置处于锁止状态，在无荷载状态下对环索进行张拉。在张拉时按照表 9-4 中的张拉控制值进行控制，其中 3 号环索张拉采用从外到内的张拉顺序，1 号环索张拉采用从内到外的张拉顺序。为防止环索在撑杆下节点处发生滑动，张拉完毕后将撑杆下节点处用索扣拧紧，如图 9-19 所示。接下来通过吊钩吊挂沙袋施加吊挂荷载，如图 9-20 所示。同时，根据断索位置布置高速摄像机。

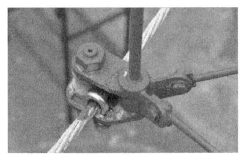

(a) 撑杆下节点索扣位置图　　　　　　　　　　(b) 索扣拧紧

图 9-19 撑杆下节点索扣设置与施工

(a) 试验人员进行沙袋吊挂　　　　　　　　　(b) 加载全景图

图 9-20 结构加载

荷载施加完毕后，待结构持荷 5min，对所有测点进行应变采集。然后，将试验时需要进行动态数据采集的测点均由原来连接的静态应变仪更换至动态应变仪上，用以采集断索瞬间测点处应变的动态变化时程，同时进行动态应变仪和高速摄像机的最终调试。所有准备工作完成后，控制断索的试验人员发出口令，高速摄像机和动态应变仪同时记录，断索控制人员操作断索装置由锁止状态瞬间变成打开状态。断索后，静止约 10min，卸除吊挂荷载及吊钩，拆除撑杆下节点处的索扣，并对环索索力进行卸载。一次断索试验全部完成。

2. 试验现象

两次断索试验中，环索张拉阶段结构均未产生明显的变化，断索装置工作良好，始终处于锁止状态。在安装撑杆下节点处的索扣并拧紧的过程中，环索索力有小幅度的变化。加载时，结构并未发生明显的变化，结构未出现明显的竖向变形，结构始终处于弹性工作阶段。

3 号环索断索时，由于其索力相对较小，断索装置可轻松断开，在断开瞬间发出了清脆的"咔嗒"声，并实现了环索在断索点处的瞬间断开，结构整体上并无明显的反应，断索操作人员在环梁上感受到结构产生极轻微的振动，结构并未发生局部或整体的破坏。由于撑杆下节点设置了索扣，对环索产生了较大的约束作用，第3圈环索在索撑节点处并未发生肉眼可见的明显滑移现象，如图9-21(a)所示。

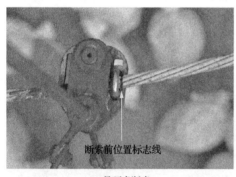 

断索前位置标志线　　　　　　　　　　断索前位置标志线

(a) 3号环索断索　　　　　　　　　(b) 1号环索断索

图 9-21　撑杆下节点滑移情况

1 号环索断索时，由于其索力较大，断索装置在断开时需使用比较大的力量，在断开瞬间发出了较为低沉的"砰"的声响，也表明了环索应变能的瞬间释放，实现了环索在断索点处的瞬间断开，结构整体上没有非常明显的反应，在环梁上的断索操作人员在断开的瞬间感受到结构产生了较大的振动，有感振动持续了约1s，结构未发生局部或整体的破坏。撑杆下节点均设置了索扣，对环索节点处产生了较大的约束作用，但由于环索预应力较大，第 1 圈环索断索点附近拉索在撑杆下节点处发生了轻微的滑移现象，如图9-21(b)所示。

9.3.4　试验结果及讨论

1. 3 号环索局部断索试验结果及讨论

1) 环索张拉结果

3 号环索局部断索试验中，采用从外圈到内圈的顺序张拉，张拉控制值见表 9-4，张拉过程中环索索力变化如图 9-22 所示。

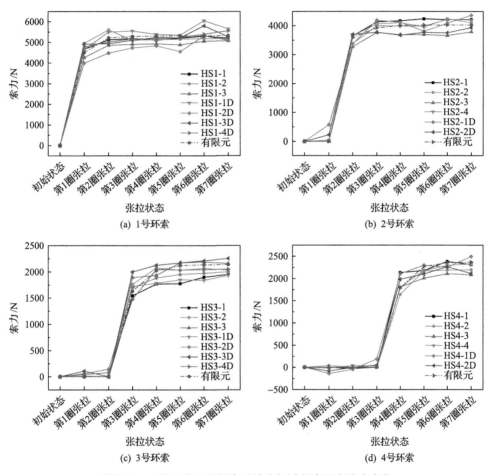

图 9-22　3 号环索局部断索试验张拉过程中环索索力变化

由图 9-22 可以看出，在张拉过程中，同一环索中不同测点的索力变化趋势一致，且与有限元数值模拟得到的结果基本相同，同时也存在一定的波动和差异。其原因有两个方面，一是试验中环索的张拉是通过拧紧张拉装置的螺栓实现的，虽然张拉人员经过提前的训练并且张拉时按照口号同步张拉，但仍无法保证各张拉点的张拉力完全相同；二是拉索在索撑节点处与节点存在一定的摩擦作用，且各个节点处的情况各有差异。整体来讲，试验测量值与有限元数值模拟结果吻合较好，可以反映弦支穹顶结构实际张拉过程中各圈环索在各张拉阶段的变化趋势。

从同一环索不同测点的索力来看，由于撑杆下节点摩擦力的存在，所有测点基本上符合距离张拉点越近，测点索力越大的规律。同时，对每圈环索张拉过程中索力的变化规律进行总结，概括来讲，后张拉的环索会引起先张拉环索索力的微幅增加。

2) 高速摄像机捕捉照片

图 9-23 给出了 3 号环索断索瞬间高速摄像机捕捉到的断索区域的杆件运动照片。根据所拍摄的图像，可以测得断索点两侧撑杆中心线间的距离 L、左侧撑杆中

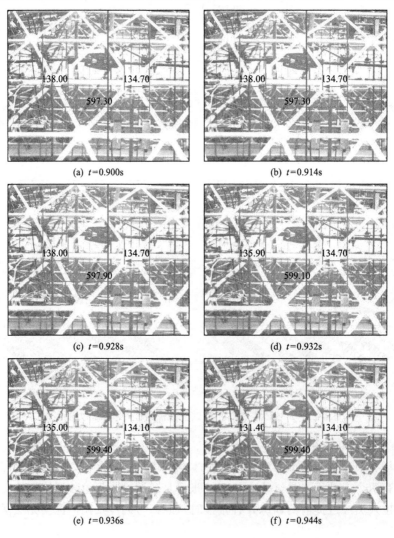

(a) t=0.900s　　　　　　　　　　(b) t=0.914s

(c) t=0.928s　　　　　　　　　　(d) t=0.932s

(e) t=0.936s　　　　　　　　　　(f) t=0.944s

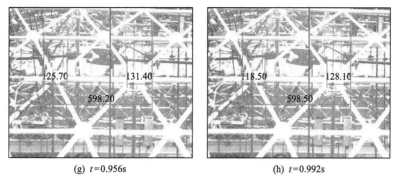

(g) $t=0.956$s　　　　　　(h) $t=0.992$s

图 9-23　3 号环索断索瞬间高速摄像机捕捉到的断索区域杆件运动照片(单位：mm)

心线到断索装置左侧端的距离 $L_左$ 和右侧撑杆中心线到断索装置右侧端的距离 $L_右$，均在图 9-23 中予以标示。其中 L 的变化可以反映断索时左右撑杆间的相互运动情况，$L_左$ 和 $L_右$ 的变化可以分别反映断索时断索点左、右两侧索撑节点处的滑移情况。

由图 9-23 可以看出，断索装置起到了使拉索瞬间断开的效果。断索瞬间，预应力作用使断索点两侧拉索分别向两边弹开，受到撑杆下节点索扣的约束作用后，带动与其相连的撑杆和斜拉杆发生微幅振荡，之后所有杆件很快恢复到稳定状态，达到新的平衡位置。

L、$L_左$ 和 $L_右$ 的变化情况如图 9-24 所示。9.3.3 节试验现象中指出，3 号环索在

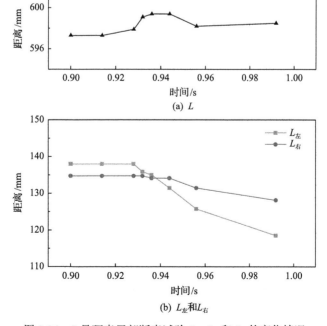

图 9-24　3 号环索局部断索试验 L、$L_左$ 和 $L_右$的变化情况

索撑节点处未发生肉眼可见的明显滑移现象，而这种肉眼不可明确观察到的滑移现象通过高速摄像机捕捉到的照片进行放大并进行数据处理后即可显现。由图 9-24 可以看出，$L_左$和 $L_右$在断索过程中均呈现下降趋势，说明在左右两个索撑节点处拉索均发生了一定的滑移。在 $t = 0.93$s 时刻，$L_左$和 $L_右$均开始下降，同时相应的 L 也出现迅速增大的趋势，说明滑移发展较快。由于 3 号环索曲率较大，断索时断索点除了有向两侧缩回的趋势外，还有向外运动的趋势，而高速摄像机处于断索点正前方，故图中 $L_左$和 $L_右$反映出来的滑移量并非真实滑移量，真实滑移量远小于此，结合试验后对断索点两侧节点标记的测量结果（图 9-21(a)），真实滑移量为 3mm 左右。断索前和断索恢复平衡后 L 的变化不大，仅有约 1.2mm，说明在断索点附近的杆件对断索引起的冲击起到了很好的约束和缓解作用。

3) 断索瞬间杆件内力动态测量

加载完成后，对 3 号环索进行了局部断索试验，动态应变仪采集到各个动态测点的应变情况。其中环索各测点的内力变化如图 9-25 所示。同时，对断索前后的结构进行了有限元静力分析，得到的相应杆件内力结果也在图 9-25 中列出（见图中虚线），静力分析的结果可供对比和参考。

由图 9-25 可以看出，在 $t \approx 0.9$s 时环索发生了突然局部断索，所有环索测点均捕捉到了断索瞬间的索力动态变化情况。对于发生断索的 3 号环索，其上的四个测点索力均有较大程度的变化和波动。靠近断索点的索段（HS3-1D）内力出现了瞬间显著下降（降低约 80%），而离断索点最远的 HS3-4D 测点索力仅发生了微幅的变化，这与有限元静态分析中的趋势一致。试验测得的 HS3-2D 和 HS3-3D 测点索力变化趋势与有限元静态分析结果有所不同，这两个测点的索力在断索后均发生了一定的下降，这与有限元静态分析中的微幅增加趋势刚好相反。造成这种差异的主要原因是索撑节点处的滚动式张拉索节点和节点处抗拉索滑移能力不足。

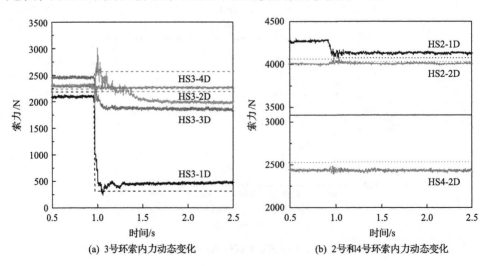

(a) 3 号环索内力动态变化　　　　　　　　　(b) 2 号和 4 号环索内力动态变化

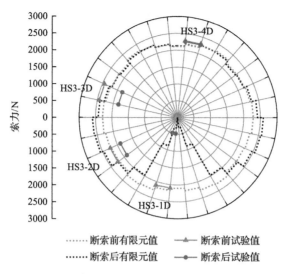

(c) 3号环索有限元与试验所得断索前后内力结果对比

图 9-25　3 号环索局部断索试验中环索索力变化

在张弦结构的传统设计分析中,通常将拉索简化为一段一段的只受拉杆单元,不承受压力和弯矩作用,在这种分析方法中,原本是一体的整圈环索被切分为很多小的索段,且索撑节点处认为是铰接,不会出现拉索在撑杆下节点滑移的情况;在同一圈环索中,相邻的索段分别是单独的构件,它们之间的内力满足力的平衡原则。移除断索构件后,由于有限元模型中撑杆下节点处无滑移的假定,同圈剩余索段可以得到斜拉杆和撑杆的有效支承,随着与断索点距离的增加,索段的内力迅速恢复至断索前水平,网壳中心和断索点连线成 45°～90°的索段中,拉索内力甚至出现了微幅增加的趋势。

实际结构中,环索是连续通长的,其与撑杆和斜拉杆通过滚动式张拉索节点相连。尽管在张拉完毕后即把撑杆下节点处用 U 型索扣固定,但是由于拉索突然断开产生的强烈冲击和相邻索段之间相应产生的瞬间巨大索力差值,拉索在撑杆下节点处仍会发生一定程度的滑移。根据高速摄像机捕捉的照片,可以看出拉索在索撑节点处确实发生了微幅的滑移,因此 HS3-2D 和 HS3-3D 两个测点处的实际索力在断索后出现了微幅的下降(图 9-25(c)),而非有限元静力计算中出现增加趋势。在断索圈,索力从断索点到最远端逐渐恢复至原始水平。在距断索点一定距离处,如果滚动式张拉索节点可以有效地抵抗拉索在节点处的滑移以及断索引起的相邻索段之间的瞬间索力差值,则此索段的内力将不会受到断索冲击的过多影响,如测点 HS3-4D。另外,3 号环索的局部断索也同时引起了断索点附近 2 号环索索段的内力降低。

　　图9-26给出了断索瞬间断索点附近撑杆、网壳杆件和斜拉杆的应力变化情况，相应的有限元静力分析结果也在图中以虚线示出。各测点的位置如图 9-26(a)所示。在重要时间段 $t=0.8\sim1.2s$ 的杆件应力时程也在图中放大给出(灰色虚线框内区域)，用以更好地显示断索时刻杆件应力的瞬间变化。断索瞬间，由于下部拉索索力突然降低，断索点上方的网壳杆件 WQ-3D 受到的下部索撑体系的顶撑力突然减小，从而其压应力突然减小，并开始发生大幅度的上下波动，随后由于下部索撑体系支承作用减弱而上部荷载作用仍稳定施加，其所受到的压应力最终稳定

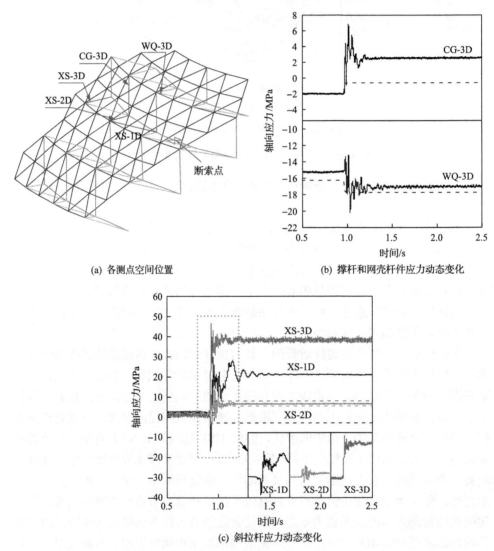

(a) 各测点空间位置　　　　　(b) 撑杆和网壳杆件应力动态变化

(c) 斜拉杆应力动态变化

图 9-26　3 号环索局部断索试验中撑杆、网壳杆件和斜拉杆应力变化

在较高的水平上。对于撑杆 CG-3D，断索前由于下部环索的预应力作用，撑杆对上部结构起顶撑的作用，因而其处于受压状态。断索后由于断索点附近环索索力释放，其在经历应力波动后处于受拉状态。

拉索在节点处的滑移对断索点附近索撑杆件的动力响应和内力重分布模式也产生了重要的影响。拉索突然破断时，断索点处的索段应力瞬间降为 0，由于环索在断索点处有向两边分开的趋势，其在环索的带动下有瞬间受压的趋势，因此原本承受环索张拉的 XS-1D 测点应力突然降低，甚至达到受压状态；但由于滑移的存在，与断索点相邻的索段应力迅速下降，XS-1D 测点的应力上下波动后稳定在较高的拉应力水平(20MPa)。XS-3D 测点在断索瞬间由于在环索的带动下有瞬间受拉的趋势，其拉应力先迅速上升，发生大幅度的波动后稳定至较高的拉应力水平。XS-3D 测点处的应力在断索后发生了大幅度增长(1.2~38.2MPa)，而有限元静力计算中，其应力仅有微幅上涨，这种差异也揭示了实际产生的动力冲击与静力计算之间的差别，同时也反映了索撑下节点处滑移现象的存在。

由上述结果可以看出，拉索的瞬间破断对其附近杆件产生了极大的影响，某些杆件甚至出现拉压变号的不利现象。对于拉索预应力保持起重要作用的斜拉杆应力波动极为明显，个别杆件甚至会出现反复拉压的现象，对结构杆件的受力极为不利。

2. 1 号环索局部断索试验结果及讨论

1)环索张拉结果

1 号环索局部断索试验中，采用了从内圈到外圈的顺序张拉，张拉控制值见表 9-4，张拉过程中环索索力变化如图 9-27 所示。

此次试验虽然采用了不同的张拉顺序，但是反映出和 3 号环索断索试验相同的规律，且可以发现，后张拉的环索会使先张拉的环索索力增加，且距离越近，造

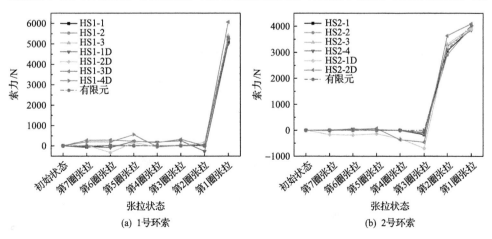

(a) 1号环索 　　　　　　　　　　　　(b) 2号环索

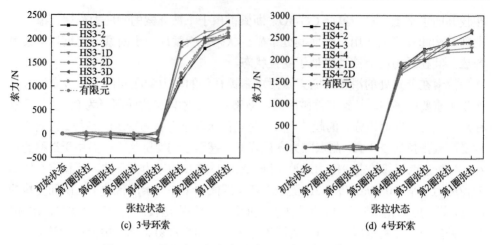

(c) 3号环索　　　　　　　　　　　　　(d) 4号环索

图9-27　1号环索局部断索试验张拉过程中环索索力变化

成的影响越大，即增幅越大。同样，试验所测得的索力变化与有限元数值模拟结果基本一致。

2) 高速摄像机捕捉照片

图 9-28 给出了 1 号环索断索瞬间高速摄像机捕捉到的断索区域杆件运动照片。同样，L、$L_左$和$L_右$已在图 9-28 中标示，其变化情况如图 9-29 所示。由图 9-28

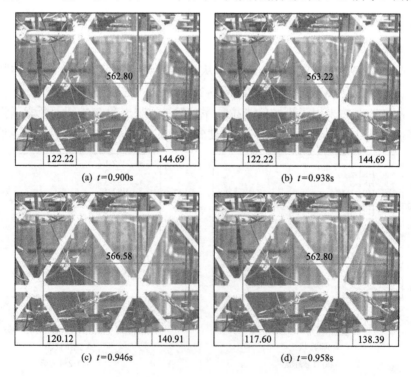

(a) t=0.900s　　　　　　　　　　　　(b) t=0.938s

(c) t=0.946s　　　　　　　　　　　　(d) t=0.958s

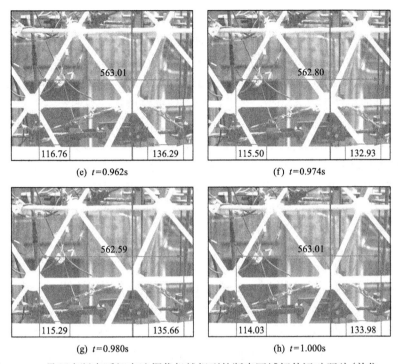

图 9-28 1号环索断索瞬间高速摄像机捕捉到的断索区域杆件运动照片(单位：mm)

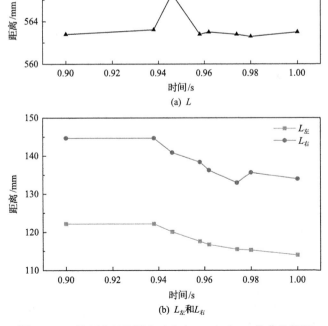

图 9-29 1号环索局部断索试验中 L、$L_左$和 $L_右$的变化情况

可以看出，与 3 号环索断索试验相比，杆件运动幅度明显增大，且肉眼可观察到的断索波及的附近杆件明显增多，通过对比甚至可观察到上部网壳杆件的振动，断索后经过相对较长的时间之后，所有杆件恢复至稳定状态，达到新的平衡位置。

根据图 9-29 中给出的 L、$L_左$ 和 $L_右$ 的变化情况，可以发现，其变化趋势与 3 号环索断索时的情况基本一致。断索瞬间，L 突然增大，说明断索引起的冲击力将两侧的索撑节点瞬间向外拉开，但由于撑杆和斜拉杆的约束作用，L 又迅速回弹。$L_左$ 和 $L_右$ 在断索过程中处于不断减小的状态，也说明了滑移的不断发展。同时，1 号环索曲率较小，图中反映出来的滑移量基本为真实滑移量，结合试验后对断索点两侧节点标记的测量结果(图 9-21(b))，紧挨断索点处索撑节点的真实滑移量约为 11mm。L 在断索前后基本上没有明显的变化，同样也说明了两侧撑杆和斜拉杆的约束对断索引起的冲击效应起到了很好的缓冲作用。

3) 断索瞬间杆件内力动态测量

图 9-30 给出了断索瞬间 1 号环索、2 号环索和 4 号环索上所设测点捕捉到的拉索内力的动态变化，同时静力分析结果也在图中以虚线示出以供对比。在此次断索试验中，断索圈环索在索撑节点处发生了显著的滑移现象。HS1-1D 测点的索力在断索瞬间突然发生大幅度下降，然后上下波动并最终维持在 2500N 左右。HS1-2D 和 HS1-3D 测点的索力在断索瞬间也发生了较大程度的下降，其内力振荡现象不明显，与 3 号环索断索时相同，由于索撑节点处滑移的存在，这两个测点的试验结果与有限元模型静力计算结果变化趋势刚好相反。图 9-30(c)给出了有限元模型计算得出的未断索时 1 号环索在荷载作用下各个索段的内力分布(图中灰色虚线)和移除断索构件后 1 号环索的索力分布(图中黑色虚线)。如果撑杆下节点处的拉索未发生滑移，则由于断索引起的索力降低索段范围较小，在较短的距离内索力即可恢复至断索前的索力水平。在试验中，距离断索点约 1/4 环索长度的

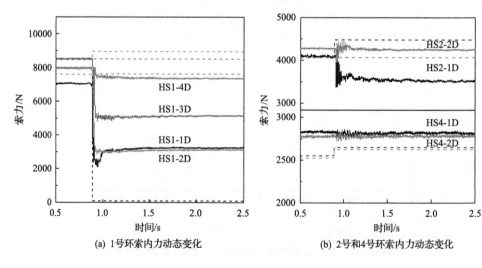

(a) 1号环索内力动态变化　　　　　　　(b) 2号和4号环索内力动态变化

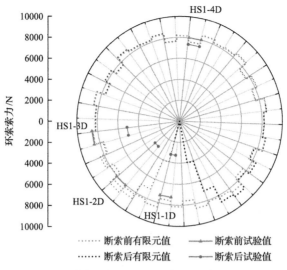

(c) 1 号环索有限元与试验所得断索前后内力结果对比

图 9-30　1 号环索局部断索试验中环索索力变化

HS1-3D 测点仍经历了较大程度的索力损失,这也说明断索引起的拉索滑移范围较广。由于 1 号环索索力值较大,且发生滑移的索撑节点也较多,因此局部断索不仅引起了断索圈环索索力的剧烈变化,而且引起了邻近的 2 号环索内力一定程度的降低(HS2-1D)和剧烈振荡(HS2-2D)。HS2-1D 测点处的索力出现了明显的下降,与有限元静力分析结果中的增加趋势不同。4 号环索由于距离 1 号环索较远,断索对其影响不大,其索力值并未出现明显的变化和振荡。

图 9-31 给出了断索瞬间断索点附近撑杆、网壳杆件和斜拉杆的应力变化情况,相应的有限元静力分析结果也在图中以虚线示出。各测点的位置如图 9-31(a)所

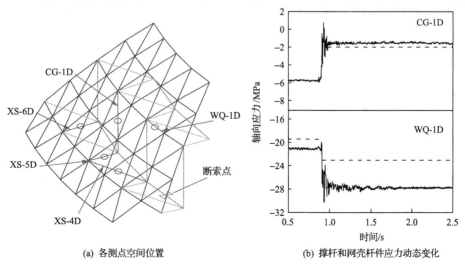

(a) 各测点空间位置

(b) 撑杆和网壳杆件应力动态变化

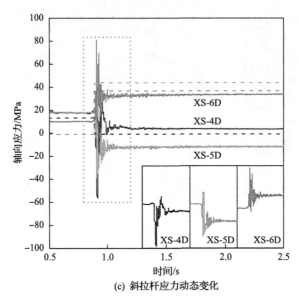

(c) 斜拉杆应力动态变化

图 9-31　1 号环索局部断索试验中撑杆、网壳杆件和斜拉杆的应力变化

示。重要时间段 $t = 0.8 \sim 1.2\mathrm{s}$ 的杆件应力时程同样也在图中放大给出(灰色虚线框内区域)。

　　断索瞬间，WQ-1D 测点的轴向应力变化规律与 WQ-3D 测点相同，且由于此次断索时索力较大，断索引起的杆件振荡效应也更为明显。CG-1D 测点的轴向应力变化规律和 CG-3D 测点相同，断索后由于下部环索仍承担一定水平的索力，其应力稳定在较低的受压状态，但是在波动中也出现了受拉的瞬间。

　　斜拉杆正常工作状态下均处于受拉状态。由于此次断索环索索力较大，远大于 3 号环索断索时的索力，因此与环索直接相连的斜拉杆应力波动剧烈。同时由于撑杆下节点处发生了大范围滑移，此次断索时斜拉杆应力变化规律与 3 号环索断索时有所不同，且大范围的拉索滑移改变了拉索的应力状态和内力重分布，因此试验结果与有限元静力计算结果也有所不同。距离断索点较近处的 XS-4D 和 XS-5D 测点由于与其相连的撑杆下节点处环索在断索瞬间发生了明显的滑移，在断索瞬间其受到的拉索拉力减小，故其拉应力先迅速下降，发生波动后降至较低水平，XS-5D 测点甚至在稳定后处于微幅受压状态。距离断索点较远处的 XS-6D 测点在断索瞬间受到环索瞬间向两侧的拉动作用，其应力先迅速上升，剧烈波动后稳定至较高的拉应力水平。三个斜拉杆在振荡中均出现了受压的瞬间，且部分杆件压应力较大，对杆件受力极为不利，甚至严重威胁结构的局部安全。

　　3. 动力效应讨论

　　由之前的讨论可知，环索局部断索引起的动力效应对张弦结构的内力重分布有着重要的影响。假定在断索过程中,所有杆件的应力水平均在弹性范围内波动,主要的非线性因素为索撑节点处的摩擦滑移和结构的振动。对于距离断索点较远且受索撑节点滑移影响较小的杆件,断索时其动力响应主要是高频振荡;对于受环索滑移影响且受节点振荡影响较小的部分索撑杆件,其动力响应为断索瞬间发生的剧烈且不对称的应力变化和波动(如 XS-1D、XS-5D 和 CG-3D 测点);对于距离断索点很近的周边杆件,断索引起的巨大冲击通过对相连索撑杆件的拉拽作用和节点的摩擦滑移传递至结构其他部分,因此周边杆件应力在断索波动过程中出现了低频振荡的成分(如 HS3-1D、XS-1D、HS1-1D 和 XS-4D 测点)。

在结构的动力响应计算中,通常会采用动力放大系数(dynamic amplification factor,DAF)这一概念来反映动力效应的大小及动态作用对结构杆件力学性能的影响程度。动力放大系数的计算公式为

$$DAF = \frac{S_{dyn} - S_0}{S_{rest} - S_0} \tag{9-1}$$

式中,DAF 为动力放大系数;S_{dyn} 为杆件内力时程中波动的最大值;S_0 为断索前杆件的静态内力水平;S_{rest} 为断索后达到稳定状态时杆件的静态内力水平。

在传统的结构设计中,由于对试验设备的要求很高,因此很少进行断索试验,且动力模拟分析也较为复杂,通常采用构件静态移除的方式并进行静力分析来替代,通常采用 2.0 的动力放大系数值来考虑动态效应。该值是基于对无阻尼且非瞬时杆件移除的线弹性体系分析得到的,并且理论上代表了其最不利的情况。然而,考虑到其不能考虑阻尼和非线性的影响,传统的静态有限元模拟无法反映实际情况,如索撑杆件的内力重分布等。基于试验数据和有限元静力计算结果,计算得到动力放大系数试验值和动力放大系数有限元值,计算公式分别为

$$DAF(test) = \frac{S_{dyn}(test) - S_0(test)}{S_{rest}(test) - S_0(test)} \tag{9-2}$$

$$DAF(FEA) = \frac{S_{dyn}(FEA) - S_0(FEA)}{S_{rest}(FEA) - S_0(FEA)} \tag{9-3}$$

式中,DAF(test) 为动力放大系数试验值;DAF(FEA) 为动力放大系数有限元值;$S_{dyn}(test)$ 为试验测量的杆件内力时程中波动的最大值;$S_0(test)$ 为试验测量的断索前杆件的静态内力水平;$S_{rest}(test)$ 为试验测量的断索后达到稳定状态时杆件的静态内力水平;$S_{dyn}(FEA)$ 为有限元计算得到的杆件内力时程中波动的最大值;$S_0(FEA)$ 为有限元计算得到的断索前杆件的静态内力水平;$S_{rest}(FEA)$ 为有限元计算得到的断索后达到稳定状态时杆件的静态内力水平。

由于环索为柔性构件,且在索撑节点处会发生滑移,因此其在断索瞬间内力振荡

效应并不显著，主要发生内力的突然下降(图 9-25 和图 9-30)，其动力放大系数此处不再计算。图 9-32 给出了斜拉杆、撑杆和网壳杆件的动力放大系数计算结果，大多数的动力放大系数试验值均位于 2.0 附近。然而，由于断索试验数据较难获得，断索试验中仅能对有限几根杆件进行动态测量，而动力放大系数试验值是完全基于断索试验数据计算得到的，因此数量极其有限。基于传统的有限元静力计算结果计算得到的动力放大系数有限元值有相当一部分远大于 2.0，有些甚至出现了负值。出现这种结果的原因主要是有限元模型无法考虑节点滑移和断索瞬时冲击等复杂作用，因此也需要对此类索撑节点的动力滑移和摩擦能量耗散等开展进一步的深入研究。

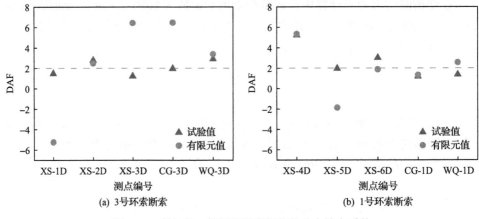

(a) 3号环索　　　　　　　　　　　　　　(b) 1号环索

图 9-32　斜拉杆、撑杆和网壳杆件的动力放大系数

9.4　弦支穹顶模型 3 号环索单独局部断索试验

为了研究环索不同张拉力作用下以及断索和索撑节点不同约束情况下断索对局部结构的冲击作用，针对弦支穹顶模型的 3 号环索，在整个模型其他圈环索不张拉、模型不施加吊挂荷载的状态下进行 3 号环索单独局部断索试验。试验方案已在 9.1.2 节中进行了详述，本节对试验测点布置、试验过程和现象以及试验结果进行详细论述。

9.4.1　试验测点布置

本次系列试验中主要进行杆件应变测量、节点加速度测量、环索节点滑移量测量和图像采集。

1. 应变测量

应变测量采用动态应变仪捕捉断索瞬间结构杆件的内力时程，辅助静态测量以控制张拉过程中的索力。试验中共设置 7 个环索索力测点，每个测点设 2 个应变片，其中 3 个静态测点，编号为 HS3-1、HS3-2、HS3-3；4 个动态测点，编号为 HS3-1D、HS3-2D、HS3-3D、HS3-4D；网壳、撑杆各设 1 个动态测点，编号分别为 WQ-1D 和 CG-1D，每个测点处均设 2 个应变片；斜拉杆设 3 个测点，编号为 XS-1D、XS-2D、XS-3D，每个测点处设 1 个应变片。应变测点的布置如图 9-33 所示。动态测量采样频率为 2kHz。

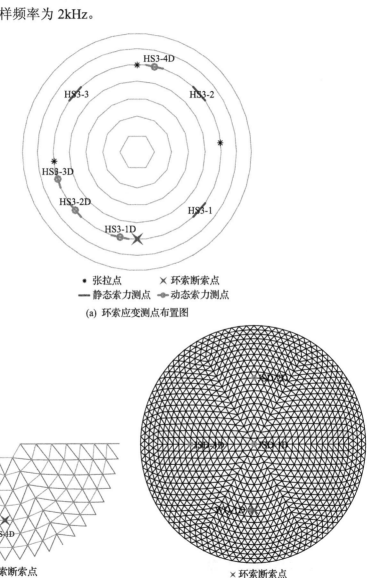

(a) 环索应变测点布置图

(b) 撑杆和斜拉杆应变测点布置图

(c) 上部网壳杆件应变测点及节点加速度测点布置图

图 9-33　3 号环索单独局部断索试验中应变及加速度测点布置

2. 加速度测量

为捕捉断索引起的结构振动响应，试验中采用加速度传感器连接动态信号测试分析系统来捕捉结构的振动。在上部网壳节点上共设置了 3 个加速度测点，编号为 JSD-1D、JSD-2D、JSD-3D，加速度测点布置图如图 9-33（c）所示，现场布测图如图 9-10 所示。

3. 图像采集

为捕捉断索引起的断索点附近杆件的运动情况，采用高速摄像机对断索点局部区域进行拍摄，拍摄速度为 500 帧/s。摄像机与断索点基本处于同一水平面，以保证拍摄照片的角度和质量，试验现场高速摄像机布置如图 9-34 所示。

4. 环索节点滑移量测量

试验中，断索的冲击作用可导致拉索在撑杆下节点处发生滑移现象，特别是方案 5、6 中，索撑节点对拉索约束较弱，拉索滑移明显。为记录环索断索前后在索撑节点处是否存在滑移及滑移量大小，试验前对拉索在索扣处的位置均采用记号笔标记，断索后通过观察拉索记号位置与索扣的相对位置变化确定是否发生滑移，并测量记录滑移量大小。环索各索撑节点编号示意图如图 9-35 所示，编号原则是从断索点内部看，断索点左侧为 L，右侧为 R，与高速摄像机拍摄位置相对应。

图 9-34　高速摄像机布置图

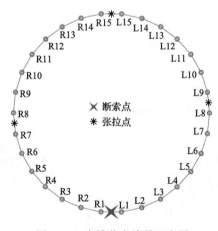

图 9-35　索撑节点编号示意图

9.4.2　试验过程及试验现象

1. 试验过程

试验开始时，除 3 号环索外，其他环索均进行完全卸载，避免对试验造成影响。在 3 号环索断索点处安装断索装置，并保证断索装置处于锁止状态，同时在其他三个张拉点处安装张拉装置(断索点及张拉点的位置如图 9-33(a)所示)，然后按照相应试验方案中的张拉力对 3 号环索进行张拉，张拉时保证三个张拉点同时同步张拉。

张拉完成后，按照试验方案，方案 1~4 均在索撑节点处安装索扣并完全拧紧，如图 9-1(a)所示；方案 5 在节点处安装索扣，但仅将螺帽稍拧入至索扣与拉索接触，如图 9-1(b)所示；方案 6 在节点处不安装索扣，使拉索在索撑节点处可自由滑动，如图 9-1(c)所示。

索扣设置完成后，在拉索上用记号笔标记其在索撑节点处的相对位置，同时对动态信号测试分析系统和高速摄像机进行调试，然后操作断索装置使其由锁止状态瞬间变成打开状态，实现环索的瞬间断开，动态测试仪和高速摄像机同步完成测量。

2. 试验现象

1)方案 1

方案 1 张拉力小，张拉时较为轻松，操作断索装置时使用较小的拉力即可使其断开，断开瞬间发出了铁块互相敲击的"咔嗒"声，结构整体上无明显反应，撑杆下节点处拉索未发生肉眼可见的滑动。

2)方案 2

方案 2 张拉力一般，现象与方案 1 基本相同。

3)方案 3

方案 3 张拉力较大，张拉时比较吃力，操作断索装置时需要较大的拉力使其断开，结构无明显反应，撑杆下节点处拉索无明显的滑动。

4)方案 4

方案 4 张拉力最大，张拉吃力，操作断索装置时需猛然施加很大的拉力使其断开，站在环梁上的工作人员未感受到结构明显的振动，结构没有发生局部或整体破坏。环索在撑杆下节点处无明显滑移(图 9-36(a))。

5)方案 5

方案 5 张拉力与方案 2 相同，大小一般，但撑杆下节点处约束为半约束状态。断索瞬间，由于撑杆下节点的约束作用较弱，断索装置发出了清脆的铁块撞击声，装置两部分明显分开，结构整体上无明显反应，但站在环梁上的工作人员感受到了结构极为微幅的振动，结构没有发生局部或整体破坏。环索在撑杆下节点处发生明显滑动(图 9-36(b))。

6)方案 6

方案 6 张拉力与方案 2 相同，但撑杆下节点处无约束。断索瞬间，装置卡口和卡柱分别向两侧瞬间分开，距离达十余厘米。在拉索向两侧运动的过程中，由于拉索的运动角度和自身振动，加上节点摩擦力作用，带动附近的撑杆和斜拉杆发生振动。结构整体上发生了微幅振动，在断索瞬间出现了较大的声响，站在环梁上的工作人员感觉到了结构明显的振动。环索在撑杆下节点处发生了很大的滑动(图 9-36(c))。

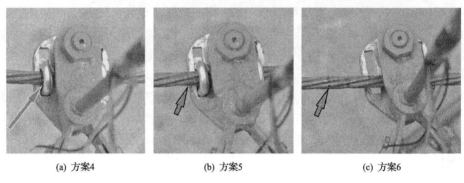

(a) 方案4　　　　　　　　(b) 方案5　　　　　　　　(c) 方案6

图 9-36　撑杆下节点滑移

9.4.3　试验结果及讨论

1. 高速摄像机捕捉照片及撑杆下节点滑移情况

图 9-37 给出了各个方案中高速摄像机捕捉到的断索区域杆件运动照片，其中断索时刻为 $t = 1.000\text{s}$。根据拍摄图片，可测得断索点两侧撑杆距离 L、左侧撑杆

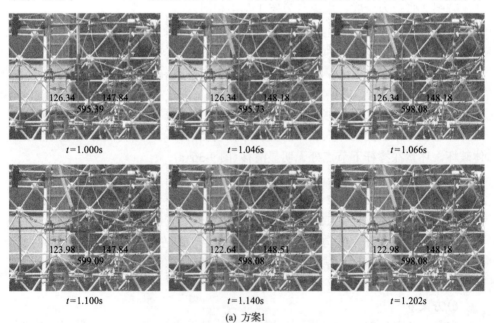

(a) 方案1

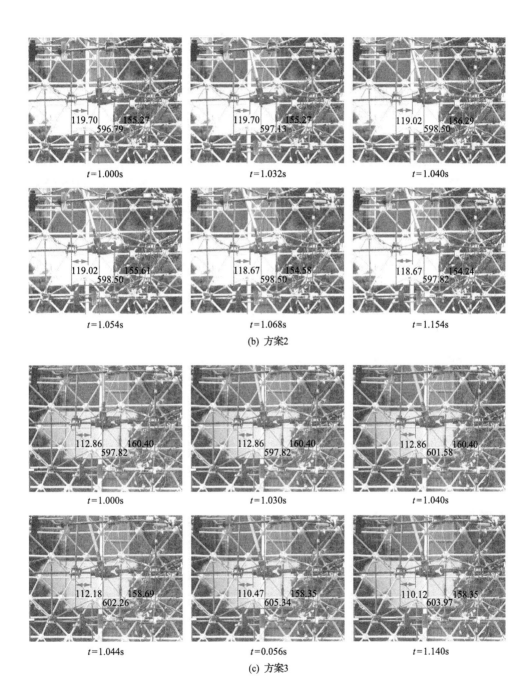

$t=1.000$s　　　　　　$t=1.032$s　　　　　　$t=1.040$s

$t=1.054$s　　　　　　$t=1.068$s　　　　　　$t=1.154$s

(b) 方案2

$t=1.000$s　　　　　　$t=1.030$s　　　　　　$t=1.040$s

$t=1.044$s　　　　　　$t=0.056$s　　　　　　$t=1.140$s

(c) 方案3

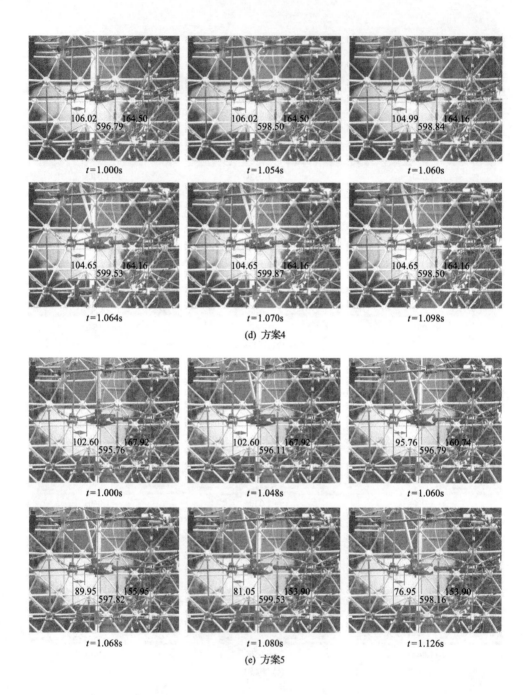

(d) 方案4

(e) 方案5

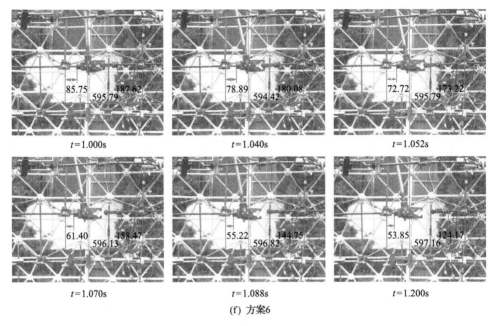

图 9-37　高速摄像机捕捉到的断索区域杆件运动照片（单位：mm）

到断索装置左侧的距离 $L_{左}$ 和右侧撑杆到断索装置右侧的距离 $L_{右}$，在图 9-37 中标示。其中，L 反映了断索点附近两撑杆相互运动的情况，$L_{左}$ 和 $L_{右}$ 的变化间接反映出环索在索撑节点处的滑移情况，三个距离的变化情况如图 9-38 所示。

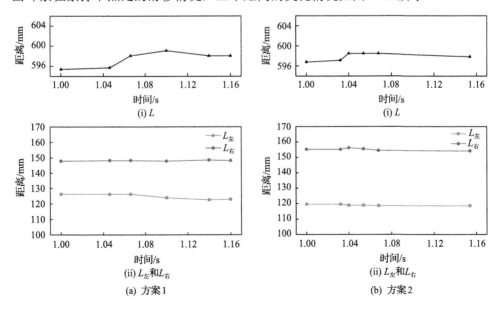

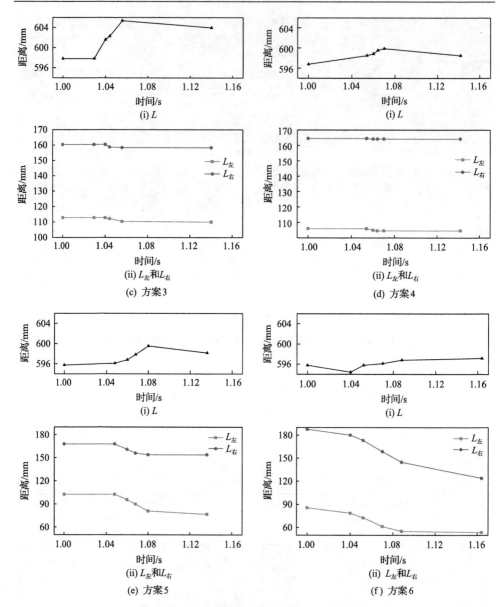

图 9-38　断索瞬间断索点附近杆件运动情况

综合图 9-37 和图 9-38 可归纳出如下现象：

(1)在撑杆下节点处索扣拧紧的情况下(方案 1~4)，环索在索撑节点处基本无滑移，由于断索时断索点两侧撑杆和斜拉杆较强的约束作用和环索向两边分开时的拉拽作用，L 在断索时均呈现突然增大的趋势，然后逐渐稳定下降至高于起点数值的水平。

(2)在相同张拉力、不同节点约束条件的情况下(方案 2、5、6),约束越弱,滑移越明显,方案 2 基本无滑移,方案 5 左右两侧滑移量分别为 25.7mm 和 14.0mm,方案 6 左右两侧滑移量分别达 31.9mm 和 63.5mm。方案 2 和方案 5 由于下节点均存在一定的约束,L 呈现突然增大的趋势,然后逐渐稳定下降至高于起点数值的水平,而方案 6 由于无约束作用,L 呈现突然减小的趋势,然后逐渐稳定增加至略高于起点数值的水平。

对方案 5 和方案 6,根据断索前所做标记,在断索后对各索撑节点处的滑移量进行了测量,结果如图 9-39 所示。

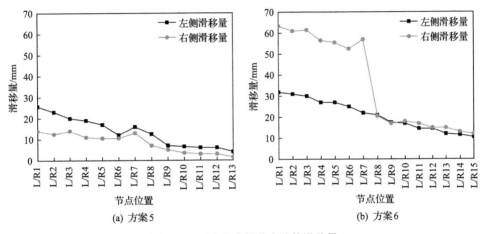

(a) 方案 5　　　　　　　　　　　(b) 方案 6

图 9-39　环索各索撑节点处的滑移量

整体来讲,距离断索点越近,滑移量越大。由于约束不同,方案 6 的滑移量远大于方案 5。方案 5 中,L7 和 R7 位置处的滑移量略有增大,这是因为在 7 号位置附近存在张拉点。方案 6 中,L7 和 L8 位置处的滑移量突然发生了急剧下降,由图 9-35 可知,L7 和 L8 之间为张拉点,由于环索在张拉点处不连续,断索瞬间环索索力减小,使张拉点处两端环索顶紧,从而滑移量变化不连续,产生急剧下降,在张拉点之后滑移量变化恢复连续且规律。

2. 断索瞬间杆件内力动态测量

环索索力由测点处索力测量装置上下 2 个应变片的应变取平均换算得到,图 9-40 为各方案下环索动态测点的内力变化情况。

整体来看,距离断索点越近,索力下降程度越大。索撑节点约束相同时,初始索力越大,断索后各测点索力差距越大,索力波动也越大;初始索力相同时,节点约束越弱,索力波动幅度越大,且会出现索力瞬间为负值的极为不利的情况,这是由拉索受到突然的巨大冲击作用及钢绞线自身具有一定的刚度造成的。同时,节点约束越弱,断索后各测点的索力差距越小,索力值也越低。

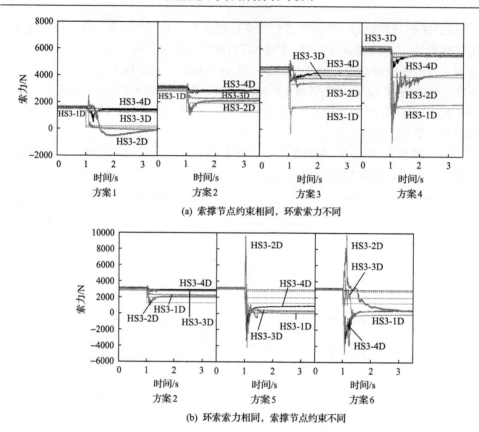

(a) 索撑节点约束相同，环索索力不同

(b) 环索索力相同，索撑节点约束不同

图 9-40　3 号环索单独局部断索试验中环索动态测点索力变化情况

　　网壳杆件受压弯作用，只测量其轴向应力，每个测点在杆件上下两侧粘贴应变片，对两个测量值取平均换算得到网壳杆件轴向应力变化，如图 9-41 所示。整体来看，网壳杆件的轴向应力波动均比较明显，随着初始索力的增大而增大，随节点约束的弱化而增大。

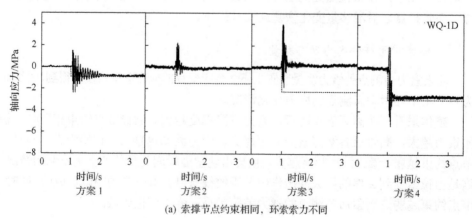

(a) 索撑节点约束相同，环索索力不同

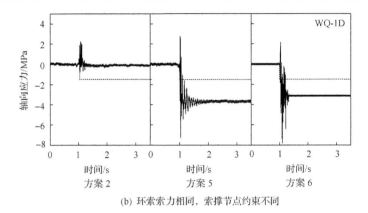

(b) 环索索力相同，索撑节点约束不同

图 9-41 3 号环索单独局部断索试验中网壳杆件动态测点轴向应力变化情况

撑杆理论上仅受轴压作用，但在断索瞬间受到冲击作用，可能出现瞬间受弯的情况，因此每个测点对称设置两个应变片，对两个测量值取平均得到撑杆轴向应力，如图 9-42 所示。

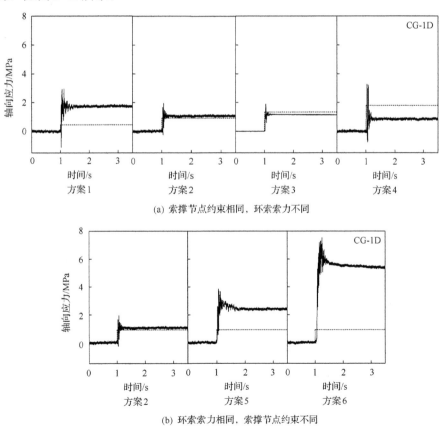

(a) 索撑节点约束相同，环索索力不同

(b) 环索索力相同，索撑节点约束不同

图 9-42 3 号环索单独局部断索试验中撑杆动态测点轴向应力变化情况

　　在系列试验中，撑杆的变化规律基本一致。断索后撑杆轴向应力均出现增大的现象，由于未考虑初始撑杆应力，而初始撑杆均为受压状态，实际上撑杆的压应力均是减小的。由图 9-42 可见，节点约束相同时，撑杆轴向应力的振动幅度基本随索力的增大而增大；索力相同时，轴向应力的增幅和振幅均随约束的减弱而增大，同样说明约束的减弱对结构不利。

　　斜拉杆由于受轴力作用，且其杆件直径小，每个测点设置 1 个应变片，通过应变换算得到其轴向应力，如图 9-43 所示。方案 3 试验中通道故障，数据未列出。斜拉杆对环索索力的保持起着至关重要的作用，节点约束相同时，斜拉杆轴向应力随索力的增大而增大；索力相同时，斜拉杆轴向应力随约束的减弱而减小，这是由于环索在索撑节点处发生了滑移，与索撑节点连接的斜拉杆无法为环索索力的变化提供较大的约束和支持。

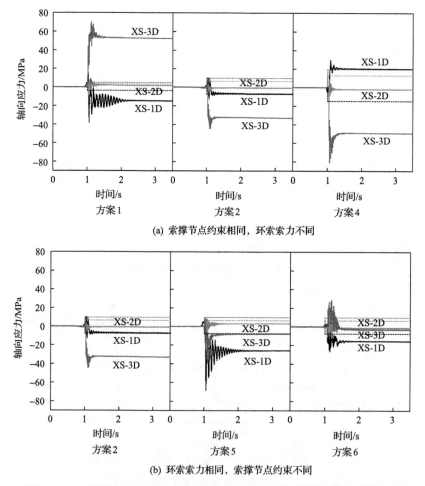

图 9-43　3 号环索单独局部断索试验中斜拉杆动态测点轴向应力变化情况

3. 断索瞬间网壳节点加速度

每次试验中均在网壳节点上设置加速度传感器,测量结构振动情况,加速度传感器的测点布置见图 9-33(c),测得的节点加速度变化情况如图 9-44 所示。节点约束相同时,虽然初始索力不同,但网壳振动的加速度大小基本一致,最大值为 $0.8g$ 左右;索力相同时,网壳振动与节点约束情况联系密切,节点约束越弱,网壳振动越强烈,其中索撑节点无约束时,加速度最大值达 $3.04g$,对结构安全极为不利。

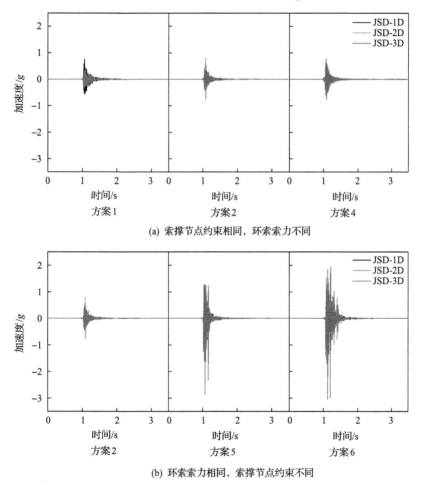

(a) 索撑节点约束相同,环索索力不同

(b) 环索索力相同,索撑节点约束不同

图 9-44　3 号环索单独局部断索试验中加速度测点加速度变化情况

4. 有限元静力模型计算及结果对比

为进一步研究断索的动力作用与静力计算的差异,在 ANSYS 中采用生死单元法进行断索前后的静态数值模拟,并与相应的试验结果进行对比和分析。有限元模型中，上部网壳、立柱和环梁均采用 BEAM188 单元，撑杆采用 LINK8 单元，拉索采用 LINK10 单元，环索张拉力通过初始应变进行施加。由于实际模型中索撑节点处采用的滚动式张拉索节点较为复杂，有限元模型中采用铰接节点进行简化模拟，方案 5 和 6 中索撑节点处均出现了较大的滑移，有限元模型中无法实现，故对方案 1～4 进行数值模拟，方案 5 和 6 的试验结果可与张拉力相同的方案 2 的数值模拟结果进行对比，从而得到索撑节点存在显著滑移时结构的不同响应规律。有限元数值模拟的结果在图 9-40～图 9-43 中均采用相应颜色的虚线列出。

整体来看，方案 1～4 有限元模拟结果大体趋势与试验结果相同，但是又存在一些差异。环索索力的变化趋势两者基本相同；网壳杆件中由于部分测点测量时通道故障，动态测点中仅列出了其中一个应变片的测量值，而网壳杆件为压弯构件，故试验结果与有限元模拟结果有一定差别；撑杆杆件的结果趋势均保持一致，由于断索造成的索力损失和冲击作用的不稳定性，试验结果与有限元模拟结果有小幅的差异；斜拉杆由于受到环索断索的直接冲击作用，且索撑节点处在断索瞬间可能出现微幅滑移，同时考虑到测量时仅设置了一个应变片，故试验结果与有限元模拟结果差异明显，但试验结果反映出了断索时斜拉杆轴力的振荡幅度。

方案 4～6 试验结果与有限元模拟结果的对比更能反映出索撑节点处节点的滑移造成的影响。由于索撑节点处发生显著滑移，与有限元模拟结果相比，试验结果中环索索力、撑杆轴力和网壳杆件轴力均发生了大幅度的振荡和变化，与前面的分析结果一致；同样，由于滑移使斜拉杆无法对环索提供较大的约束和支持，在试验中斜拉杆的轴力变化并不明显。因此，实际工程中需密切关注索撑节点的性能。

5. 动力效应讨论

与 9.3 节类似，采用动力放大系数来反映动力冲击作用引起的结构杆件内力的动态变化程度，其计算公式见式(9-1)。弦支穹顶中各类构件的受力性质不同，差别较大，将试验中的测量构件分为环索、网壳杆件和撑杆、斜拉杆三类，分别统计各类构件在不同方案下的动力放大系数，如图 9-45～图 9-47 所示。

网壳杆件和撑杆为压弯构件，断索时受到环索的冲击作用，其内力会发生一定的波动。由图 9-46 可知，整体来讲，网壳杆件的动力放大系数大于撑杆，由于这类杆件非断索直接波及杆件，其动力放大系数与索力大小无明显关系，但随节点约束的降低而降低，这是由于节点约束越弱，环索断索瞬间传递给附近撑杆和网壳的冲击也越小，但是冲击波及范围却越大。

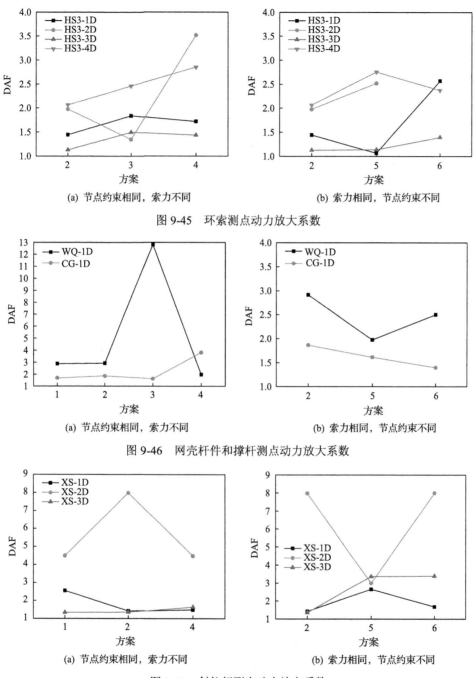

图 9-45 环索测点动力放大系数

图 9-46 网壳杆件和撑杆测点动力放大系数

图 9-47 斜拉杆测点动力放大系数

斜拉杆理论上为轴拉构件，但是由于其是环索索力保持的重要构件，在断索时受到的冲击最为明显，内力振动幅度也最大，很多情况下甚至会出现瞬间受压的情况，且此类构件惯性矩一般较小，很容易出现压杆失稳的问题，这对在设计上仅受拉的斜拉杆是极为不利的。就动力放大系数而言，其与环索索力关系不明显，但与其所在位置联系密切。

整体来看，动力放大系数与杆件类型、杆件所在位置、环索断索时的索力大小、索撑节点形式均有关，数值分散性较大。且动力放大系数的数值并非随索力的增大而呈线性增大，但索力越大，各构件应力水平越高，断索时其达到极限应力的概率也越大，对结构安全的影响越大。就节点约束对动力放大系数的影响而言，不同杆件的规律不同，甚至部分杆件的动力放大系数随约束的减弱而变小。应该指出的是，节点约束越小，断索冲击所波及的范围越广，对结构整体的安全性能危害越大。

就弦支穹顶结构的断索冲击而言，在条件许可的情况下应尽可能开展试验研究得到相关杆件的内力、位移和结构振动的变化情况，鉴于断索试验的复杂性和危险性，建议也可采用显式有限元等动力分析方法进行精细化分析。

9.5　弦支穹顶结构断索效应数值模拟方法

弦支穹顶模型的断索试验在实际工程中难以实现，需要较多的特殊设备，且时间和经济花费均很高。静力有限元分析较为简单，但无法考虑断索引起的动力效应。因此，基于 ANSYS/LS-DYNA，采用显式有限元动力分析方法开展弦支穹顶结构断索效应数值模拟研究。

9.5.1　显式动力分析思路

显式分析比较适合于动力学问题仿真，如爆炸、冲击和碰撞等，但对于较长时间或者静力分析可能会增加求解资源。简单来讲，对时间积分问题，每个变量均可表示为前一步所有变量的方程，如式(9-4)所示。其中显式分析在求解过程中要对每个子步中的 n_i 进行求解，然后将求解得到的值代入下一步中进行求解。由于每一个子步都存在误差，如果步长的增量设置较大，则经过不断累积将会产生很大的误差，所以利用显式算法进行仿真分析时，时间增量的选择极为关键，与隐式分析相比，其计算时间步长极小，因此更适合分析瞬态问题。而隐式分析在求解过程中不会直接求解每个子步的 n_i 值，而是得到其表达式，然后代入下一步中，最后利用矩阵求解得到符号方程。其优点在于时间步长增量大，子步数少，每个荷载步都能控制收敛，避免误差累积。但是其存在迭代不收敛的问题，且计算量随计算规模的增大出现超线性的增长趋势。

$$n_i(t\Delta t) = f(n_1(t), n_2(t), \cdots, n_k(t)) \tag{9-4}$$

LS-DYNA 作为一个代表性的非线性显式分析程序，可以较好地解决几何非线性、材料非线性和接触非线性等复杂问题，而此程序中采用的显式算法特别适用于各种非线性结构动力冲击问题的分析，如爆炸、结构碰撞、金属成形、材料失效等。LS-DYNA 最早于 1976 年被提出，经过不断发展后于 1996 年与 ANSYS 公司进行了技术合作，产生了 ANSYS/LS-DYNA，ANSYS 广阔的应用平台使其得到了进一步的广泛推广。

采用 ANSYS/LS-DYNA 进行动力学分析的一般流程如下：

(1)对所要研究的问题进行规划。在正式开始分析之前首先确定如何才能让程序模拟实际的物理系统、研究的目的是什么、模拟中关注哪些细节、选择何种单位类型等，做好问题的规划。

(2)前处理阶段。该阶段主要包括设置整体分析选项，指定分析所选用的单元类型和实常数，定义所采用的材料模型，创建几何模型，划分有限元网格，定义部件信息，定义接触信息，定义边界条件和荷载等。

(3)加载和求解阶段。该阶段主要指定分析的接触时间、各项控制参数，根据 ANSYS 的 APDL 生成 LS-DYNA 的标准输入文件——关键字文件(K 文件)，并递交 LS-DYNA 的求解器进行求解运算。

(4)后处理阶段。该阶段可以采用 ANSYS 中的通用后处理器了解结构整体的应力、应变情况，更重要的是采用 LS-PREPOST 专用后处理器进行应力、应变、速度、加速度等时间历程曲线的绘制。

针对本章进行的断索数值模拟问题，其在 LS-DYNA 中采用内力瞬时移除法来实现，具体方式如下：在完整模型中去掉断索索段，并将其端部的内力向量 $\boldsymbol{p}_0$ 反向作用在剩余结构上，得到与原完整结构等效的分析模型，此过程在 LS-DYNA 中可以通过动力松弛的功能实现；在上述步骤的基础上，在断索点(断索索段的端点)作用如图 9-48 所示的随时间变化的荷载向量 $\boldsymbol{p}$ 进行动力分析，图中 t_f 代表构件的失效时间。

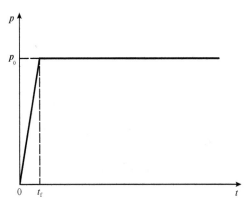

图 9-48　断索点处施加荷载的荷载-时间曲线

9.5.2　显式有限元模型建立

在 ANSYS/LS-DYNA 中建模的过程如下：

(1)确定各个物理量的单位，保证各单位协调统一，本次模拟中采用国际制单位，长度单位为 m，时间单位为 s，质量单位为 kg，力的单位为 N。

(2)建立单元类型。根据试验模型的实际杆件情况，共采用四种单元类型。立柱和网壳杆件均采用 BEAM161 单元，撑杆和斜拉杆均采用 LINK160 单元，环索采用 LINK167 单元，同时在索撑节点处设置了质量为 4kg 的 MASS166 单元用以考虑索撑节点的质量在断索过程中的影响。

(3)定义材料类型。本次模拟中针对模型构件的材料，对环向拉索选用索(CABLE)材料模型，其他的钢构件均采用塑性随动(PLASTIC KINEMAIC)材料模型。索材料模型适用于理想弹性拉索等柔性结构构件，不能承受压力，仅当拉索中有拉伸时，其内力值才不为 0。塑性随动模型可以是各向同性、随动硬化或各向同性和随动硬化的混合模型，与应变率相关，其最重要的特点是塑性随动材料可以通过定义失效应变来考虑材料的失效。当某个构件的应变超过了材料的失效应变时，这个构件就会被自动从整个模型中移除，因此这个材料模型非常适用于杆件失效分析。在本章研究中，塑性随动材料模型的失效应变设为 0.05。

(4)建立弦支穹顶结构模型。首先根据各个节点坐标建立关键点，根据关键点与杆件的位置关系通过连接关键点建立各杆件的几何模型线，然后对直线赋予属性建立杆件的有限元模型，并划分单元。同时在索撑节点处建立质量单元，并去掉断索索段。根据单元类型和参数建立 PART 信息，定义接触为自动单面接触。施加位移边界条件，将立柱柱脚所有方向全约束。

(5)定义时间和荷载数组，并对结构施加荷载。施加的荷载有如下几种：自重荷载、节点吊挂荷载和失效点处的集中力。在失效点每端节点处均施加两个集中力，在 LS-DYNA 中需定义两个组元后分别施加。两个集中力中，前者为大小不变的内力向量 p_0；后者是如图 9-48 所示的随时间变化的内力向量 p，其中失效时间参考相关文献及 9.4 节中的试验研究，本次模拟中设定为 0.001s。

(6)设定求解相关选项，包括定义阻尼、设置求解时间、设置输出文件的时间间隔和类型等，并提交 LS-DYNA 程序进行求解。LS-DYNA 建立的有限元模型如图 9-49 所示。

同时，采用 ANSYS 进行了完整结构和缺少断索构件结构的静力分析，用以作为断索

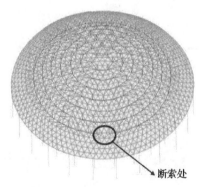

断索处

图 9-49　LS-DYNA 有限元模型

前后结构达到平衡时杆件内力的参考。虽然隐式的 ANSYS 有限元模型无法模拟结构在断索瞬间的动力效应，但是计算得到的静力结果可以为显式动力分析的结果提供对比和参考，并验证显式分析结果的合理性和正确性。

9.6　弦支穹顶结构断索效应数值模拟结果分析及对比讨论

采用 9.5 节建立的模型分别对弦支穹顶受载状态下 3 号环索和 1 号环索分别出现局部断索的两种情况进行显式动力分析，得到结构在断索过程中杆件的位移变化和杆件的内力波动情况。

9.6.1　3 号环索局部断索数值模拟结果及讨论

与模型试验相同，断索时刻设定在 $t = 0.9\text{s}$，在这个时刻 3 号环索的一个索段发生了突然失效。图 9-50 给出了 3 号环索局部断索时数值模拟得到的结构位移和变形情况。环索索段的突然失效以及由此引起的下部支承作用的损失导致断索区域出现了突然的局部塌陷效应，这一效应可从图 9-50(a) 中的局部变形反映出来。3 号环索局部突然断索引起了所在圈环索的向下变形，然而其冲击效应使 2 号环

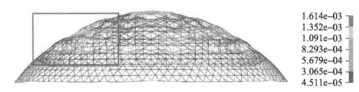

1.614e-03
1.352e-03
1.091e-03
8.293e-04
5.679e-04
3.065e-04
4.511e-05

(a) $t = 0.915\text{s}$时刻弦支穹顶节点位移云图(单位：m)

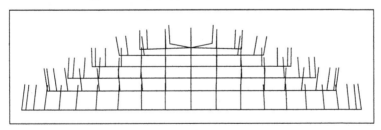

(b) $t = 0.5\text{s}$时刻拉索和撑杆位置图

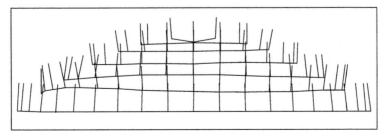

(c) $t = 0.915\text{s}$时刻拉索和撑杆位置图

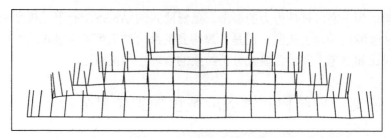

(d) $t=4.5s$时刻拉索和撑杆位置图

图 9-50　3 号环索局部断索时数值模拟得到的结构位移和变形情况

索也发生了更为明显的向下波动变形，如图 9-50(c) 所示，局部的向下变形也引起了附近区域索撑节点的微幅向上波动变形。由于断索引起的动力冲击效应，在断索发生很短的时间内撑杆的旋转变形达到最大值，随着时间的推移，其变形在动力振荡平息后逐渐恢复至中等水平。

　　图 9-51 给出了 3 号环索局部断索时数值模拟得到的环索内力波动情况，图中不仅给出了采用 LS-DYNA 进行显式动力分析得到的结果(图中的 D 系列)，还给出了相应的采用 ANSYS 进行隐式静力分析得到的静力结果(图中的 S 系列)。在断索瞬间，结构中存储的能量被突然释放，使杆件的内力发生剧烈的波动和振荡。显式动力分析得到的断索前后索力的稳定值与静力分析得到的索力值较为吻合，这也验证了显式分析方法的有效性和准确性。所有杆件内力在断索瞬间均发生了突然的振荡，部分环索内力有明显的振幅。图 9-51(d) 给出了断索后重新达到稳定状态时环索的内力重分布情况。断索瞬间，断索处索段内力瞬间降为 0，相连的索段 HS3-1D 也出现了明显的索力损失，并最终稳定在较低的水平上，由于有限元中索撑节点处无滑移的假定以及斜拉杆的拉拽作用，其索力最终并未降至 0。由于环索内力重分布及索撑节点处撑杆和斜拉杆对环索的拉拽作用，在距断索点一定距离处的环索索段索力迅速恢复，甚至部分索段索力还出现了微幅的增加(如 HS3-3D 索段，相应的断索前的索力在图中以虚线标示)。对于距断索点最远端的环索索段(如 HS3-4D)，其内力在断索瞬间出现了明显的上下振荡，但是恢复平衡后其内力与断索前相比并未发生较大变化。在图 9-51(d) 中同样也给出了与 3 号环索相邻的 2 号和 4 号环索断索后的内力情况，可以看出，3 号环索的断索同样也会给相邻的环索产生影响，使其内力发生重分布，但是这种影响效果有限。在 2 号和 4 号环索中，内力降低幅度最大的索段出现在断索区域周边，并非在断索点正上方或正下方的索段。环索索力的波动趋势整体上与试验结果相符，但是又有不同，由于实际试验中索撑节点处滑移现象的存在，试验中的所有索段在断索平衡后均未出现索力增大的现象，同时由于结构阻尼影响、索节点和张拉节点处的能量耗散，试验中环索的索力振荡现象弱于数值模拟结果。

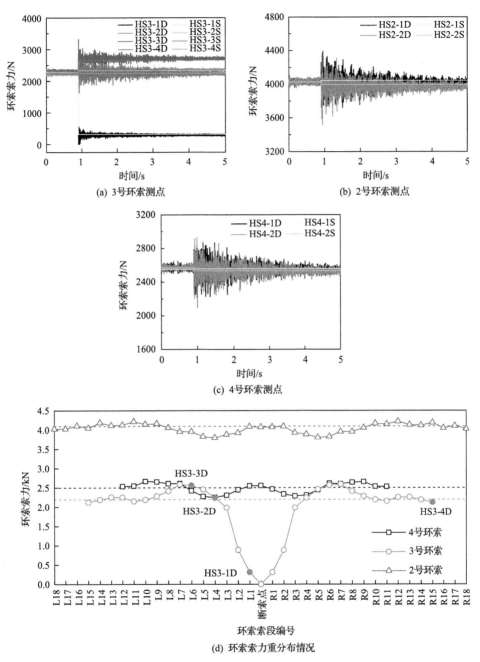

(a) 3号环索测点

(b) 2号环索测点

(c) 4号环索测点

(d) 环索索力重分布情况

图 9-51 3 号环索局部断索时数值模拟得到的环索内力波动情况

图 9-52 给出了 3 号环索局部断索时数值模拟得到的结构杆件应力波动情况。
动力模拟的分析结果表明,断索瞬间所有杆件的应力均发生了突然的波动和振荡,

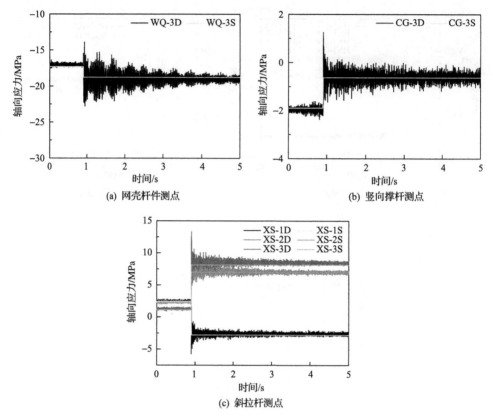

图 9-52　3 号环索局部断索时数值模拟得到的结构杆件应力波动情况

断索点周围的杆件应力波动尤为明显。由于下部索撑体系的支承作用突然减弱，上部网壳杆件 WQ-3D 的轴向应力出现了明显的增加，而撑杆 CG-3D 的轴向应力得到了一定程度的释放。斜拉杆的应力波动与其所处的位置有关，可参考图 9-26(a)，与 XS-1D 相连的两个索段应力均发生了较大的降低，因此断索前杆件 XS-1D 的张拉效应在断索后发生了释放，因此其应力出现了降低的趋势。而 XS-2D 和 XS-3D 两根斜拉杆的应力均是拉拽环索防止其由于断索而出现应力降低，断索后索力的恢复主要就是靠其拉拽支承作用，因此断索后其应力出现了增加的趋势。

9.6.2　1 号环索局部断索数值模拟结果及讨论

同样，$t = 0.9s$ 时 1 号环索的一个索段发生了突然失效。图 9-53 给出了 1 号环索断索过程中几个关键时间节点上弦支穹顶网壳和索撑体系的位移和变形情况。最外圈环索的局部断索引起局部索撑体系的失效，导致网壳边缘和断索区域索撑体系发生局部塌陷效应，出现明显的下凹变形。

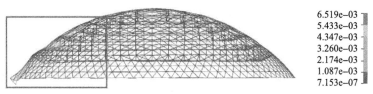

(a) $t=0.92s$时刻弦支穹顶节点位移云图(单位：m)

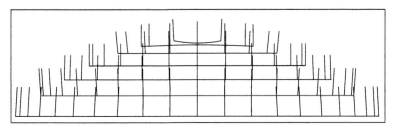

(b) $t=0.5s$时刻拉索和撑杆位置图

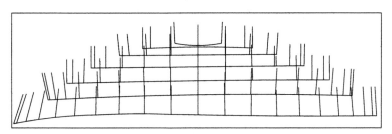

(c) $t=0.92s$时刻拉索和撑杆位置图

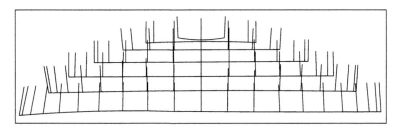

(d) $t=4.5s$时刻拉索和撑杆位置图

图9-53　1号环索局部断索时结构的位移和变形情况

图9-54给出了1号环索局部断索时数值模拟得到的环索内力波动情况。断索前，最外圈环索有着最高的预应力水平，其局部断索会引起断索点处索段内力的大幅下降，原本的平衡状态被打破，突然的索力丧失需要附近杆件进行重新平衡。HS1-1D位于紧邻断索索段的一侧，由于断索造成的巨大内力差值及其所在位置处单根斜拉杆较弱的拉拽作用，其内力在断索瞬间几乎降为0。然而，在距离断索点数个索段之外，环索的索力迅速恢复至断索前水平，如图9-54(d)所示。位于与网壳中心和断索点连线成45°的索段HS1-2D内力已完全恢复并有微幅的增加。此

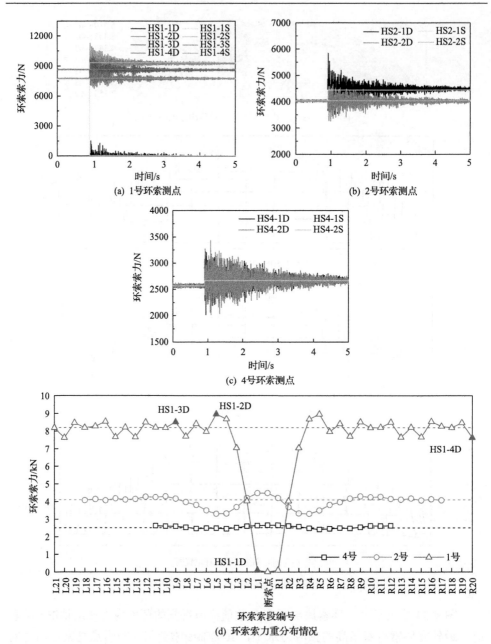

(a) 1号环索测点   (b) 2号环索测点

(c) 4号环索测点

(d) 环索索力重分布情况

图 9-54 1 号环索局部断索时数值模拟得到的环索内力波动情况

次断索的情况不仅引起了 1 号环索索力的剧烈变化，而且引起了与之相邻的 2 号环索索力的大幅波动，部分索段索力波动幅度甚至达 2kN。而 4 号环索距离断索圈较远，其所受影响相对较小。因此，尽管在索力最大的 1 号环索出现了局部索段突然失效，其带来的索力损失仍能够通过整体结构来平衡，且断索的动力效应可以被限定在局部区域，也证明了结构具有较好的整体性。实际试验模型中，索撑节点处拉索发生滑移，拉索的瞬间收缩效应会部分通过环索在节点处发生滑移来缓和，而部分冲击动能也会通过节点的滑移摩擦消耗。因此，实际试验中索力的振荡效应并不如数值模拟结果明显。

图 9-55 给出了 1 号环索局部断索时数值模拟得到的结构杆件应力波动情况。此次断索产生的动态效应更为显著，断索瞬间，杆件应力的瞬间增加或降低值甚至超过了断索稳定前后应力差值的两倍，尤其是网壳杆件和撑杆。斜拉杆应力波动也较为剧烈（图 9-55(c)），如 XS-4D 测点在断索瞬间应力发生了突然的下降，瞬时波动的最低值达到了 –30MPa，然而一般情况下在设计中认为斜拉杆只承受轴向拉力，这种突然受压的情况可能会引起杆件的屈曲，甚至失效，其他杆件也可能出现类似情况，这对结构安全极为不利。

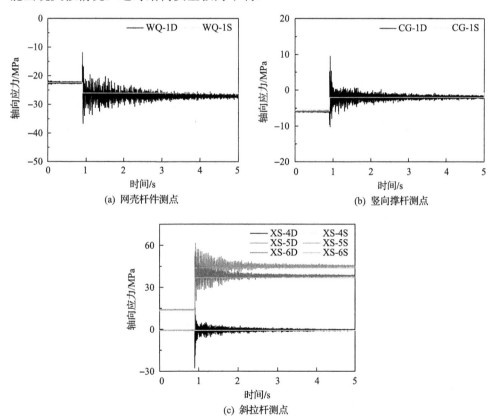

图 9-55 1 号环索局部断索时数值模拟得到的结构杆件应力波动情况

9.6.3 数值模拟结果与试验结果对比分析

整体来讲，数值模拟和试验得到的结构内力重分布模式和动力响应趋势基本一致，说明显式动力分析在断索问题上的适用性和有效性。由于实际结构模型中节点抗滑移能力不足以及由此导致的环索摩擦滑移，试验得到的内力重分布和应力波动与相应的数值模拟结果又有一定的不同，尤其是环索构件。图 9-51(d) 和图 9-54(d) 中的环索内力重分布是建立在索撑节点牢固无滑移的有限元模型基础上的，因此环索失效及由此带来的张拉力损失可以通过附近的索撑杆件进行平衡，同时也会导致同圈环索上距断索点一定位置处的索段内力出现微幅的增加。然而，在试验中，虽然在环索张拉完毕后即采用 U 型索扣将拉索在索撑节点处固定，但是由于动力冲击作用和断索瞬间相邻索段产生的内力差，节点处仍然产生了微幅的滑移，局部失效的环索索段索力随着与断索点距离的增加而逐渐恢复，但是并不会出现如图 9-51(d) 和图 9-54(d) 中展示的部分索段索力微幅增加的情况。

9.7　弦支穹顶结构断索动力放大系数

在实际弦支穹顶结构的设计和分析中，断索对结构的影响必须考虑。然而，对每个弦支穹顶结构均进行上文所述的较为复杂的显式动力分析或操作复杂且消耗大的模型测试是不切实际的。因此，需要一种能够评估由拉索突然失效引起的动力效应的简化方法。根据试验结果和显式有限元动力分析结果，针对弦支穹顶结构中不同类型的杆件分别提出了动力放大系数和动力因子两个参数作为断索动力效应的简化评估方法。本节首先介绍动力放大系数。

拉索的突然失效及由此带来的能量释放会引起结构杆件内力的剧烈波动，部分杆件在断索瞬间的内力变化巨大，甚至会引起撑杆或斜拉杆出现内力瞬间反向的不利情况。如 9.4.4 节所述，在设计和分析阶段，这种动力影响通常采用动力放大系数来衡量和考虑，其计算公式见式(9-1)。在传统的结构设计中，通常采用构件静态移除的方式并进行静力分析来替代，通常采用 2.0 的动力放大系数值来考虑动态效应。但是该值是基于对无阻尼且非瞬时杆件移除的线弹性体系分析得到的，对于弦支穹顶断索这一复杂的非线性行为是否有效需要进一步研究。

图 9-56 给出了所有测点的动力放大系数试验值和数值模拟值。结果显示，网壳杆件、撑杆和斜拉杆的动力放大系数在 2.0 上下波动。而环索杆件的动力放大系数都相对较大且较为离散，试验值均小于数值模拟值。由图 9-51 和图 9-54 可以看出，由于数值模拟中索撑节点为理想无滑移铰接节点，断索的冲击效应被局限在局部结构，离断索点较远的索段索力变化不明显，但是有着明显的振荡现象，因此动力放大系数数值模拟值相对较高。而在模型试验中，索撑节点

处无法完全限制拉索的滑移，因此断索释放的大部分能量被节点的滑移摩擦消耗，导致索力降低相对较大，而索力振荡不明显，因此得到的动力放大系数试验值相对较小。

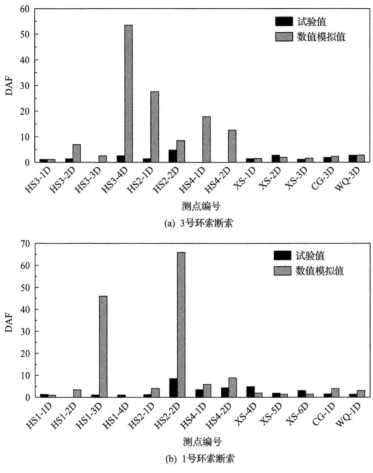

(a) 3号环索断索

(b) 1号环索断索

图 9-56　所有测点的动力放大系数

整体来看，对于弦支穹顶结构的断索问题，动力放大系数的评估方法更适用于结构的网壳杆件、撑杆和斜拉杆的动力响应。因此，根据显式动力分析结果，提取并计算了断索点附近的所有网壳杆件、撑杆和斜拉杆的动力放大系数，如图 9-57 所示。对得到的所有动力放大系数采用统计学方法，得到具有 95%保证率的取值为 2.58，然后考虑 1.2 倍的设计安全系数，应为 3.096，为便于设计中考虑和使用，建议在弦支穹顶结构设计和分析中，网壳杆件、撑杆和斜拉杆的动力放大系数取 3.1。

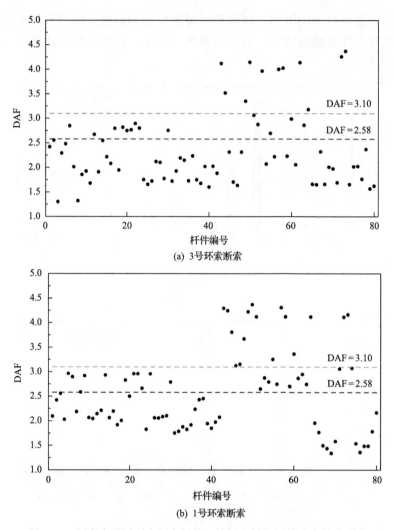

(a) 3号环索断索

(b) 1号环索断索

图 9-57　断索点附近所有网壳杆件、撑杆和斜拉杆的动力放大系数

9.8　弦支穹顶结构断索动力因子

9.7 节中提出的动力放大系数是断索时杆件内力动态变化最大值与原杆件内力的差值和断索后杆件内力最终值与原杆件内力的差值之间的比值，反映了动态变化峰值与静态计算值之间的倍数关系，但是当断索前后杆件内力变化不大而波动较大时，所得到的动力放大系数就会异常高，而且动力放大系数无法直接体现环索杆件在冲击后的内力变化状态和危险程度，采用动力放大系数的评估方法对环索杆件并不适用。鉴于此，本节提出了动力因子（dynamic coefficient，DC）的概

念，用以体现结构杆件在受到动力冲击作用后的内力变化状态和动力冲击作用对杆件造成的危险程度。动力因子的计算公式为

$$DC = \frac{S_{dyn}}{S_0} \qquad (9-5)$$

式中，DC 为动力因子；S_0 为断索前杆件静态内力水平；S_{dyn} 为杆件内力波动的最大值(S_{dmax})或最小值(S_{dmin})。当 S_{dmax} 和 S_{dmin} 同为正号时，S_{dyn} 取 S_{dmax}；当 S_{dmax} 和 S_{dmin} 同为负号时，S_{dyn} 取 S_{dmin}；当 S_{dmax} 和 S_{dmin} 异号时，说明冲击后计算杆件的内力发生了变号，此时分别计算 S_{dmax} 和 S_{dmin} 与 S_0 的比值，得到正负两个值，正值为正向动力因子，符号 DC，负值为负向动力因子，符号 DC_。

根据此定义，分别对试验中采集的各测点的内力时程曲线和数值模拟计算结果进行计算，得到所有测点的动力因子，如图 9-58(a) 和 (b) 所示。

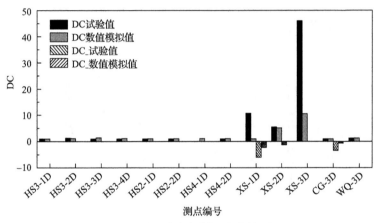

(a) 3 号环索断索所有测点动力因子

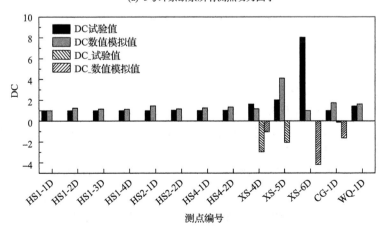

(b) 1 号环索断索所有测点动力因子

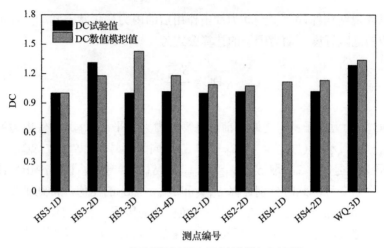

(c) 3号环索断索环索和网壳杆件测点动力因子

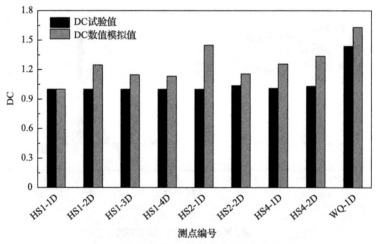

(d) 1号环索断索环索和网壳杆件测点动力因子

图 9-58　所有测点的动力因子

由图 9-58 可见，所有环索测点和网壳杆件内力在断索瞬间均未发生变号，且动力因子相对稳定，斜拉杆和撑杆内力出现了变号现象，且不同类型杆件的动力因子差异较大，部分测点的动力因子异常大。分析原因，撑杆和斜拉杆是环索索力维持的有力保障，当环索突然发生断索时，两者受到的直接影响也最大，部分杆件甚至出现由受拉变为瞬间受压或由受压变为瞬间受拉的现象，且部分杆件原始内力较小，断索时内力发生剧烈波动，使得动力因子剧烈增大，此时所得到的动力因子参考意义不大。将环索和上部网壳杆件测点的动力因子单独列出，如图 9-58(c)和(d)所示。由图可知，所有环索和上部网壳杆件的动力因子均在 1.0～1.7，分布较为均匀，且有限元数值模拟结果和试验结果较为吻合，仔细观察发现，几乎所有测点的动力因子均是有限元数值模拟值略大于试验值，这是因为试验中环索在索撑节点处发生了一定程度的滑移，且滑移越明显，两者之间的差异也越大。由于 9.7 节指出，可采用动力放大系数考虑上部网壳杆件的动力响应且已给出了建议取值，此处仅考虑环索测点的动力因子，即此种评估方法更加适用于环索杆件。

根据显式动力分析的结果，提取并计算 1～5 号环索所有索段杆件的动力因子，如图 9-59 所示。

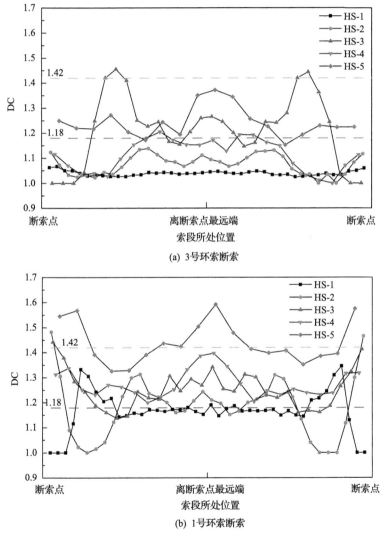

(a) 3号环索断索

(b) 1号环索断索

图 9-59　1～5 号环索所有索段杆件的动力因子

所有环索的动力因子均在 1.0～1.6，与试验结果非常吻合。另外，不同圈环索索段的动力因子有着相似的变化规律，即断索点附近的动力因子相对较小，而距离断索点较远索段的动力因子相对较大，这是因为在断索时断索点附近的索段主要发生了索力的降低，而远端的索段主要发生内力的振荡。对得到的所有动力因子采用统计学方法，得到具有 95%保证率的取值为 1.18，然后考虑 1.2 倍的设计安全系数，应为 1.416，为便于设计中考虑和使用，建议在弦支穹顶设计和分析中环索杆件的动力因子取 1.42。

参 考 文 献

安琦, 陈志华, 乔文涛, 等. 2015a. 河北师范大学体育馆张弦梁-混凝土板组合楼盖结构预应力施工过程监测与分析. 工业建筑, 45(8): 43-47.

安琦, 陈志华, 闫翔宇, 等. 2015b. 张弦梁-混凝土板组合楼盖结构分析及设计与应用. 建筑结构, 45(20): 40-45.

陈昆, 于敬海, 闫翔宇, 等. 2014. 茌平体育馆屋盖弦支穹顶叠合拱与主体混凝土框架协同工作力学性能研究. 建筑结构, 44(12): 63-67.

陈志华. 1994. 张拉整体结构的理论分析与实验研究. 天津: 天津大学博士学位论文.

陈志华. 2001. 弦支穹顶结构体系. 第一届全国现代结构工程学术研讨会, 天津: 243-246.

陈志华. 2004. 弦支穹顶结构体系及其结构特性分析. 建筑结构, 34(5): 38-41.

陈志华. 2010. 弦支穹顶结构. 北京: 科学出版社.

陈志华. 2011a. 弦支结构体系研究进展. 建筑结构, 41(12): 24-31.

陈志华. 2011b. 弦支穹顶结构研究进展与工程实践. 建筑钢结构进展, 13(5): 11-20.

陈志华. 2013. 张弦结构体系. 北京: 科学出版社.

陈志华, 刘锡良. 1995. 张拉整体体系与多面体几何. 空间结构, 1(3): 8-13.

陈志华, 刘锡良. 2001. 张拉整体三棱柱单元体结构分析. 天津大学学报, 33(1): 88-92.

陈志华, 康文江. 2002. 弦支穹顶中张拉整体部分的结构作用分析. 第二届全国现代结构工程学术研讨会, 马鞍山: 401-404.

陈志华, 张重阳. 2002. 不同矢跨比的弦支穹顶内力分析. 第二届全国现代结构工程学术研讨会, 马鞍山: 408-411.

陈志华, 乔文涛. 2010a. 弦支混凝土集成屋盖结构及其基本特性分析. 建筑结构, 40(11): 22-25.

陈志华, 乔文涛. 2010b. 弦支筒壳结构预应力设定及稳定性能研究. 建筑结构学报, (S1): 227-233.

陈志华, 毋英俊. 2010. 弦支穹顶滚动式索节点研究及其结构体系分析. 建筑结构学报, (S1): 234-240.

陈志华, 孙国军. 2012. 拉索失效后的弦支穹顶结构稳定性能研究. 空间结构, 18(1): 46-50.

陈志华, 左晨然, 毕继红. 2002. 弦支穹顶结构的线性与非线性分析. 第二届全国现代结构工程学术研讨会, 马鞍山: 412-416.

陈志华, 康文江, 左晨然, 等. 2003. 弦支穹顶结构的动力性能研究. 第三届全国现代结构工程学术研讨会, 天津: 577-582.

陈志华, 窦开亮, 左晨然. 2004a. 弦支穹顶结构的稳定性分析. 建筑结构, 34(5): 46-48.

陈志华, 郭云, 李阳. 2004b. 弦支穹顶结构预应力及动力性能理论与实验研究. 建筑结构, 34(5): 42-45.

陈志华, 史杰, 刘锡良. 2004c. 张拉整体三棱柱体试验研究. 天津大学学报, (12): 1053-1058.

陈志华, 李阳, 康文江. 2005a. 联方型弦支穹顶研究. 土木工程学报, (5): 34-40.

陈志华, 史杰, 刘锡良. 2005b. 张拉整体四棱柱体分析试验. 天津大学学报, (6): 533-537.

陈志华, 冯振昌, 秦亚丽, 等. 2006a. 弦支穹顶静力性能的理论分析及实物加载试验. 天津大学学报, 39(8): 944-950.

陈志华, 秦亚丽, 赵建波, 等. 2006b. 刚性杆弦支穹顶实物加载试验研究. 土木工程学报, (9): 47-53.

陈志华, 荣彬, 张立平, 等. 2006c. 张拉整体塔结构风荷载时程模拟及风振分析. 天津大学学报, 39(12): 1434-1440.

陈志华, 张立平, 李阳, 等. 2007. 弦支穹顶结构实物动力特性研究. 工程力学, (24): 131-137.

陈志华, 孙国军, 秦杰. 2009a. 弦支结构体系概念与分类研究. 第九届全国现代结构工程学术研讨会, 济南: 102-108.

陈志华, 闫翔宇, 刘红波, 等. 2009b. 茌平体育馆的大跨度弦支穹顶叠合拱复合结构体系. 建筑结构, 14(3): 59-64.

陈志华, 刘红波, 牛犇. 2010a. 弦支穹顶结构的工程应用. 工业建筑, (8): 42-48.

陈志华, 刘红波, 王小盾, 等. 2010b. 弦支穹顶结构研究综述. 建筑结构学报, (S1): 210-215.

陈志华, 刘红波, 闫翔宇, 等. 2010c. 茌平体育馆弦支穹顶叠合拱结构的温度场研究. 空间结构, 16(1): 76-81.

陈志华, 刘占省, 乔文涛, 等. 2010d. 不同拉索种类时弦支筒壳可靠性能及温度影响研究. 建筑结构, 40(7): 114-118.

陈志华, 刘占省, 乔文涛, 等. 2010e. 温度作用下弦支筒壳结构的预应力损失补偿及其性能分析. 空间结构, 16(3): 9-12.

陈志华, 刘占省, 乔文涛. 2010f. 不同极限状态下弦支筒壳结构的力学性能和可靠性能. 天津大学学报, 43(12): 1037-1044.

陈志华, 孙国军, 闫翔宇. 2010g. 弦支网架结构体系概念及特性研究. 工业建筑, (8): 6-9.

陈志华, 严仁章, 王小盾, 等. 2014a. 基于环索内力相等的椭球形弦支穹顶结构的预应力分析. 工程力学, (11): 132-145.

陈志华, 赵博, 王元清, 等. 2014b. 多点输入下大跨弦支筒壳结构地震响应分析. 土木工程学报, 47: 59-64.

陈志华, 王霄翔, 刘红波, 等. 2015a. 张弦结构体系全寿命预应力损失模型分析. 工业建筑, 45(8): 25-29.

陈志华, 王鑫, 王小盾, 等. 2015b. 广饶国际博览中心弦支网架结构设计分析. 工业建筑, 45(8): 37-42.

陈志华, 何永禹, 王小盾, 等. 2016. 弦支网架预应力张拉施工模拟分析. 建筑钢结构进展, 18(5): 59-65.

崔晓强, 郭彦林. 2003. Kiewitt 型弦支穹顶结构的弹性极限承载力研究. 建筑结构学报, 24(1): 74-79.

崔晓强, 郭彦林. 2005. 弦支穹顶结构的抗震性能研究. 地震工程与工程振动, (1): 67-75.

崔晓强, 郭彦林, 叶可明. 2004. 滑动环索连接节点在弦支穹顶结构中的应用. 同济大学学报, 32(10): 1300-1303.

邓雪. 2012. 东亚运动会天津自行车馆弦支穹顶结构设计与分析. 天津: 天津大学硕士学位论文.

丁洁民, 孔丹丹, 杨晖柱, 等. 2008. 安徽大学体育馆屋盖张弦网壳结构的试验研究与静力分析. 建筑结构学报, 29(1): 24-30.

董石麟, 罗尧治, 赵阳, 等. 2006. 新型空间结构分析、设计与施工. 北京: 人民交通出版社.

窦开亮. 2004. 凯威特弦支穹顶结构的稳定性分析及弦支穹顶的静力试验研究. 天津: 天津大学硕士学位论文.

范峰, 陈小培, 金晓飞, 等. 2008. 营口市奥体中心体育馆屋盖结构优化选型. 哈尔滨工业大学学报, 40(12): 1910-1913.

方至炜. 2017. 北方学院体育馆弦支穹顶施工全过程分析及节点研究. 天津: 天津大学硕士学位论文.

冯振昌. 2006. 连续折线索单元及索穹顶结构静动力性能研究. 天津: 天津大学硕士学位论文.

葛家琪, 王树, 梁海彤, 等. 2007a. 2008 奥运会羽毛球馆新型弦支穹顶预应力大跨度钢结构设计研究. 建筑结构学报, (6): 10-21.

葛家琪, 张国军, 王树, 等. 2007b. 2008 奥运会羽毛球馆弦支穹顶结构整体稳定性能分析研究. 建筑结构学报, (6): 22-30.

郭明渊. 2017. 在役张弦结构索力测试的理论分析与试验研究. 天津: 天津大学硕士学位论文.

郭云. 2004. 弦支穹顶结构形态分析、动力性能及静动力试验研究. 天津: 天津大学硕士学位论文.

郭云, 陈志华. 2003. 改进的张力补偿法在弦支穹顶结构 ANSYS 程序分析中的应用. 第三届全国现代结构工程学术研讨会, 天津: 343-347.

郭正兴, 石开荣, 罗斌, 等. 2006. 武汉体育馆索承网壳钢屋盖顶升安装及预应力拉索施工. 施工技术, 35(12): 51-58.

郭正兴, 王永泉, 罗斌, 等. 2008. 济南奥体中心体育馆大跨度弦支穹顶预应力拉索施工. 施工技术, 37(5): 133-135.

康文江. 2003. 弦支穹顶的静力与动力分析. 天津: 天津大学硕士学位论文.

康文江, 陈志华, 王小盾, 等. 2003. 弦支穹顶结构性能分析及改进措施. 第三届全国现代结构工程学术研讨会, 天津: 583-590.

蓝天, 张毅刚. 2005. 大跨度屋盖结构抗震设计. 北京: 中国建筑工业出版社.

冷明. 2017. 椭圆形弦支穹顶施工全过程监测及短索索力测试研究. 天津: 天津大学硕士学位论文.

李禄. 2000. 基于张拉整体理论的弦支穹顶的理论与试验分析. 天津: 天津大学硕士学位论文.

李路川, 闫翔宇, 于敬海, 等. 2018. 沁阳体育馆钢屋盖与下部混凝土框架结构协同作用分析. 建筑科学, 34(7): 128-132.

李阳. 2004. 弦支穹顶结构稳定性分析与静力试验研究. 天津: 天津大学硕士学位论文.

李永梅, 张毅刚. 2007. 凯威特型索承网壳结构的自振特性及参数分析. 世界地震工程, 23(1): 91-97.

李永梅, 王勇刚, 张毅刚. 2007. 索承网壳结构成形阶段拉索张拉顺序的研究. 施工技术, 36(3): 24-27.

李志强, 张志宏, 袁行飞, 等. 2008. 济南奥体中心弦支穹顶结构施工张拉分析. 空间结构, (4): 14-20.

刘东宇, 刘红波, 廖祥伟. 2016. 茌平体育馆弦支穹顶叠合拱复合结构抗火性能分析. 工业建筑, 46(11): 7-12, 28.

刘红波. 2011. 弦支穹顶结构施工控制理论与温度效应研究. 天津: 天津大学博士学位论文.

刘红波, 陈志华. 2009. 弦支穹顶结构节点设计研究. 第九届全国现代结构工程学术研讨会, 济南: 783-786.

刘红波, 陈志华, 周婷. 2009. 弦支穹顶结构预应力张拉的摩擦损失. 天津大学学报, 42(12): 1055-1060.

刘红波, 陈志华, 周婷. 2010a. 太阳辐射作用下弦支穹顶叠合拱结构的温度效应研究. 天津大学学报, 43(8): 705-711.

刘红波, 陈志华, 周婷. 2010b. 一种新型预应力空间结构形式——弦支拱壳结构. 工业建筑, 40(8): 10-12.

刘红波, 陈志华, 牛犇. 2012a. 弦支穹顶结构施工过程数值模拟及施工监测. 建筑结构学报, 33(12): 79-84.

刘红波, 陈志华, 周婷. 2012b. 多点激励下弦支穹顶叠合拱结构的地震响应. 空间结构, 18(2): 90-96.

刘红波, 陈志华, 陈滨滨. 2013. 考虑太阳辐射影响的双向张弦梁结构温度效应研究. 工业建筑, 43(9): 129-133.

刘红波, 陈志华, 王哲, 等. 2015. 考虑下部支承结构协同变形的椭圆形弦支穹顶结构温度效应研究. 建筑结构, 45(5): 10-13.

刘锡良. 2003. 现代空间结构. 天津: 天津大学出版社.

刘锡良, 陈志华. 1995. 一种新型空间结构——张拉整体体系. 土木工程学报, 28(4): 52-57.

刘占省. 2010. 温度作用下拉索性能及弦支筒壳结构可靠性能研究. 天津: 天津大学博士学位论文.

刘占省, 陈志华, 闫翔宇. 2010. 弦支筒壳结构可靠度研究. 工业建筑, (8): 16-19.

罗斌, 郭正兴, 王永泉, 等. 2009. 高矢跨比椭圆抛物面弦支穹顶风振系数研究. 建筑结构学报, 30(3): 144-151.

马克俭, 张华刚, 郑涛. 2006. 新型建筑空间网格结构理论与实践. 北京: 人民交通出版社.

马青, 陈志华, 支家强, 等. 2015. 天津体育中心自行车馆服役期结构响应监测及分析. 工业建筑, 45(8): 48-52.

乔文涛. 2010. 弦支结构体系研究. 天津: 天津大学博士学位论文.

乔文涛, 陈志华. 2010a. 弦支混凝土集成屋盖结构特性分析及其参数讨论. 建筑结构, 40(11): 26-28.

乔文涛, 陈志华. 2010b. 弦支筒壳结构风致响应分析. 建筑结构, 40(5): 108-111.

乔文涛, 陈志华. 2011. 弦支筒壳结构在多点输入下的地震响应分析. 空间结构, 17(1): 15-20.

乔文涛, 陈志华, 赵静. 2016. 静力平衡法在弦支筒壳结构预张力设定与索力测量中的应用. 建筑结构学报, (S1): 139-144.

秦杰, 王泽强, 张然, 等. 2007. 2008奥运会羽毛球馆预应力施工监测研究. 建筑结构学报, (6): 83-91.

秦亚丽. 2006. 弦支穹顶结构施工方法研究和施工过程模拟分析. 天津: 天津大学硕士学位论文.

秦亚丽, 陈志华. 2006. 弦支穹顶施工方法及施工过程分析. 第六届全国现代结构工程学术研讨会, 保定: 929-932.

沈世钊, 陈昕. 1999. 网壳结构的稳定性. 北京: 科学出版社.

沈祖炎, 陈扬翼. 1997. 网架与网壳. 上海: 同济大学出版社.

史杰. 2004. 弦支穹顶结构力学性能分析和实物静动力试验研究. 天津: 天津大学硕士学位论文.

史杰, 陈志华. 2005. 缺陷位移法与张力松弛法在弦支穹顶施工过程分析中的应用. 第五届全国现代结构工程学术研讨会, 广州: 684-690.

司波, 秦杰, 张然, 等. 2008. 正六边形平面弦支穹顶结构施工技术. 施工技术, 37(4): 56-58.

孙国军. 2013. 基于拉索精细化物理特性的弦支结构体系力学性能研究. 天津: 天津大学博士学位论文.

孙国军, 陈志华, 刘占省. 2010. 平面型弦支结构体系及超越雪荷载下的弹塑性分析. 工业建筑, (8): 20-26.

田国伟. 2002. 弦支穹顶的理论分析与应用研究. 天津: 天津大学硕士学位论文.

王立维, 杨文, 杨曦. 2008. 渝北体育馆屋盖弦支穹顶的设计. 第八届全国现代结构工程学术研讨会, 天津: 396-401.

王少华. 2016. 大跨度异形弦支穹顶结构选型及稳定性研究. 天津: 天津大学硕士学位论文.

王树, 张国军, 葛家琪, 等. 2007a. 2008羽毛球馆预应力损失对结构体系的影响分析. 建筑结构学报, (6): 45-51.

王树, 张国军, 张爱林, 等. 2007b. 2008奥运会羽毛球馆索撑节点预应力损失分析研究. 建筑结构学报, (6): 39-44.

王霄翔, 陈志华, 刘红波, 等. 2017. 弦支穹顶局部环索断索动力冲击效应试验. 天津大学学报(自然科学与工程技术版), 50(11): 1210-1220.

王小盾, 方至炜, 刘红波, 等. 2016. 北方学院体育馆弦支穹顶施工过程温度效应研究. 工业建筑, 46(11): 1-6.

王永泉, 郭正兴, 罗斌, 等. 2008. 大跨度椭球形弦支穹顶预应力张拉成形方法对比分析. 施工技术, 37(3): 26-28.

王泽强, 秦杰, 李国立, 等. 2006. 环形椭圆平面弦支穹顶的环索和支承条件处理方式及静力试验研究. 空间结构, (3): 12-17.

王哲, 王小盾, 陈志华, 等. 2013. 向心关节轴承撑杆上节点试验研究及有限元分析. 建筑结构学报, 34(11): 70-75.

王哲, 王小盾, 陈志华, 等. 2014. 向心关节索杆体系弦支穹顶张拉模拟分析. 建筑结构学报, 35(11): 102-107.

王哲, 陈志华, 王小盾, 等. 2015a. 宝坻体育馆扁平椭球壳弦支穹顶设计分析.空间结构, 21(1): 47-53.

王哲, 王小盾, 陈志华, 等. 2015b. 天津体育中心自行车馆钢屋盖弦支穹顶结构设计与分析. 建筑结构, 45(5): 6-9.

王政凯. 2016. 不连续支承弦支穹顶结构关键技术研究. 天津: 天津大学硕士学位论文.

毋英俊. 2007. 连续折线索单元及其应用研究. 天津: 天津大学硕士学位论文.

毋英俊. 2010. 连续折线索单元及节点研究. 天津: 天津大学博士学位论文.

毋英俊, 陈志华, 黄光伟. 2009. 弦支穹顶滚动式弦支下节点形式设计. 第九届全国现代结构工程学术研讨会, 济南: 778-782.

吴宏磊, 丁洁民, 何志军, 等. 2008. 连云港体育馆屋面弦支穹顶结构分析与设计. 建筑结构, 38(9): 32-36.

肖全东. 2008. 铸钢索夹节点在弦支穹顶结构中的应用. 茂名学院学报, 18(1): 70-73.

徐旭晨, 陈志华, 毋英俊, 等. 2017. 弦支穹顶结构滚动索撑节点力学性能研究. 空间结构, 23(1): 87-96.

闫翔宇, 陈志华, 刘占省. 2010. 弦支筒壳结构概念及应用. 工业建筑, (8): 13-15.

闫翔宇, 于敬海, 马书飞, 等. 2015a. 沁阳体育馆屋盖弦支穹顶结构分析与设计. 建筑结构, 45(3): 77-82.

闫翔宇, 于敬海, 于泳, 等. 2015b. 河北北方学院体育馆屋盖弦支穹顶结构分析与设计. 建筑结构, 45(16): 6-10, 95.

严仁章. 2015. 滚动式张拉索节点弦支穹顶结构分析及试验研究. 天津: 天津大学博士学位论文.

尹德钰, 刘善维, 钱若军. 1996. 网壳结构设计. 北京: 中国建筑工业出版社.

于敬海, 王政凯, 闫翔宇, 等. 2015. 天津中医药大学新建体育馆屋盖弦支穹顶结构设计. 建筑结构, 45(16): 1-5, 90.

于敬海, 胡相宜, 陈彦, 等. 2017a. 弦支穹顶初始几何缺陷分布及稳定安全系数取值研究. 空间结构, 23(3): 3-10, 20.

于敬海, 冷明, 张俊铎, 等. 2017b. 椭圆形不连续支承弦支穹顶预应力施工技术. 施工技术, 46(18): 11-14.

于敬海, 渠瑞娟, 赵腾, 等. 2017c. 考虑支座性能弦支穹顶空间结构静动力性能分析. 结构工程师, 33(4): 63-69.

于敬海, 王少华, 王小盾, 等. 2017d. 两种不同曲面形状椭圆弦支穹顶结构性能对比与弹塑性稳定分析. 建筑结构, 47(23): 6-11.

张爱林, 葛家琪, 刘学春. 2007. 2008 奥运会羽毛球馆大跨度新型弦支穹顶结构体系的优化设计选定. 建筑结构学报, (6): 1-9.

张重阳. 2003. 弦支穹顶的有限元分析研究. 天津: 天津大学硕士学位论文.

张明山, 包红泽, 张志宏, 等. 2004a. 弦支穹顶结构的预应力优化设计. 空间结构, (3): 26-30.

张明山, 董石麟, 张志宏. 2004b. 弦支穹顶初始预应力分布的确定及稳定性分析. 空间结构, (2): 9-12.

张芃芃. 2016. 大跨度椭圆形弦支穹顶结构预应力拉索优化设计研究. 天津: 天津大学硕士学位论文.

张毅刚, 白正仙. 2003. 昆明柏联广场中厅索承网壳的设计研究. 智能建筑与城市信息, (1): 60-62.

张志宏, 张明山, 董石麟. 2005. 弦支穹顶结构动力分析. 计算力学学报, (6): 646-650.

张志宏, 傅学怡, 董石麟, 等. 2008. 济南奥体中心体育馆弦支穹顶结构设计. 空间结构, (4): 8-13.

赵建波. 2005. 连续折线索单元的理论分析及张拉整体塔结构试验研究. 天津: 天津大学硕士学位论文.

支家强, 陈志华, 金海, 等. 2015. 天津体育中心自行车馆施工监测技术. 施工技术, 44(8): 45-48.

周翠竹. 2012. 扁平椭球壳弦支穹顶结构力学性能研究. 天津: 天津大学硕士学位论文.

左晨然. 2003. 弦支穹顶结构的静力与稳定性分析. 天津: 天津大学硕士学位论文.

An Q, Ren Q Y, Liu H B, et al. 2016. Dynamic performance characteristics of an innovative cable supported beam structure-concrete slab composite floor system under human-induced loads. Engineering Structures, 117: 40-57.

Chen Z H, Li Y. 2005. Parameter analysis on stability of a suspen-dome. International Journal of Space Structure, 20(2): 115-124.

Chen Z H, Zhang L P. 2006. Study on wind responses of a tensegrity tower. IASS-APCS, Beijing: 204-205.

Chen Z H, Liu H B. 2009. Design optimization and structural property study on suspen-dome with stacked arch in Chiping Gymnasium. Proceedings of the International Association for Shell and Spatial Structures Symposium, Valencia: 1391-1398.

Chen Z H, Wu Y J. 2009a. Formulation of sliding cable element and its application in load relieving system. International Conference on Technology of Architecture and Structure, Shanghai: 550-558.

Chen Z H, Wu Y J. 2009b. The analysis of load relieving system using sliding cable element. 50th Anniversary Symposium of the International Association for Shell and Spatial Structure, Valencia: 2826-2835.

Chen Z H, Wu Y J, Yin Y, et al. 2010. Formulation and application of multi-node sliding cable element for the analysis of suspen-dome structures. Finite Elements in Analysis and Design, 46(9): 743-750.

Chen Z H, He Y Y, Wang Z, et al. 2015a. Integral analysis of shallow ellipsoidal suspend-dome with elastic restraint. International Journal of Space Structures, 30(1): 37-52.

Chen Z H, Yan R Z, Wang X D, et al. 2015b. Experimental researches of a suspen-dome structure with rolling cable-strut joints. Advanced Steel Construction, 11(1): 15-38.

Kang W J, Chen Z H, Lam H F, et al. 2013. Analysis and design of the general and outmost-ring stiffened suspend-dome structures. Engineering Structure, 25(13): 1685-1695.

Kawaguchi M, Abe M, Hatato T, et al. 1993. On a structural system "suspen-dome" system. Proceedings of IASS Symposium, Istanbul: 523-530.

Kawaguchi M, Abe M, Tatemichi I. 1999. Design, tests and realization of "suspen-dome" system. Journal of the IAAS, 40(131): 179-192.

Liu H B, Chen Z H. 2012a. Influence of cable sliding on the stability of suspen-dome with stacked arches structures. Advanced Steel Construction, 8(1): 54-70.

Liu H B, Chen Z H. 2012b. Research on effect of sliding between hoop cable and cable-strut joint on behavior of suspen-dome structures. Advanced Steel Construction, 8(4): 359-365.

Liu H B, Chen Z H. 2012c. Structural behavior of the suspen-dome structures and the cable dome structures with sliding cable joints. Structural Engineering and Mechanics, 43(1): 53-70.

Liu H B, Chen Z H. 2013. Non-uniform thermal behavior of suspen-dome with stacked arch structures. Advances in Structural Engineering, 16(6): 1001-1009.

Liu H B, Chen Z H, Wang X D. 2011. Simulation of pre-stressing construction of suspen-dome considering sliding friction based large curvature assumption. Advanced Science Letters, 4(8-10): 2713-2718.

Liu H B, Chen Z H, Zhou T. 2012. Research on the process of pre-stressing construction of suspen-dome considering temperature effect. Advances in Structural Engineering, 15(3): 489-493.

Liu H B, Han Q H, Chen Z H, et al. 2014. Precision control method for pre-stressing construction of suspen-dome structures. Advanced Steel Construction, 10(4): 404-425.

Qiao W T, Chen Z H, Zhao M S. 2012. Test study on basic static characteristics of cable supported barrel vault structure. Advanced Steel Construction, 8(2): 199-211.

Saitoh M, Okada A. 1999. The role of string in hybrid string structure. Engineering Structures, 21 (8): 280-284.

Sun G J, Chen Z H, Longman R W. 2013. Numerical experimental investigation of the dynamic characteristics of cable-supported barrel vault structures. Journal of Mechanics of Materials and Structures, 1: 1-13.

Tatemichi I, Hatato T, Anma Y, et al. 1997. Vibration tests on a full-size suspen-dome structure. International Journal of Space Structures, 12 (3-4): 217-224.

Wang X X, Chen Z H, Yu Y J, et al. 2017. Numerical and experimental study on loaded suspen-dome subjected to sudden cable failure. Journal of Constructional Steel Research, 137: 358-371.

Zhang L P, Chen Z H. 2006. Dynamic analysis of natural vibration properties and seismic response for a tensegrity tower. IASS-APCS, Beijing: 206-207.

Zhao J B, Chen Z H, Qin Y L. 2006. Theoretical analysis of sliding polygonal cable elements. IASS-APCS, Beijing: 124-125.